アスベスト公害の技術論

公害・環境規制のあり方を問う

田口直樹

［編著］

ミネルヴァ書房

巻 頭 言
—— アスベスト訴訟における技術論をめぐる攻防 ——

泉南アスベスト訴訟と建設アスベスト訴訟

　2005年6月の「クボタショック」以後，わが国においても，アスベスト被害に対して損害賠償を求める訴訟が数多く提起されるようになった。そのなかでも，泉南アスベスト訴訟と建設アスベスト訴訟は，前者がわが国のアスベスト被害の原点，後者がわが国最大のアスベスト被害を扱うものであり，ともに集団訴訟ということもあって社会的にも大きな注目を集めている。

　泉南アスベスト訴訟は，大阪・泉南地域（現泉南市，阪南市等）の旧石綿工場の労働者や近隣住民らが，国に対して石綿被害の責任を問うた裁判であり，2006年5月に1陣訴訟が提起され，2014年10月9日，石綿被害について初めて国の責任を認める最高裁判決が勝ち取られた。

　一方，建設アスベスト訴訟は，建築作業従事者らが，建材メーカーとともに国の責任を追及している裁判であり，2008年5月の東京地裁への提訴を皮切りに，横浜，札幌，福岡，大阪，京都で次々に提訴され，現在，被害者総数約650名，最大規模のアスベスト訴訟として闘われている。既に，東京地裁（2012年12月），福岡地裁（2014年11月），大阪地裁（2016年1月），京都地裁（2016年1月）において，国の責任を認める判決（京都判決は建材メーカーの責任も認めている）が出されている。

　両訴訟に共通しているのは，国の責任を追及している点である。では，国のどのような責任を追及しているのかと言えば，国の規制権限不行使の責任である。国には，労働環境を整備するために，労働安全衛生法等において，事業者等に対して規制を行う権限が与えられている。ところが，国がこの委任の趣旨に反して必要な規制を行わなかった，いわば，国の不作為の責任を追及しているのである。言うまでもなく，被害防止のためには，情報提供や安全教育などのソフト面の対策とともに技術的な対策が不可欠である。そうしたことから，訴訟では国の不作為の内容として技術的な対策の遅れが争点となり，とりわけ，

泉南アスベスト訴訟においては，局所排気装置の設置義務づけをめぐって国との間で激しい攻防が行われた。

以下においては，泉南アスベスト訴訟を中心に技術論をめぐる攻防を紹介したい。

泉南アスベスト被害とは

大阪・泉南地域は，100年前から石綿を原料として石綿布や石綿糸などの一次加工品を生産する石綿紡織業が地場産業として隆盛し，高度経済成長期を中心に，わが国の石綿紡織品の一大生産地であった。最盛期には，200社を超える石綿工場が存在したと言われている。しかし，その多くが小規模零細工場であったため労働環境は劣悪で，早くから深刻な石綿肺などの健康被害が進行した。早くも1937（昭和12）年から，旧内務省保険院による石綿工場労働者の健康調査が実施され，1940（昭和15）年3月には「アスベスト工場に於ける石綿肺の発生状況に関する調査研究」（保険院調査）がまとめられた。調査対象工場は19工場，対象となった労働者総数は1024名，調査では650名に対するレントゲン検査も実施された。その結果，実に12.4％が石綿肺あるいはその疑いがあると診断され，粉塵対策についても「防塵設備は大部分に於いて考慮が払われて居らぬ現状である」と報告されていた。こうしたことから，報告では，「特に法的取締まりを要することは勿論である」として法的規制の必要性が指摘され，具体的な緊急対策も提言されていた。

戦後も，昭和20年代後半から，国が関与する継続的な健康調査が実施され，それら調査によっても戦前と同様あるいはそれ以上の石綿関連疾患の多発が報告されていた。泉南地域の石綿工場は，70年以上も前から凄まじい石綿粉塵の飛散と被害の現場であった。

ところが，石綿紡織業が地場産業であったこともあり，「クボタショック」後の市民団体，医師，弁護士などによる被害の掘り起こしまで被害実態は埋もれたままとなっていた。また，被害の掘り起こしと並行して，泉南アスベスト被害発生の構造と原因，国の責任を究明する作業も行われた。

こうして2006（平成18）年5月26日，被害者8名による泉南アスベスト1陣訴訟が提起され（最終的に提訴した被災者は59名に上った），最高裁まで実に8年

半にわたる闘いが続いた。

規制権限不行使の判断基準と局所排気装置

　国の規制権限不行使の責任を追及する訴訟は，泉南アスベスト訴訟の前にも，筑豊塵肺訴訟や水俣病訴訟，トンネル塵肺訴訟などの先駆的な闘いがあり，2004（平成16）年には，筑豊塵肺最高裁判決が，国の規制権限不行使が違法となる判断基準を示していた。筑豊塵肺訴訟において国の規制権限不行使が問題となったのは，炭坑での湿式削岩機の使用義務づけ等であったが，判決は，「主務大臣であった通商産業大臣の同法に基づく保安規制権限，特に同法三〇条の規定に基づく省令制定権限は，鉱山労働者の労働環境を整備し，その生命，身体に対する危害を防止し，その健康を確保することをその主要な目的として，・・・・・・・・・・・・・・・・・・・・・・・・・・・・・・・・・できる限り速やかに，技術の進歩や最新の医学的知見等に適合したものに改正・・・・・すべく，適時にかつ適切に行使されるべき」（傍点筆者）であり，これに反して国が規制権限を行使しなかった場合は，著しく合理性を欠き違法となると判示した。すなわち，国が，労働者の健康を保護するために委任された規制権限を，できる限り速やかに，技術の進歩や最新の医学的知見等に適合したものに，適時にかつ適切に行使しなかった場合は違法となるというものである（なお，この判断基準は，2014［平成26］年10月の泉南アスベスト最高裁判決においても再確認されている）。したがって，技術の進歩と医学的知見の水準がどのようなものであったか，これが重要な前提事実として争われることになった。

　ところで，石綿粉塵による被害防止の抜本的な対策は，言うまでもなく石綿使用の全面禁止である。しかし，石綿の管理使用を前提とすれば，石綿粉塵を発生源近くで除去することが最も有効な対策であり，工場内でのそれは局所排気装置の設置である。そうしたことから，泉南アスベスト訴訟では，石綿関連疾患に関する医学的知見の確立時期はいつかという問題（予見可能性の問題）とともに，局所排気装置の技術的基盤の確立時期はいつかという問題（結果回避可能性の問題）が，国の違法判断の重要な前提事実として激しく争われた。8年半に及ぶ裁判のなかで，局所排気装置にかかる技術論が最大の攻防点となったと言って良い。

　裁判と言えば，ともすると法律の解釈論が重要な争点と思われがちであるが，

実際には，その前提となる事実論，事実認定が勝敗を左右することが圧倒的に多く，泉南アスベスト訴訟においては，まさに，粉塵対策の技術論が勝敗を左右することになったのである。

　ちなみに，建設アスベスト訴訟では，建設現場での石綿粉塵の2大発生源が，石綿吹き付けと電動工具による石綿建材の切断，研磨，穿孔等であるため，集塵装置付き電動工具の使用義務づけをめぐる技術論が，防塵マスクの着用の徹底に関する規制等とともに大きな争点となっている。

局所排気装置の技術論をめぐる国との激しい攻防

　私は，当初は，労働安全教育の義務づけや石綿の危険性情報の提供義務づけなどと違って，こうした技術的，工学的な専門的知見を基礎とした判断を，その分野では素人である裁判官に行わせることには，率直に言って躊躇を感じていた。結局，裁判官は権威があるとされる専門家の意見に流されてしまうのではないかという危惧を持っていたからである。

　しかし，国自身，1958（昭和33）年には有機溶剤中毒予防規則（有機則）において局所排気装置の設置を義務づけ，石綿粉塵との関係でも1971（昭和46）年制定の旧特定化学物質予防規則（旧特化則）において局所排気装置の設置を義務づけていた。このことは，国自身も発生源近くで有害物質を除去する局所排気装置の設置こそが重要かつ基本的な対策と認識していたことを意味していた。また，被害救済という点を考えても，泉南アスベスト被害者の石綿粉塵への曝露時期は昭和30年代前半からであったことから，何としても，局所排気装置の設置義務づけをこの時期にできたことを主張立証することが必要であった。こうしたことから，弁護団は，局所排気装置の設置義務づけが遅れた点，すなわち，局所排気装置の設置義務づけが昭和30年代前半には可能であったにもかかわらず，その義務づけが1971年まで遅れた点で，国は，できる限り速やかに，技術の進歩に適合して適時にかつ適切に規制権限を行使しなかった違法があるという主張を中核的主張と位置づけ，その立証に全力を傾けた。

　そして，田口直樹教授らの研究者グループには，このテーマの立証のために，多大な協力と援助をいただいた。田口教授には，地裁と高裁の2回にわたって原告側証人として証言していただき（田口教授は首都圏建設アスベスト訴訟にお

いても，集塵装置付き電動工具の技術的側面について証言されている），他の研究者の方々からも報告書などを作成していただいた。研究者グループと弁護団は，証言等の準備のために，当時を知る関係者へのヒアリング，イギリス，ドイツなどの海外調査，海外文献の収集と翻訳，国内の関連文献の収集，分析等を行ったが，これらは，田口証言や報告書の重要な内容となり，判決でも事実認定の証拠として繰り返し引用されている。とりわけ，国自身の過去の行政文書や国側証人自身の過去の文献は，国や国側証人自身の言葉で局所排気装置の重要性や不可欠性が述べられており，極めて有効であった。また，素人目には局所排気装置というと何か複雑なものを想像しがちであるが，実際には局所排気装置の構造はシンプルで基本原理は早くから確立しており，欧米諸国ばかりか日本においても，古くから様々な現場での実用例が存在していることを証言や各種文献から明らかにしたことも説得的であった。

　一方，案の定，国は，昭和30年代には局所排気装置の技術等は，その設置を義務づけるレベルまで達していなかったとして，石綿関連疾患の医学的知見の証人と同様に，局所排気装置の技術に関しても，権威に頼り，その分野の第一人者と言われる研究者を，高裁段階まで複数回にわたって証人として立てて徹底的に争ってきた。しかし，国のこうした試みも，研究者グループの援助と協力を得た効果的な反対尋問で不成功に終わった。

　以上のような8年半に及ぶ国との技術論をめぐる熾烈な攻防が，最終的に最高裁勝利に結びついたのである。

いのちや健康を守ってこその経済発展

　泉南アスベスト被害は，国が早くから石綿の危険性を「知っていた」，規制や対策も「できた」，にもかかわらず長期にわたって規制や対策を「やらなかった」ことから発生した被害である。局所排気装置等の技術論をめぐる攻防によって，局所排気装置等の技術的基盤は早くから確立しており，昭和30年代前半には国による設置義務づけが可能であったこと，そして，早くから義務づけしていれば，これほどまでの甚大な被害は発生しなかったことが明らかにされた。ではなぜ国は局所排気装置の設置義務づけを遅らせたのか。そこには，いのちや健康よりも経済発展やアスベストの有用性を優先する考え方があったと

言わざるを得ない。建設アスベスト被害も，建材メーカーなどによる利潤追求の最優先とこれを後押しした国の共犯関係によって発生した被害である。

　現代社会では多種多様な化学物質が日々生成され，いのちや健康への新たな危険も日々発生している。また，福島第1原発事故によって原発被害も現実化した。いのちや健康よりも経済発展を優先させた結果という点ではアスベスト被害と同様である。真の経済発展はいのちや健康を守ってこそではないか。同様の被害を繰り返さないためにも，アスベスト被害のこの教訓を活かしていくことが求められている。

2016年6月

大阪アスベスト弁護団団長　村松昭夫

アスベスト公害の技術論
―― 公害・環境規制のあり方を問う ――

目　次

巻頭言

序　章　アスベスト問題と環境論・公害論……田口直樹・杉本通百則…1
　　　　──本書の目的と環境・公害の一般理論──
　　1　本書の課題と分析視角……………………………………………1
　　2　公害・環境問題の理論……………………………………………10

第Ⅰ部　アスベスト紡織産業における粉塵対策

第1章　アスベスト問題と局所排気装置………………田口直樹…35
　　　　──泉南地域における集塵対策の実態を踏まえて──
　　1　集塵対策の基本技術………………………………………………35
　　2　集塵装置の種類と歴史……………………………………………37
　　3　アスベスト粉塵と局所排気装置…………………………………44
　　4　日本におけるアスベスト粉塵対策と技術的体系化の時期……55
　　5　問題の所在と国家の責任：結びにかえて………………………63

第2章　戦前日本の粉塵対策技術とアスベスト産業規則の可能性
　　　　………………………………………………………中村真悟…67
　　1　粉塵対策の技術体系………………………………………………67
　　2　戦前日本の粉塵対策技術に関する知見…………………………69
　　3　粉塵対策技術の導入状況…………………………………………75
　　4　戦前におけるアスベスト産業規則の可能性……………………82

第3章　イギリスにおける1931年アスベスト産業規則の成立
　　　　………………………………………………………中村真悟…92
　　1　イギリスのアスベスト対策をめぐる先行研究の評価…………92
　　2　1931年規則成立の条件……………………………………………93
　　3　1931年規則の成立過程……………………………………………99
　　4　1931年規則の意義と課題…………………………………………108

目　　次

第4章　1930年代後半のアメリカ・ドイツにおける
　　　　アスベスト紡織工場の粉塵対策技術 ………… 杉本通百則…117
　　1　アスベスト粉塵対策の技術的基盤の確立とはなにか ………… 117
　　2　アメリカにおける1930年代のアスベスト紡織工場調査 ……… 118
　　3　アメリカにおけるアスベスト粉塵測定技術とその評価 ……… 120
　　4　アメリカにおけるアスベスト粉塵対策技術とその有効性 …… 122
　　5　アメリカ公衆衛生局の1938年の「勧告」とその評価 ………… 127
　　6　ドイツにおけるアスベスト肺がんの医学的知見と職業病法 … 129
　　7　ドイツにおけるアスベスト粉塵対策に関する工学的知見 …… 130
　　8　ドイツの1940年の「ガイドライン」……………………………… 132
　　9　ドイツの「ガイドライン」による粉塵規制の評価 …………… 135
　　10　1930年代後半のアスベスト粉塵対策の意義と限界 …………… 140

第Ⅱ部　建設アスベスト問題における課題と論点

第5章　建築産業の生産システムとアスベスト問題 ……澤田鉄平…147
　　1　建築産業のアスベスト問題 ……………………………………… 147
　　2　建築労働者に広がるアスベスト被害 …………………………… 148
　　3　建築生産システム ………………………………………………… 153
　　4　アスベスト粉塵と建築労働 ……………………………………… 164

第6章　建設アスベスト問題における粉塵対策の基本原則と
　　　　粉塵対策技術 …………………………………… 田口直樹…175
　　1　建築現場における粉塵対策の特殊性 …………………………… 175
　　2　建設アスベスト問題を考える上での根本的問題点 …………… 176
　　3　建築現場におけるアスベスト粉塵対策 ………………………… 179
　　4　粉塵対策の基本原則と粉塵対策において集塵装置付き電動工具の
　　　　持つ意味 …………………………………………………………… 190

ix

第7章　イギリスにおける建設アスベストの粉塵対策と
　　　　代替化の展開……………………………………杉本通百則…194
　　　1　建設アスベスト問題の所在 ……………………………………… 194
　　　2　建設アスベストを対象とした法的規制 ………………………… 195
　　　3　建設アスベストの危険性の認識 ………………………………… 199
　　　4　建設アスベストの粉塵対策・規制の実態 ……………………… 202
　　　5　建設アスベストの代替化の展開 ………………………………… 217

第8章　ドイツにおける建設アスベストの粉塵対策と代替化の展開
　　　　………………………………………………………杉本通百則…225
　　　1　建設アスベストを対象とした法的規制 ………………………… 225
　　　2　建設アスベストの危険性の認識 ………………………………… 231
　　　3　建設アスベストの粉塵対策・規制の実態 ……………………… 235
　　　4　建設アスベストの代替化の展開 ………………………………… 239
　　　5　建設アスベスト問題の解決に向けて …………………………… 247

終　章　アスベスト公害の理論問題 ……………………杉本通百則…253
　　　1　アスベスト公害の教訓とはなにか ……………………………… 253
　　　2　泉南アスベスト公害の理論 ……………………………………… 253
　　　3　建築アスベスト災害の理論 ……………………………………… 258

参 考 文 献……269
あ と が き……285
人 名 索 引……291
事 項 索 引……292

序　章
アスベスト問題と環境論・公害論
―― 本書の目的と環境・公害の一般理論 ――

田口直樹・杉本通百則

1　本書の課題と分析視角

（1）　アスベストの有害性と被害

　アスベストは天然に産する繊維状ケイ酸塩鉱物で，綿のような繊維の集まりで，石綿（せきめん，いしわた）とも呼ばれる。アスベストは高抗張力，耐火性，耐熱性，高い絶縁性，耐薬品性，耐腐食性，耐摩耗性，紡織性などの性質を有している。このように石としての性質と繊維としての性質を合わせ持つアスベストは工業製品素材としての有用性が極めて高く，3000種類を超える製品に使われてきた。

　工業的有用性が高い一方で，アスベスト関連製品の製造工程で発生するアスベスト粉塵を長年にわたり曝露しつづけることで石綿肺，中皮腫，良性石綿胸水，びまん性胸膜肥厚等を発症する労働災害の危険性がある。労働災害だけでなく，工場から排気されるアスベスト粉塵による近隣住民の環境曝露，アスベスト粉塵の付着した作業着を着たまま帰宅することによって家族が曝露する家庭内環境曝露等もある。

　アスベスト問題を予防原則の観点から捉えたとき，問題となるのは，アスベスト関連疾患が15～40年の潜伏期間を経て発症するという点である。すなわち，長い潜伏期間を経るためにどこで曝露して発症したのかという原因を特定することが困難である場合が少なからず存在するということである。

　図序-1は戦後の日本のアスベスト輸入量（左軸）と1995年以降の中皮腫による死亡者数（確定値・右軸）およびアスベストにもとづく中皮腫・肺がんの労災認定数（確定値・右軸）を示したものである。戦後高度成長とともにアスベストの輸入量は増加の一途をたどり，1990年代の前半までは大量のアスベスト

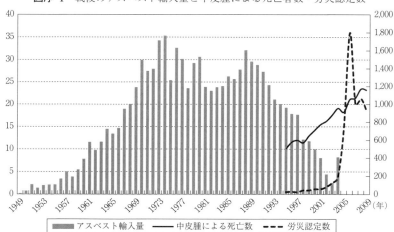

図序-1 戦後のアスベスト輸入量と中皮腫による死亡者数・労災認定数

(注) 左軸は万トン, 右軸は人。
(出所) 人口動態統計調査, 厚生省資料等により筆者作成。

が輸入されつづけてきたことがわかる。輸入がゼロになるのは2006年である。厚生労働省の人口動態統計では1995年には500人であった中皮腫の死亡者数は2007年には1156人と2倍以上に増えており, 増加傾向は鮮明になっている。石綿肺や肺がんは中濃度から高濃度のアスベスト繊維を吸い込まなければ発症しないが, 中皮腫は低濃度のアスベストにさらされても発症するという特徴がある。また, 中皮腫が発症する平均的な潜伏期間は約40年と言われており, 1990年代前半までは大量に輸入され使用されつづけてきた実態に鑑みれば, 今後, 中皮腫による死亡者数はさらに増加することが見込まれる。

　2005年6月29日に毎日新聞が兵庫県尼崎市の大手機械メーカー・クボタの旧工場の周辺住民にアスベスト疾患が発生しているとの報道したのを契機として, 社会的なアスベスト健康被害の問題がクローズアップされた。いわゆるクボタショックである。しかし, アスベストの有害性は, 決して昨今明らかになったことではない。1899年のイギリスのマレー (Murray, H. M.) による最初の石綿肺の報告から, 1924年のクック (Cooke, W. E.) による石綿肺の病理学的研究とアスベスト小体の発見, 1930年にはミアウェザー＆プライス (Merewether, E. R. A. & C. W. Price) による大規模な疫学的調査の実施, 同年のILO (国際労働

機関）による第1回国際珪肺会議の開催と石綿肺の危険性の警告などを通して，遅くとも1930年代初頭には石綿肺の危険性は国際的にも広く認識されていたと考えられる。

　日本においても旧内務省保険院社会保険局が，1937年から1940年にかけて詳細な疫学的・臨床的調査研究をしており，大阪府泉南地域を中心とするアスベスト工場など19工場，1024人を対象に行っている。この時点でじん肺罹患率は12％におよぶという結果が出ており，アスベストの人体への影響に関する医学的・疫学的知見はこの時期に既に示されている。少なくとも1930年代には日本においてもアスベストの有害性は国家レベルで認識されていたことになる。しかし，日本がアスベストを規制したのは1971年の特定化学物質等障害予防規則（特化則）においてである（**表序-1**）。アスベストの危険性の認識から実に40年の月日を経ていることになる。

（2）　泉南地域とアスベスト問題

　本書第Ⅰ部ではアスベスト紡織産業におけるアスベスト問題を分析する。分析対象とする大阪府の泉南地域では，約100年間にわたって，石綿と綿を混ぜ合わせて石綿製品の一次加工品である石綿糸や石綿布などをつくる石綿紡織業が地場産業として隆盛を極めていた。最盛期には泉南市・阪南市の狭い地域に200以上の石綿工場が集中し，日本の石綿紡織品の7割から8割を生産していた。泉南地域で生産された石綿紡織品は，耐火性や耐熱性などの優れた特性のために各種の二次製品に加工され，自動車，造船，運輸機械などの基幹産業に使用され，その発展に大きく貢献した。

　しかし，泉南地域の石綿工場の多くは，従業員が10人以下の小規模零細企業で，経営基盤も貧弱であったことから労働環境も極めて劣悪であり，そうした劣悪な労働環境のなかで，最も危険な石綿そのものを原料として扱っていた。

　したがって，泉南地域の石綿工場は，もともと放置すれば石綿肺などのアスベスト関連疾患が多発する構造的な危険地帯であり，だからこそ国の規制や対策が強くもとめられていた。ところが，国による必要な規制や対策が行われなかったことから，石綿工場内はもちろん，工場外まで石綿粉塵が大量に飛散し，工場労働者だけでなく，近隣住民や労働者家族にも石綿被害が発生し，家族ぐ

表序-1　日本のアスベストに関する規制等

年	内容
1960	「じん肺法」制定（特殊健康診断［指導推奨］の対象であった石綿を解きほぐす作業，石綿を吹き付ける作業等が，じん肺法上の粉塵作業に位置づけられる）。
1971	「特定化学物質等障害予防規則」の制定（①石綿が規制対象物質になる。②局所排気装置，除塵装置の設置，作業環境測定，健康診断，呼吸用保護具の備え付け等が義務づけられる）。
1972	「労働安全衛生法」制定（石綿に係わる局所排気装置の性能要件化：石綿粉塵抑制濃度が2 mg/m³［33本/cm³に相当］と定められた）。
1975	「特定化学物質等障害予防規則」改正（①石綿等の有害物質の代替化が努力義務となった。②石綿が特別管理物質［がん原性物質］とされ，厳格な管理が義務づけられた。③石綿等吹き付け作業が原則禁止された。④粉砕・解体作業等における原則湿潤化が義務づけられた。⑤健康診断記録，作業の記録，測定結果記録の保存期間が30年間となった。⑥事業場を廃止する場合，⑤の記録の労基署への提出が義務づけられた）。 石綿に係わる局所排気装置の性能要件化（石綿粉塵の抑制濃度が5μm以上の石綿繊維で，5本/cm³と法的に位置づけられる）。
1988	「作業評価基準」制定（①「作業環境評価に基づく作業環境管理要領」が安衛法にもとづく告示として位置づけられた。②作業環境評価のための管理濃度を，5μm以上の繊維の空気中の濃度で2本/cm³とした）。
1995	「労働安全衛生法施行令」改正（茶石綿，青石綿の製造，輸入，譲渡，提供または使用が禁止された）。 「特定化学物質等障害予防規則」改正（①建築物解体または改修工事を行う場合の石綿等の使用状況等の調査と記録の保存を行う。②吹き付け石綿の除去を行う作業場所をそれ以外の作業場所から隔離する。③石綿作業者に呼吸用保護具および作業衣等を使用させる。④石綿の規制対象に係る含有率が5％［重量］から1％に変更された）。 「労働安全衛生規則」改正（①耐火建築物等に吹き付けられた石綿等の除去作業を行う場合にそれを開始する14日前までにその計画を所轄労基署に届け出ることが義務づけられる。②石綿の規制対象に係る含有率が5％［重量］から1％に変更された）。
2004	「労働安全衛生法施行令」改正（石綿含有製品の製造，輸入，譲渡，提供または使用が禁止［石綿セメント円筒，クラッチフェーシング，押出成形セメント板，ブレーキライニング，窯業系サイディング，接着剤］）。
2005	「石綿障害予防規則」制定。
2006	「特定化学物質等障害予防規則」改正（0.1％を超えて含有する吹き付けが原則禁止）。 「労働安全衛生法施行令」改正（石綿成型品の0.1％を超えるすべての製造，輸入，提供，使用を禁止）。 「石綿による健康被害の救済に関する法律」（労災以外の患者救済）。

（出所）　各種資料より筆者作成。

るみ，地域ぐるみの被害として進行した。こうした被害に苦しむ被害者・被害者遺族たちが国を相手取って起こした裁判が，泉南アスベスト国賠訴訟である。

（3） 建設産業とアスベスト問題

　本書第Ⅱ部では建設産業におけるアスベスト問題を取り扱う。建設産業はアスベスト労働災害が最も多く生じている産業である。

　1950年の建築基準法制定時には石綿含有建材が例示されていなかったが，品質・性能の改善，新製品開発と並行した業界の精力的な働きかけの結果，国が防火・耐火材等として公認し，普及を促進してきたという経緯がある。高度成長期以降のビル建設，住宅建設の大幅な伸張と，石綿含有吹き付け材（1955年），パーライト板（1957年），石綿含有屋根材（化粧スレート）（1961年），窯業系サイディング（1967年），押出成形セメント板（1970年）と新たな建材の製造が始まっていく。建設産業におけるアスベスト利用の歴史は，危険性が指摘されているにもかかわらず，防火性能・耐火性能を建前に国が公認した形で2007年に禁止されるまで使用されつづけ健康被害を拡大させつづけてきたという歴史である。

　建設産業における重層的な下請構造の下で，とりわけ建築作業や解体作業に関わる工務店や一人親方といった現場労働者に被害が集中し，屋外作業という作業形態が基本となるために粉塵対策が事実上放棄され，被害を拡大させてきた。

（4） 分析視角と構成

　宮本［2014］は，アスベスト災害の特徴として次の2点を指摘する。第1は，複合型の社会的災害という点である。生産過程における労働災害，家族や工場周辺住民の公害，流通過程で生じるアスベストの原料や製品を運搬する交通労働者や，荷役労働者の労働災害，消費（生活）過程での公害（吹き付けアスベスト剥落による被害，アスベスト含有商品を摂取したための公害），建材などの産業廃棄物処理で起こる労災・公害，建造物解体，修理で起こる労働災害・公害など，経済の全過程で発生し，原因が複合しているからである。

　第2は，ストック（蓄積）型災害という点である。アスベストの被害は，曝露してから15〜40年を経て発症する。アスベストの使用量の70〜80％は建材であるが，建材に含まれているアスベストは管理・解体時に処理を誤れば，建設労働者，施設の利用者や周辺住民に吸着する。既存建築物にアスベスト建材が

あるかぎり災害発生の可能性があることが指摘されている。既に阪神淡路大震災時に，解体や廃棄物運搬・清掃工場で処理をした清掃労働者，建築労働者やボランティアに中皮腫による死亡者が確認されている。東日本大震災においても同様の被害は否定できない。

宮本憲一の指摘は，アスベスト労働災害・公害の発生と拡大の特質を述べたものであり，アスベスト問題の深刻さを端的に表現している。この基本的な認識を前提とした上で，本書ではアスベスト労働災害・公害の発生源としての技術に着目して分析を進めていく。本章第2節で公害・環境の一般理論を詳述するが，ここで技術に着目する意味を必要最小限に述べておく。

加藤［1977］が指摘するように，公害は資本主義的生産関係に起因する地域ぐるみの人間と環境の収奪であり，人間被害はその結果としての地域社会の破壊の頂点である。加害者は明確に一定の社会的階層を形成しており，被害者もまた一定の社会的階層を形成している。公害問題は階級対立のあらわれとして理解されるべきものであり，この意味で公害問題は人間と人間の関係であり，労働災害や職業病の地域への拡大として捉えることができる。本書で扱う，泉南地域のアスベスト産業の上流工程を担ってきた中小零細企業群，建設産業における社会的分業構造の末端を担っていた中小工務店，一人親方等での被害の拡大は，まさに，一定の社会層に被害が集中していることを意味している。

社会的な生産関係のなかで生産力と公害の関係を捉える際，生産力の主たる内容である技術について見るならば，技術は公害の発生源である。故に公害・環境問題を考える際には，資本主義的な生産関係のなかで技術を含めた生産諸力の問題を正確に位置づける必要がある。公害論において問題となる技術とは商品の生産技術である。資本主義的生産関係における商品生産の二重性に対応して，これは使用価値の生産技術であると同時に，交換価値の生産技術としての二重性を担っている。人間と自然との物質代謝過程が高度に複雑化すればするほど，労働過程としての合目的的性格，合法則的性格は複雑な労働手段によって媒介される。このことは，価値増殖過程にとっては，不変資本の増大としてしか意味を持たない。価値構成における不変資本の増大，すなわち有機的構成の高度化は利潤率の傾向的低下を意味する限り，資本は不変資本の最大限の切り詰めに努力せざるを得ない。そして，ある生産物がその生産過程でどのよ

序　章　アスベスト問題と環境論・公害論

うな労働者の犠牲を伴ったか，あるいは公害を引き起こしたかといった問題は市場では何の意味を持たない以上，資本は不変資本充用上の節約を，可能な限り労働者の安全対策や公害防止対策の節約として実現する方向へ進む。

　公害一般において常に問題になるのは，被害の原因物質との関係において，その医学的知見と対策における工学的知見である。新しい技術の工業化が先行する場合，その結果生ずる被害の原因物質の分析が，分析技術の工夫，習得を行いつつ遅れて行われるというのが現実であるため，新しい技術に伴って生じる新たな形態の被害については，調査の現実的可能性によって判断するならば，被害者の救済が拒まれる可能性が生じてくる。実際，アスベスト災害・被害に対する対策の遅れがそれを物語っている。しかし，先にも述べたように，1890年代末から既に健康被害についての報告が出ており，しかるべき調査，対策がなされるべき環境変化が起こっている。しかし，何故ここまで対策が遅れたのか。この点の解明が資本主義的生産関係の中で技術を含めた生産諸力の問題を正確に位置づける必要があるということの意味である。例えば，粉塵一般からアスベスト粉塵だけをとり出して測定することが技術的に困難であったという理由で，健康被害を放置して良いという理由などは存在しない。実際，アスベスト災害・公害の被害が深刻となり，無視できないような状況になるなかで，アスベスト粉塵を測定するメンブランフィルター法は，原因企業によって開発され，実用化されている。また，粉塵対策の基本技術となる局所排気装置にしてもしかりである。決して実用化が困難な技術などではなく，原因企業において位置づけられなかっただけであり，そのことが当該技術の進歩を遅らせたという側面がある。あらゆる公害に対して必要な防止技術の概念（必要とされる要件をそなえた技術）とその定在（実際の技術水準）の差は，資本主義的生産関係のなかに位置づけられて初めて理解され得るものである。

　本書が着目するもう１つの視点は，国家，行政の役割である。加藤［1977］が指摘するように，公害が「公」の害であるということは，公的な存在である行政が，加害者に奉仕する機能を果たし，ときには被害の拡大を助長することによって加害者の役割を担っているという現実の表現として，一定の根拠と有効性を持つと言える。日本におけるアスベスト災害・公害においても国家が産業政策において当該産業を直接的・間接的に育成することにより，結果，被害

を増長させたという側面を有している。また，適切な時期に適切な規制を行っていれば，公害防止技術も新たな市場を得ることでより早く発展し得たということも言える。本書では，日本よりも早くアスベスト規制を行った事例としてイギリスやドイツの事例を扱うが，日本との対比において国家，行政の役割が明確に示されている。しかし，一方で資本主義的生産関係の上に立つ国家という関係性によって規定された本質はぬぐい去ることができず，「階級対立の非和解性の産物としての国家」の機能として，当該国の規制もアスベスト産業に妥協的な規制になっているという側面は否定できない。

　以上のように，本書では，資本主義的な生産関係のなかで技術を中心とした生産諸力の問題を位置づけ，国家の役割を念頭に置いた上で，アスベスト災害・公害の発生・拡大，被害に対する対策の遅れの因果関係を明らかにしていく。環境論・公害論の基礎理論ないし基礎概念というものが，個別的・具体的なものの分析において有効でなければならないことは言うまでもない。そこで，本章の第2節において公害・環境問題の一般理論を示す。環境破壊問題の抽象的・一般的実体規定から資本主義社会における公害・環境問題の特殊的・歴史的形態規定へと順次モメントを展開し，それらを概念的に区別した上で，本書の理論的な分析枠組みについて包括的に提示する。それは同時に公害・環境論の到達点を確認し，それぞれのモメントを位置づけ，発展させる作業でもある。その上で，第1章から第8章において具体的にアスベスト公害について分析する。そして終章においてアスベスト問題の具体的な分析から得られた知見の環境論・公害論への視座を示して本書の結びとする。第1章以降の構成と内容は以下の通りである。

　第1章では，粉塵対策の基本技術となる局所排気装置における基幹技術である集塵装置の歴史を踏まえた上で，国による工学的知見の確立の時期および泉南地域おける戦後の集塵対策の実態を分析し，泉南アスベスト問題の基本論点を明示する。

　第2章では，規制当局の知見，当時の粉塵対策技術の実態を検討し，戦前日本が欧米諸国と同レベルの技術水準にあることを明らかにしている。加えて，1930年代にはアスベスト被害の調査が行われ，戦前にアスベスト粉塵対策規則が成立し得たことを述べている。

第３章では，イギリスのアスベスト産業規則の成立過程を見ている。同規則は労働党の躍進，規制当局の組織再編・技術蓄積，産業界との調整を通じて成立した。その結果，同時期のアスベスト対策の技術水準を示す一方，被害対策には効果の乏しい規則となった。

　第４章では，1930年代後半のアメリカ・ドイツにおけるアスベスト紡織工場の粉塵対策について，測定技術や集塵技術を中心に考察し，遅くとも1930年代後半には技術的に有効であり，かつ一部の工場では実用化されていたことを明らかにする。その内容は密閉，局所排気装置，自動搬送装置，工程分離，湿式，防塵マスク，作業場の清掃，工場レイアウトの改善，作業環境の粉塵濃度・流量の定期測定，労働者への安全指導など，当時の科学や可能な技術を組み合わせた総合的粉塵対策となっていた。そして当時の医学的および工学的知見をもとに，アメリカでは1938年に「勧告値」として暫定閾値の設定が，ドイツでは1940年に「ガイドライン」による公的規制がなされた。

　第５章では，建設産業のアスベスト問題について概括するため，同産業の特徴である労務下請構造の中身を生産システムの視点からひもときつつ，建築職人へと被害が集中する仕組みを検討している。

　第６章では，屋外作業が基本となる建築現場における粉塵対策の基本原則を示す。その上で，作業の効率化を求めた電動工具の普及それ自身が粉塵被害を拡大させたことを示すとともに，有効な粉塵対策としての集塵装置付き電動工具の1970年代における使用義務化の可能性について明らかにする。

　第７・８章では，イギリス・ドイツにおける建設アスベストの粉塵対策と代替化の要因について，建設アスベストを対象とした法的規制，危険性の認識，粉塵対策・規制の実態，代替化の展開という観点から考察する。建築現場のアスベスト粉塵対策はプレカット，移動式局所排気装置，集塵装置付き電動工具，作業場の隔離，湿式化，防塵マスクなどの総合的対策であった。そしてイギリスでは管理使用が困難になり，粉塵対策のコスト負担の増大からメーカーが自主的禁止の方向へ転換し，ドイツでは環境曝露の危険性から国家が主導的に使用禁止政策へと転換した。イギリス・ドイツにおける建設アスベストの代替化は建築作業を対象とした粉塵濃度規制を伴う粉塵対策の徹底・強化および実効性の確保による必然的帰結である。

終章のアスベスト公害の理論問題では，序章の公害・環境問題の一般理論および本書の実証的分析を踏まえ，アスベスト公害の被害の発生・拡大のメカニズムについて理論的に考察する。主に泉南アスベスト問題と建設アスベスト問題を対象として，公害・環境論の発展のなかで両概念を規定する諸モメントのうち，どのような共通性と特殊性を有しているのかについて理論的に分析するとともに，その教訓の普遍化を試みたい。

2　公害・環境問題の理論

(1)　公害・環境論の批判的検討

　あらゆる科学的理論は，対象に内在する法則の発見を目的としており，そのためにはまず事物の現象面のみにとどまらず，その基礎としての類・普遍・本質といった抽象的・一般的実体と，そのものをそのものたらしめている具体的・歴史的形態を明らかにすることである。このことは同時に，一般的なものと特殊的なもの，自然的なものと社会的なものを区別することを意味する[2]。

　公害・環境問題も科学の対象として概念的に把握されなければならない。産業革命以降の科学・技術の急速な発達による社会の生産力の発展と人間の経済活動の拡大は，地域的な産業公害から地球規模にいたるまでの深刻な環境汚染を引き起こし，人類の生存さえも脅かしつつある。環境破壊そのものはどのような社会体制にも共通の現象であるが，その発生形態はそれぞれの社会に固有の法則に支配されており，問題を解決するという立場からは，なによりも資本主義的運動法則とそれに規定された国家の形態や政治的・法律的・文化的・イデオロギー的構造などの解明が必要であり，アスベスト公害の分析も例外ではない。

　それゆえ本節では，環境破壊問題の抽象的・一般的実体規定から，資本主義社会における公害・環境問題の特殊的・歴史的形態規定へと順次モメント（契機）を展開し，それらを概念的に区別した上で，本書の理論的な分析枠組みについて包括的に提示する。それは同時に，公害・環境論の到達点を確認し，それぞれのモメントを位置づけ，発展させる作業でもある。そしてアスベスト公害の理論的分析については，次章以降の実証的分析を踏まえた上で，終章にお

いて具体的に展開したい。

（2） 環境破壊問題の一般的規定：生産力の一般的性格に起因する問題

環境破壊現象そのものは，人類社会の形成以来，常に発生してきたと考えられるが，こうしたあらゆる社会形態に共通する環境破壊問題一般の分析がここでの課題である。環境破壊問題とは，生産力の一般的性格に起因する問題であり，「生産力の発展にともなう環境の変革が人間の存在に敵対的なものとして機能する環境破壊」として捉えられる[3]。

①労働過程の特殊性

生産力とは生産過程において人間社会が自然に働きかける力の総体であり，その一般的性格とは人間にのみ特有な労働による生産，すなわち労働過程の特殊性に求められる。人間の動物に対する種差は労働にある。労働過程とは労働手段（技術）を媒介とした能動的な社会的物質代謝過程である。人間と自然との間の物質代謝そのものは生物一般の条件であり，人間に特殊な物質代謝の形態が労働である。その差異は形式的には物的諸手段を媒介として間接的に自然に働きかける点にあるが，人間労働は労働手段と労働対象との間の関連を客観的に認識すること（科学的認識の起源）を可能にする[4]。なおかつ人間労働はその肉体的制限からただ集団的にのみ行われ得る。それゆえ労働による生産，すなわち労働手段にもとづく実践的意識性および労働力にもとづく共同的存在性こそが人間を人間たらしめている本質的モメントである[5]。そして技術（労働手段の体系）の発展は何らかの意味で効率を向上させるものであり，人間は労働手段の創出と使用により，労働時間や土地・資源・エネルギーあたりの生産性を向上させてきたのである。しかしそれは同時に人間の生物的水準を突破するものであるから，広い意味での環境破壊（環境負荷の増大）を意味する[6]。したがって人間の本性である労働（意識性と共同性）による生物的限界を超えた生産力の発展（効率化）が環境破壊問題の抽象的根拠である。

例えば生態系に与える影響が比較的小さかったとされる人類の狩猟・採集生活でさえ，道具の使用とともに，協業・分業による生産力の発展に伴う乱獲が大型哺乳類を大量絶滅へと追いやった。また農業は労働の生産性を引き下げた代償として，土地の生産性を飛躍的に引き上げ，人類は初めて土地あたりの人

口密度を自然状態よりも引き上げ（10〜100倍），大規模な集落を形成し，やがては都市を形成（BC6500年頃）するにいたった。しかし農業の開始と定住社会の成立は，栄養塩の循環の破壊，森林伐採（開墾，薪炭材，建材，家畜の過放牧など）による土壌流出，灌漑農業による塩害，砂漠化などの自然生態系の破壊を導くことになった。

②物質代謝過程の社会化

人間と自然との間の物質代謝そのものは生産過程に限定されない。社会的生産は生産・流通・消費・廃棄・リサイクルといったモメントから構成されており，それらはすべて1つの統一体のなかでの区別をなしており，この過程のなかでは生産が現実の出発点であり，主要なモメントである。一定の生産は一定の流通・消費・廃棄・リサイクルを規定し，これらモメント相互間の一定の諸関係をも規定する。例えば流通過程は社会的分業の発展により社会化され，本来的には個人的・分散的過程である消費・廃棄過程も生産の共同性に照応して社会化・集積化される。またリサイクルは直接に生産過程であり，消費の社会化に規定されている。さらに都市化による消費の社会化は，共同消費の比重を高め，消費手段の社会化を促進させる。それゆえ生産過程だけでなく，流通・消費・廃棄・リサイクル過程も物的諸手段（労働生産物）を媒介とすることで効率化・巨大化し，生物的水準を超えるものとなる。このことは人間の生存や社会生活が直接的な自然的制約・依存から相対的に自立することを意味し，人間的自由の拡大条件である。しかし労働過程が人間と自然との間の物質代謝過程であるかぎり，廃棄物は技術の歴史的水準によって規定され，常に発生する。生産力の発展に伴う物質代謝過程全体の社会化は，労働生産物の資源採取・生産・流通・消費・廃棄・リサイクル過程から発生する廃棄物により，また労働生産物の量的増大そのものにより，さらにそれらの流れに付随して発生するエネルギー消費により，環境負荷を飛躍的に高めるものとなる。

③社会の生産力による自然の生産力の破壊

生産力という観点から見れば，それは社会の生産力の発展による自然の生産力の破壊およびそれを媒介とした人間の破壊の問題である。生産力の発展に伴う自然環境の変革が人間社会に対する破壊力として機能し得るのは，社会の生産力が自然の生産力によって根本的に規定・制約されているからである。社会

の生産力は，社会的労働力（編成された労働力），技術（生産過程における労働手段の体系），資源（社会の取得する自然の生産力）から構成され，3つの要素の統合として発揮される。社会的労働力について見れば，人間も生物である以上，特定の自然的環境・条件の下でのみ生存可能である。また歴史的に蓄積された労働生産物である技術（労働手段）も労働対象である資源も，自然の生産力そのものである。さらに労働過程それ自体が自然的諸法則・条件の意識的・合法則的適用である。したがって社会の生産力は自然の生産力を前提・条件としており，自然の生産力の破壊は社会の生産力の破壊でもある。それゆえ人間への直接的破壊および社会の生産力と労働生産物の破壊を通じた間接的破壊により，人間社会の破壊へとつながるのである。

④人間と自然との関係

環境破壊問題とは人間と自然との矛盾をめぐる問題である。人間と自然との相互前提関係から見れば，第1に，人間は意識を有した特殊な自然であり，自然そのものである。人間も自然の一部であるからこそ能動的に自然を変革することが可能であり，労働力とは人間的自然力を意味する。[13] 第2に，人間の自然に対する手段を介した「規制，制御」能力の発展は意識性と共同性の発展を抜きにしてはあり得ないが，こうした人間的自然力の発展は同時に，人間と自然との同一性・一体性を認識する過程でもある。[14] 第3に，人間と自然の相互作用による自然の生産力の発展である。自然にとっては人間による自然破壊も自然の一変革に過ぎず，自然史的発展の一部である。人間は自然を変革する一方で，自然も人間の内的自然（意識性・共同性，環境汚染への耐性）を変化・進化させる。[15]

他方で，人間と自然との相互排除関係から見れば，第1に，人間は自然・生物なしには存在し得ないが，自然・生物は人間なしにも存在し得る。人間がどれほど自然を破壊しようとも，自然はもちろん存在し続けており，生物一般としても絶滅しない生命力を有している。[16] 第2に，人間社会の生産力の発展は自然の生産力の破壊力として機能し得る一方で，自然は人間が何もしなくても，もともと人間や生物を絶滅に追いやる破壊力を有している。第3に，人間の科学的認識はどこまで発展しても有限であるのに対して，自然の階層性・法則性はほとんど無限である。そのため人間の労働による自然の変革は，自然の複雑

な相互作用のなかで自然から予測できない反作用（自然の復讐）を受ける可能性がどこまでも残る。第4に，社会の生産力の発展は，たとえ自然から反作用を受けないとしても，自然の有限性により労働生産物の質的・量的拡大は根本的に限界づけられている。

　以上が環境破壊問題の一般的規定であるが，これらはあくまでも環境破壊の抽象的実体規定であり，必然性を与えるものでは決してない。生産力の具体的形態はそれぞれの社会の生産関係とそのイデオロギー的構造によって常に規定されており，こうした社会的関係なしに現実の力とはなり得ないのである。環境問題一般の原因は最も抽象的には労働に根拠を持つが，しかしながら環境問題を克服する現実的可能性を与える根拠もまた労働にある。労働による生産力の発展そのものは，生きるために必要な労働を節約し，社会の全成員に生きる機会を与えるだけでなく，人間が人間らしく生きるための自由を拡大させるために不可欠なことである。そして生産力は本来的には能力として把握すべきものであり，生産力が発展することと，それらをすべて発揮することとは明確に区別すべきである。生物はただ本能的な自然的物質代謝過程により自然を変革するのみであるが，人間は労働にもとづく意識性（科学的認識）と共同性（民主主義）の発展により，労働手段を媒介とした社会的物質代謝過程の「合理的規制，共同的制御」が可能になるのである。

（3）　公害問題と環境問題の概念的把握：生産関係に起因する問題

　近代の公害・環境問題は，18世紀のイギリスの産業革命に端を発する。産業革命とは機械制大工業による資本主義的生産関係の成立を意味し，そして資本主義的生産とは資本（資本・賃労働関係）にもとづく商品生産のことである。商品生産においては個々人の労働が直接には私的労働となるため，自然環境は外部性となる。すなわち私的所有にもとづく相互他人的関係の下では商品（労働生産物）の交換が不可欠であり，その基準（交換価値）は唯一の共通なものとしての抽象的人間的労働（社会的平均的な支出時間）によって規定されざるを得ないため，労働の含まれていない環境は無価値となるからである。無政府的な商品生産においては需要と供給は市場によって事後的に人とモノとの犠牲と

浪費の上で調整されるのであり，これは労働生産物の浪費を恒常的なものとする。しかし資本主義的生産は商品生産（市場経済）一般では決してない。それは商品生産関係を基礎としつつも，資本家と労働者との間の搾取関係による剰余価値生産であり，その生産の目的は直接的消費でもなく商品交換でもなく，より多くの利潤（利潤率）の獲得となる。資本主義的生産においては環境の収奪が資本の利益となるため，公害・環境問題の発生は必然的なものとなる。

公害・環境問題の発生メカニズムは発生源それ自体を見るかぎりは技術の問題であり，技術の特質および技術を基礎とした生産力の量的増大によって常に規定されている。資本主義的生産関係の下での技術は資本の論理により特殊化されるのであり，生産力（技術）の資本主義的形態こそ問題とされなければならない。資本主義においては生産力の発展による効率化の基準は資本の生産性（競争力）の最大化という極めて限定されたものとなる。

本項の課題は，資本主義社会における公害・環境問題の発生メカニズムについて両者を概念的に区別した上で，それぞれを規定するモメントを一般的に分析することである。公害問題では産業革命以降の足尾鉱毒事件，別子銅山煙害事件などの四大鉱害や水俣病，イタイイタイ病，四日市喘息などの四大公害，大気汚染公害などについて，また環境問題では1970年代以降の酸性雨，オゾン層破壊，地球温暖化問題，熱帯林破壊，放射能汚染などの地球環境問題や製品の化学物質汚染，廃棄物問題などについて主に日本の典型的事例を表象として分析する。

①公害問題の概念規定

公害問題とは，資本主義的生産関係に起因する問題であり，「地域ぐるみの人間と環境の収奪であり，人体被害はその結果としての地域社会の破壊の頂点」として捉えられる。以下，公害問題の概念を7つのモメントから明らかにする。

a）加害者と被害者の関係

公害問題についての第1の規定は，直接的な加害と被害の関係である。公害問題は人間と自然との対立などでは決してない。原因も結果もはっきりしていながら，なおかつ有害物質が環境に排出され，それにより人間が収奪・殺傷されているという人間と人間の関係である。そして加害者と被害者は明確に区別

し得るものであり，階級対立の1つのあらわれとして捉えられる。ところで大気汚染公害などの道路公害においては，自動車の利用により被害者もまた加害者ではないかという主張が繰り返しなされたが，例えば西淀川・尼崎公害の係争道路である国道43号線とその上の阪神高速道路が計14車線も必要であったのは阪神工業地帯があったからであり，その意味で生活道路ではなく産業道路であったことは明白である。

　b）被害が社会的・経済的弱者に集中

　第2に，その被害は生物的・社会的・経済的弱者に集中することである。公害被害は決して平等に起きるわけではなく，子どもや高齢者，病人といった生物的弱者や，相対的に貧困な農漁民や労働者階級といった社会的・経済的弱者に集中する。それゆえ「半身麻痺患者も水俣病になる」というように，公害被害は労働災害（職業病）の単純な拡大などではなくはるかに広く深く多様である。しかし現実には公害被害の多様性に目を向けず，労働災害としての劇症中毒・重篤典型例を基準にして被害者の切り捨てが行われている。また低所得者層は環境の劣悪な地域・住宅に居住せざるを得ず，栄養状態も悪く，高度な医療を受けることも困難である。このことが公害被害の集中だけでなく，公害被害の放置につながる1つの要因でもある。

　c）人体被害は地域社会の破壊の頂点

　公害は単なる環境汚染や病気ではない。環境汚染による自然および人間社会の破壊の問題であり，人体被害は地域ぐるみの人間と環境の収奪の結果としての地域社会の破壊の頂点として捉えられる。すなわち公害被害は健康の破壊だけでなく，仕事や家族，地域住民の生活，地域社会の人と人との結びつき，人間としての尊厳までもが徹底的に破壊されるという問題なのである。そのために周囲の無理解や社会的偏見・差別・抑圧のなかで被害者は孤立化し，みずから被害を隠蔽・潜在化させる。このことは公害の復旧・解決は被害者の救済だけでなく，環境再生・地域再生までなされなければ終わらないことを意味する。また人体被害を頂点として把握することは，公害が決して突発的な事故ではなく，環境に対する様々な異変が人体被害に先行することを示している。例えば水俣病では環境・漁業被害から，プランクトン・貝類・藻類が死滅し，魚が死に，鳥・猫・豚が狂い死にし，とうとう人間が発病したのである。こうした理

解は環境の日常的観察・調査により公害の発生を未然に防止することを可能にする論理でもあり，日本の公害問題の重要な教訓である．

d）不変資本充用上の節約

公害問題の原因は産業資本による「不変資本充用上の節約」を手段とした利潤追求の貫徹に求められる．[33] 資本主義の下では各企業は超過利潤を求めて，生産費を減少させるために新しい技術や生産方法を採用するが，それは同時に生産設備費の増大を意味し，資本の回転率と利潤率を低下させる．これに対して企業が取り得る一手段としては，不変資本である直接的な生産に関わらない設備費などを徹底的に節約することである．こうした不変資本充用上の節約により，本来設置すべき公害防止設備が節約されて，主に生産過程の廃棄物による環境破壊を引き起こし，公害の発生につながる．この意味で公害は労働災害や職業病の地域への拡大として捉えることができる．どちらも同じ経済法則に起因するため，公害を発生させる企業では労働災害も多発する傾向にある．しかし労働災害の発生は資本蓄積にとってもマイナスであるのに対して，公害は加害行為が利潤を獲得する行為そのもの（資本蓄積の手段）であり，そこに区別が存在する．

また各企業（個別資本）は産業集積により，集積の利益（主に不変資本充用上の節約）を追求しようとするが，それは同時に集積の不利益である公害を激化させる．そして資本主義が自由競争から独占段階へと移行すると，独占的産業資本による生産手段の高度な集積・集中により，生産過程における廃棄物の大量性が生まれる．さらに独占的大企業の産業集積である工業地帯やコンビナートの形成は公害を一層激甚なものとする．[34] それゆえ企業がみずから進んで公害対策に乗り出すのは，可変資本（労働力）の調達が困難になるか，不変資本や利用する自然力が損失をうけ，企業が再生産を続けることが不可能となる場合のみである．[35]

e）独占資本による経済的・政治的・イデオロギー的な支配力

独占的大企業による圧倒的な地域支配の存在を抜きにして，地域ぐるみで人間と環境を徹底的に収奪することはできない．独占資本主義においては，すべての資本の相互的平等という経済関係は少数の独占資本による多数の中小資本に対する支配・従属関係（収奪関係）に転化し，独占利潤法則が成立する．[36]こ

うした独占利潤を背景として大企業は，中小零細企業や労働者，地域住民，医師・科学者，行政などに対して経済的・政治的・イデオロギー的な支配力を行使し，患者を孤立化させ，継続的に収奪することが可能となる。

　f）行政の加害者性

　公害の特殊的規定は，行政（国・自治体）の加害者としての性格である。独占資本主義は同時に国家独占資本主義であり，収奪が頂点にいたるまで完遂されるためには国と自治体が収奪に協力することが不可欠である。(37)公害の原因はなによりも企業の利潤追求に求められるが，企業がみずから加害行為を停止しない場合，行政は国民の生命・健康を守る責務とそのための規制権限を有している。しかしながら日本の公害史はその責任が何ら果たされなかったことを示している。そしてそれは単に規制の遅れや不備，実効性の欠如といった不作為にとどまらない，産業政策や地域開発政策，公共事業などにより，むしろ積極的に被害を拡大させた作為としての責任が問われている。その意味で「公」による害としての性格を有している。そこには国民の生命・健康よりも産業・経済成長を優先するという資本主義国家の姿勢があり，その本質は独占資本の運動の受動的実体としての能動性にある。すなわち独占資本間の競争と官僚の独自的利益（天下り先や管轄範囲）を反映した官僚制度の政治的・経済的・イデオロギー的機能による統治と支配は，公害の発生を覆い隠し，その原因究明を妨げ，またみずから拡大させる働きをする。例えば通産省の石油化政策は熊本・新潟水俣病を発生・拡大させた主要因であったのみならず，四日市喘息などの石油化学コンビナートによる公害の発生にもつながったのである。(38)また大阪空港，名古屋新幹線，国道43号線などの公共事業による騒音・振動公害や，西淀川・川崎・尼崎・名古屋・東京の大気汚染などの道路公害，さらにプラスチック廃棄物の焼却・中間・リサイクル処理によるダイオキシン汚染や杉並病，寝屋川病などの公害は，国や自治体が直接の加害者となったケースである。

　g）住民運動による社会的規制

　加害企業は決してみずから進んで公害防止の努力をするものではなく，そのための技術的基盤が存在する場合でさえそれを採用しない。公害防止設備の設置や公害対策に関わる技術進歩は被害者がそれを企業に強制して初めて実現されるのであり，それゆえ住民運動の展開によって左右される。(39)したがって公害

対策には住民・労働運動による社会的規制が不可欠であり，その形式としては法律や裁判の判決による執行力など国家を媒介とした規制，不買運動など市場を媒介とした規制，自主協定（公害防止協定）などの直接的規制，世論の批判などイデオロギーを媒介とした規制などが存在する[40]。そして国家を媒介とした法的規制は企業間の競争条件に一律に作用するために，企業は公害防止設備を強制されると，公害防止技術の開発・発達を促進させるとともに，不変資本である原材料費などを可能なかぎり節約して利潤率の低下をとどめようとする傾向がある[41]。

②環境問題の概念規定

環境問題とは，公害問題と同じく資本主義的生産関係に起因する問題であり，「地球規模での人間と環境の収奪であり，大量生産・大量消費・大量廃棄を媒介とした廃棄物および製品そのものによる自然環境および人間社会の破壊の問題」として捉えられる。以下，環境問題の概念を7つのモメントから明らかにする。

a）「社会的殺人」

環境問題についての第1の規定は，「一見，加害者はすべての人たちであって，しかも誰でもないように見える」とかつてエンゲルス（Engels, F.）が断じた「社会的殺人」そのものである[42]。このままの制度（法則性）では環境破壊が避けられないという必然的結果を知りつつも，社会はこのような状態に人々を強制的に置いている。この意味で環境問題も公害と同様，人間と自然との対立ではなく，人間と人間との関係である。しかしこれは公害のように直接的な目に見える加害と被害の関係ではない。環境破壊問題が商品の消費・廃棄過程における廃棄物問題へと拡大してくると，生産過程との直接的連関は薄れ，一見すると消費者の消費や廃棄のあり方そのものに問題があるかのように見える。けれどもそこには幾重もの媒介項をへて，幾重にも形態づけられた加害と被害の関係が存在するのである。

b）被害が社会的・経済的弱者に集中

環境問題においては地球規模での環境の収奪であり，また商品の消費過程を媒介として発生する環境破壊であるため，階級の区別なしに誰もが被害をこうむる可能性がある。しかし現実には多くの場合，被害が社会的・経済的弱者に

集中するという公害の構造は地球規模で再現されている[43]。すなわち最も被害を受けるのは国際的には貧困な途上国の国民であり，国内的には低所得者層や民族的マイノリティなどである。とりわけ途上国のスラムに居住する貧困層は，もともと災害に脆弱な地域でかつ劣悪な非衛生的環境で生活しているため，環境破壊やそれに起因する自然災害に極めて弱い。また貧困であるがゆえに環境を収奪的に利用せざるを得ない側面があり，なおかつ教育も受けられず，子どもでも有害作業に従事せざるを得ない。こうした貧困・格差の問題と環境問題の被害とは切り離せない関係にある。そして環境問題における自然災害を媒介とした間接的被害化，市場を媒介とした被害の分散化，複合汚染による非特異性疾患化などは，被害放置の要因になるとともに，被害者運動の組織化を困難なものとする。

　ｃ）グローバル企業（多国籍企業）の蓄積法則による環境の収奪

　環境問題の原因は金融資本の蓄積法則による地球規模での環境の収奪に求められる[44]。第１に，不変資本充用上の節約による利潤率の上昇は個別産業資本の意志としてだけでなく，金融資本による競争の強制法則として実現される。利潤率は主として株価やROE（株主資本利益率）といった指標で評価されることになる[45]。第２に，不変資本比率が一定であれば利潤率は資本の回転率に比例し，利潤率が与えられていれば利潤量は生産量に比例するため，生産・市場の拡大による資本蓄積が一層追求される。第３に，金融資本による擬制資本市場を媒介とした金融的術策による収奪である。個別資本の蓄積の限界をのりこえるための信用制度の発達とそれを基礎にした擬制資本市場の発達は株式・債券・通貨・商品などへの投機的現象を一般化させる。第４に，資本の国際性にもとづく現実資本・貨幣資本蓄積のグローバル化である[46]。すなわち国家間の環境規制のダブル・スタンダードを利用した公害（工場，製品，廃棄物）輸出による収奪，独占的商業資本による食料品や資源などの一次産品の国際的調達による収奪[47]，WTOやIMFを通じた新自由主義的改革を利用した多国籍企業の直接投資による収奪，金融の自由化・証券化の進展に伴うデリバティブ（金融派生商品）市場を媒介とした途上国からの収奪などである。これらはグローバルな規模での環境と資源の収奪により，途上国の累積債務の返済と先進国の輸出市場としての購買力の拡大を図ろうとするとともに，先進国における低価格商品の

販売を通じて労働力価値を引き下げることで総資本の利潤獲得に貢献する。[48]

 d）商品の消費・廃棄過程を媒介とした環境破壊

 環境問題とは，商品の資源採取・生産過程だけでなく，流通・消費・廃棄・リサイクル過程から発生する廃棄物により，たとえ有害な廃棄物を発生させないとしても有害な商品そのものにより，また無害であっても商品の資源採取・生産・流通・消費・廃棄・リサイクル過程の量的増大そのものにより，さらにそれらの流れに付随して発生するエネルギー消費により引き起こされる環境破壊問題である。[49]資本主義の下では商品生産の発展とともに，利潤率の上昇と資本の回転率の向上のために流通費用・期間の節約と短縮が不可欠であり，流通過程の社会化を一層促進させる。そして独占的産業資本による高度な集積の進展は都市への労働力人口の過度な集中をもたらし，都市化による消費過程の社会化を著しく促進させる。人口の過密化による都市空間・建築構造・居住環境の人工化と巨大化[50]，それ自体として資本主義的形態である核家族化，労働・生活の24時間化，資本の蓄積基盤の拡大である文化の消費社会化，情報化などはイデオロギーを媒介として資源・エネルギー多消費型の都市的生活様式を成立・普及させる。また都市化に伴う共同住宅，エネルギー供給網，上下水道，医療・教育施設，交通・通信手段などの大規模な社会的共同消費手段は総資本の利潤率のために節約され，都市生活環境を悪化させる。[51]さらに消費過程の廃棄物の質的・量的変化は廃棄・リサイクル過程の処理の困難化をもたらす。生産過程の廃棄物については個別資本としてはその再利用が原材料回収の手段としての意味を持っており，総資本としても生産過程の廃棄物は必ずどこかで処理されなければ再生産を続けることができず，その処理費用の発生は総資本の利潤率の低下につながり，そこに廃棄物の利用による節約が働く。[52]しかし消費過程の廃棄物についてはそのような傾向は全くなく，例えば流通費用の節約の手段として容器包装が氾濫するなど，消費や廃棄を顧みない生産のために廃棄物問題を深刻化させる。とりわけ先進国の大都市での生活は広大な資源供給地を前提としており，途上国からの環境の収奪なしには成立し得ない。もちろん先進国の国民の消費の責任は否定されるべきでは決してないが，こうした大都市化と消費文化は金融資本の立地戦略と蓄積基盤の拡大に根本的に規定されているのであり，生産をそのままにしたまま消費や廃棄のあり方だけを変えるこ

とにはおのずから限界があると言える．他方で，生産過程を媒介とした環境破壊は依然として大きな比重を占めており，例えば日本の温室効果ガス排出量はわずか132事業所で50％を占めており，日本が京都議定書の削減目標を達成できなかった最大の要因が石炭火力発電の増加にあったことは明らかであり，これは不変資本である燃料費の節約という電力会社の利潤動機以外からは決して生じなかったものである．

　e）大量生産・大量消費・大量廃棄システム

　現代の環境問題は，商品の大量資源採取・大量生産・大量流通・大量消費・大量廃棄・大量リサイクルを不可欠のモメントとしている．環境問題が1970年代以降に深刻化した主要因は，1920年代にアメリカで成立した耐久消費財の大量生産・大量消費システムが，戦後の世界的な高度経済成長の下で，ハリウッドなどのメディアによるアメリカ的生活様式の喧伝とともに，世界（西側工業国）へと普及したことである．大量生産システムの技術的基盤であるフォード・システム（少品種大量生産システム）は，テイラー・システム（科学的管理法）による作業工程の標準化を基礎として，互換性部品，専用工作機械，ベルトコンベヤによる流れ作業の組立ラインなどを構成要素として成立した．同時に，広告産業による大量宣伝・誇大広告，包装（パッケージング），モデルチェンジによる製品の計画的陳腐化，分割払い（消費者金融）などの大量消費システムの手法も発展した．また新聞・雑誌・ラジオ・映画などのマスメディアの発展は，文化・生活スタイルの画一化をもたらし，大量生産・大量消費のための社会的基盤を形成した．そして1970年代に成立したトヨタ・システム（多品種大量生産システム）は，JIT（Just In Time），カンバン方式，QC（品質管理）サークル，多能工化，下請部品サプライヤーなどを構成要素として，不変資本の徹底的な節約と資本の回転率の上昇による高い利潤率をめざし，製品の多様化と在庫の圧縮化による混流生産を実現させたが，その結果，環境負荷も著しく増大させた．さらに資本蓄積のグローバル化は世界最適生産・最適調達による効率化を極限まで追求した結果，大量流通とそれに付随したエネルギーの大量消費を一層大規模なものとした．

　資本主義社会の下では，一方では超過利潤の取得をめざし，他方では没落を免れようとする資本主義的競争による技術の発達は，一般に商品に担われる価

値を引き下げることにより，ますますモノ（商品）の流れを巨大化する方向に働く。資本主義的生産は本質的に剰余価値生産のための生産であり，過剰生産は不可避であり，大量生産・大量消費のイデオロギーは日々再生産されている。これら資本蓄積の運動を制限するものは，社会的消費（購買）能力の限界であり，社会的欲望の限界であり，また究極的には自然から取り出せる資源の総量（自然の生産力）のみである。そのため金融資本により消費者信用の拡大や新しい欲望の創造・拡大が常に図られ，例えばサブプライムローンとその証券化の拡大や新たな使用価値をめぐる過度な製品開発競争などに企業を駆りたてる。

f）行政の加害者性

公害問題と同様，環境問題の激化に対しても行政は実効性の欠如とともに加害者としての性格を有している。例えば地球温暖化問題について見れば，国際的に京都議定書の削減義務を課されていたにもかかわらず，国内排出量取引制度などの産業界に対する実効性のある規制は最後までなされなかった。オゾン層破壊問題でも日本は世界第2位のフロン生産国でありながら，その規制には一貫して消極的であり，環境放出に対する罰則規定もないためフロン回収率は低いままである。また「科学の不確実性」の名の下に，環境ホルモン（内分泌攪乱化学物質）問題を放置したり，カドミウム汚染問題でもWHOの基準強化に対して日本が唯一反対し続けたりするなど，このような国家による不作為の事例はいくらでもあげることができる。もちろんこうした不作為は一部には立法の責任を含んでいるが，行政の官僚制は選挙（階級闘争）に左右されない，すなわち法を媒介としない権力作動方法としての審議会政治や諮問委員会方式などを通して財界の意志を国家意志へと転化している。加害者や原因が誰の目にも明らかな公害でさえも被害者の運動なしに事態は改善され得ないのだから，加害者も原因も一見すると不明瞭な環境問題において，日本政府の行動が環境運動の力関係の枠をこえた積極的なものとなることはあり得ない。

そして行政は産業政策や地域・都市開発政策，公共事業などにより，直接的に環境破壊を引き起こすとともに，大量生産・大量流通・大量消費・大量廃棄システムを拡大させる働きをする。資本蓄積は分配（搾取・収奪）関係によって制限されているため過剰生産は不可避であり，現実資本に再転化できない大量の過剰資本が発生するが，資本主義国家は財政出動を通じてこれら過剰資本

の処理を支援する。すなわち有効需要創出政策であり、とりわけ産業基盤（社会的生産手段）としての道路，港湾，空港，鉄道，ダム，堤防などの土木関連の公共事業投資による景気対策である。日本の公共事業の拡大は貿易摩擦問題から内需拡大を求めたアメリカの圧力の帰結でもあり，巨額の財政赤字による需要の創出は将来世代への借金による消費力の先取りを意味する。例えば地球温暖化防止対策予算の約8割は交通渋滞の緩和を名目とした道路建設であり(58)，こうした土木建設には大量の鉄鋼・セメントなどの資材が必要であり，CO_2の大幅な排出増加につながったのである。また企業の海外進出（民間直接投資）や輸出市場の拡大を目的としたODA（政府開発援助）や借款を利用した途上国のインフラ整備などによる過剰資本の処理である。これら日本の事業により直接・間接的に，マレーシアのマムート銅鉱山鉱毒事件やARE放射能公害，フィリピン・タイ・インドネシア・マレーシアの熱帯林の破壊，韓国の温山病などの公害輸出や環境破壊につながった(59)。その他，戦争・軍事活動による生産力破壊とそれを通じた過剰資本の処理（軍事ケインズ主義）という手段もとられる。「戦争は最大の環境破壊」であり，かつ軍需産業，軍事基地・軍事演習などにより，公害・環境破壊を引き起こすとともに，膨大な資源とエネルギーを浪費する(60)。

　g）製品の環境対策技術に関する生産力の発展

　1970年代以降に先進各国で体系的な環境政策が導入されると，資本主義の下で環境対策技術が一定程度発展する側面がある。公害防止技術の発達と異なり，環境問題においては一見，企業が積極的に製品の環境対策技術を発展させているように見える。環境規制は企業にとって外的条件であるが，市民運動などによっていったん規制を強制されると，企業はその枠内で内的なものとして取り込み，その運動法則の上で作用させる。一方で，独占段階では国家を媒介としてみずからに有利な環境規制を能動的に規定しようとする。環境規制は直接的には資本蓄積の制限であるが，企業は第1に，価値実現やマーケティング，新たな市場獲得の手段として，第2に，競争条件の創出・拡大によりみずからの環境優位性を競争力へ転化する手段として，すなわち資本蓄積の手段として環境規制を利用する傾向があり，その限りで製品の環境対策技術を発展させるのである。

企業は生産した商品を市場で販売し，価値を実現しなければ資本として存続することができない。それゆえ直接的には利潤率の上昇にならなくても製品差別化や企業のイメージアップ（ブランド価値向上）の手段として，さらに環境のためになるべく消費を控えようとする消費者に新製品に買い替えさせる手段として環境規制を利用する。すなわちグリーン・マーケティングにより「地球にやさしい」というキャッチフレーズの下で新たな消費の拡大が図られている。例えば日本の耐久消費財の「エコ替え」政策は製品の大型化等により燃費や省エネ性能の向上が相殺され，場合により悪化しているにもかかわらず各種補助金・優遇制度により買い替えを促進してきた。またリサイクル法制は大量廃棄を大量サーマルリサイクルに転換することにより，その目的とは正反対の大量生産・大量消費の手段として機能している。そして環境規制は省資源・省エネルギー，有害物質の低減・代替化，再生可能エネルギー，リサイクル，汚染浄化などに関する新たな市場を生み出すことになり，企業にとっては新たな環境関連産業の市場を獲得できる機会の創出を意味する。

　製品環境規制の展開は，環境対策技術の開発・発達を促し，結果として企業は規制に対する技術的優位性を獲得するが，そのことは規制のない国・域外の企業にとっては参入・競争障壁となるため，国・域内の市場支配の手段となり得る。そしてグローバル企業はみずからの蓄積に有利な環境規制を市場・国家・国際機関・イデオロギーを媒介として国・域外にも拡大させることにより，その優位性を国際競争力へ転化する手段として機能させる。またそれにより他のグローバル企業やそのサプライヤーも環境スタンダードへの適応を余儀なくされるため，環境対策技術が一定普及する側面がある。例えばドイツ系企業はEUを媒介として環境保護水準に関わる欧州標準を形成し，さらにそのグローバル・スタンダード化を通じて，競争優位性の国際性への転化をめざしている。それゆえ市場が拡大する限りにおいて，環境対策技術の発展と経済発展を両立させることが可能となる。

　しかしながらこれら「産業政策（資本蓄積の手段）としての環境規制」による環境対策技術の発展は根本的な限界を持っている。資本主義的生産を前提とすれば，生産や消費を最小限に必要なモノのみに縮小した社会は資本の活動をも最小限にとどめることになるため，生産・消費の量的拡大による環境制約の

問題を解決できない。なぜなら環境問題の解決の方向性（モノの流れの減少）と資本主義の経済法則（資本蓄積の法則）とが矛盾するからである。なお，資本主義の下での再生可能エネルギーの普及・拡大は土地・自然への依存を高め，優等地・最適地には限りがあることから資本の大規模化・寡占化・独占化を招き，その結果，環境を名目としたグローバルな規模での収奪につながる恐れもある。

③日本の公害・環境問題の特殊性

以上が資本主義社会における公害・環境問題の概念的区別とそれらを規定するモメントの一般的分析である。最後に日本の公害・環境問題の特殊性について指摘しておきたい。第1に，不変資本充用上の節約における自由度の大きさである。それは人命さえも経常的コストとして算入する生産のあり方を可能にさせるほどの低額の被害補償と一体であり，かつ過労死を生み出すような日本企業の働かせ方と環境問題の激化は表裏の関係にある。第2に，独占資本の支配力の大きさと中小資本との間の収奪関係における自由度の大きさである。それが日本経済の「二重構造」を形成・拡大し，地域支配と有害作業の下請への転嫁を可能にする。第3に，行政の実効性の欠如および産業政策による加害者性である。日本の公害が世界に類を見ないほど激甚なものにいたった最大の責任は行政にある。例えば通産省はみずからの産業政策を遂行するために水俣病の圧殺を図ったのみならず，その指導下でチッソに増産をさせたのである。また「土建国家」と称されるほどの日本の公共事業政策の異常性もあげられる。第4に，大都市への過度な集中・過密化である。都市計画の欠如と産業立地最優先の歪みにより，集積の不利益だけでなく，資源・エネルギー多消費型構造となり，途上国からの資源・環境の収奪を不可欠なものとして消費生活が成立する。なお，都市への資本の集中と地方への公共事業のバラマキは表裏一体のものでもある。第5に，大量生産・大量消費・大量廃棄の特殊性である。基本的に薄利多売で製品の過剰な多様化とライフサイクルの短さを特質とする日本の多品種大量生産は，日本資本主義の国際競争力の一源泉であると同時に，廃棄物・リサイクル問題を深刻化させている主因でもあると言えよう。

これまでの分析で明らかなように，資本主義社会における公害・環境問題を人間と自然の関係一般に解消することは明白な誤りである。なるほど自然の複

雑性・階層性により，人間の労働はどこまでも不確実性（リスク）を伴うものであるが，しかし公害・環境問題においては第1に，環境や生物に対する様々な異変が人体被害に先行するのであり，第2に，被害を防止するためには必ずしもすべての疑問点が解明される必要はないのであり，第3に，過去の研究の積み重ねにより未知の化学物質といえども危険性の予測はおおむね可能なのである。この意味で真に予防できなかった公害・環境問題など存在しなかったと言える。ところが公害・環境問題では，被害は予見できなかったとか，どんなものにもリスクは存在するとか，人間の欲望そのものに問題があるなどという主張が形を変えて繰り返しなされている。例えば「環境リスク論」は社会・経済関係（階級関係）を捨象して抽象的人間のリスクに還元することで加害者を免罪する「強者の論理」であり，新自由主義的な「効率性の論理」でもある。「自動車の方がリスクが高い」といった反論は公害裁判でも繰り返しなされたが，こうした「リスク論」に共通する誤りとしては第1に，異種のリスクを共通の指標で定量化するという形態規定の欠如である。リスクの種類もその規定要因もそれぞれ質的に異なっているため，いくつもの曖昧な仮定を必要とし，そうした比較にはほとんど意味がない。死亡リスクに限ってみても事故・災害リスク，発がんリスク，閾値の存在するリスク，次世代へのリスクなどがあり，かつそれら確率の単位も数量あたり，距離あたり，回数あたり，時間あたりなど極めて多様である。第2に，現実の公害・環境問題においてリスクを受ける人間と便益を受ける人間は決して同じではない。そもそもすべての人にとっての同じリスク・便益というのは全くの抽象であり，現実にはあり得ない。たとえ社会的有用性があったとしても，一方的にリスクのみが押しつけられてよいはずがなく，この意味で公害・環境問題のリスクとCTスキャンなどのリスクを同列に扱うことは犯罪的ですらある。第3に，リスクを受ける人間にとってリスク選択の可能性（自由）が現実的にはないことである。よりリスクの低い選択肢が存在していたとしても，そもそも選択のための情報が与えられておらず，むしろ現実にはそのリスクが意図的に隠蔽されるケースも多々ある。たとえ情報公開が十分になされていたとしても，社会的・制度的または社会的・経済的弱者にとってその選択が事実上不可能な場合も多く，決して自己責任に帰することのできない性格のものである。

注
(1) 泉南地域のアスベスト問題を分析した研究として，南［2015］，森［2015］があるのでそちらも参照されたい。
(2) 「実体と形態」という論理的カテゴリーの詳細については，さしあたり見田［1959］，鈴木［1980］を参照されたい。
(3) 加藤［1977］11-13頁。ただし，本書では環境問題一般と資本主義社会の環境問題を区別するために，前者については「環境破壊問題」としており，加藤邦興の用語の使用法と同じではないので注意されたい。
(4) 労働過程や生産力，科学・技術といった基本的概念については，さしあたりマルクス［1965］234-242頁，加藤・慈道・山崎［1991］3-9，141-147頁を参照されたい。
(5) 人間の本質については，鈴木［1983］を参照されたい。なお，意識性と共同性は相互前提関係にあり，共同性の発揮である言語（コミュニケーション）の発展が自然に対する認識を深め，自然への働きかけをより意識的なものとする一方で，共同性を発展させるためには意識性を発展させ，生産力を発展させることが不可欠である（上瀧［1991］144-145頁）。
(6) 加藤［1977］11-12頁。
(7) ポンティング［1994］35-146頁。
(8) マルクス［1964］611-627頁。ただし，マルクスはここでは廃棄・リサイクルについては言及していない。
(9) リサイクルの概念規定の詳細については，杉本［2006］6-15頁を参照されたい。
(10) 有尾［1984］152-153頁。
(11) この点に関連して吉田文和は「生産力破壊」という概念を提起していた（吉田［1980］92-98頁）。
(12) 自然の生産力は，種・遺伝子・生態系などの生物多様性，無機的・有機的物質やエネルギーの総量，物理的・化学的・生物的な相互作用などの自然的諸法則を含めた多義的な概念である。
(13) 有尾［1984］157-162頁。
(14) エンゲルス［1968］492頁。
(15) マルクス［1965］234頁。
(16) 約40億年前の生命誕生以来DNAは一度も途切れることがなかったとされる。
(17) エンゲルスは古代文明における森林荒廃を「自然の復讐」と指摘している（エンゲルス［1968］491-492頁）。
(18) シアノバクテリアによる酸素汚染と全球凍結などに見られるように，生物的水準の生産力であっても地球環境を大変革し得る（丸山・磯﨑［1998］92-99頁）。
(19) 吉田［1980］50-53頁，久野［1996］279-282頁。
(20) いわゆる新古典派の環境経済学は商品生産の側面しか見ないのみならず，生産一般に起因する問題と資本主義的生産に起因する問題とをたえず混同する。

㉑　加藤［1977］32頁。
㉒　もちろんこのことは技術の発展が自然的法則によって規定されていることや資本主義以外の社会においても公害・環境問題が発生することを否定するものではない。
㉓　こうした区別はおよそ相対的なものである。例えば酸性雨は世界で最初の公害規制の対象であり，かつ地球環境問題でもある。前者は公害問題，後者は環境問題としての性格を有している。
㉔　加藤［1977］26頁。
㉕　加藤［1977］25，31頁。
㉖　宮本［1989］106-110頁。
㉗　原田［1972］203-213頁。
㉘　「公害被害放置」の構造とそのモメントについては，飯島・渡辺・藤川［2007］309-314頁を参照されたい。
㉙　加藤［1977］49-50頁。
㉚　山本［1973］192-194頁。
㉛　飯島・渡辺・藤川［2007］16-18頁。
㉜　山本［1973］191-192頁。
㉝　「不変資本充用上の節約」の詳細な分析については，吉田［1980］101-117頁を参照されたい。
㉞　吉田［1980］190-193頁。
㉟　吉田［1980］116頁，利根川［1971］107-108頁。
㊱　なお，独占資本主義段階では平均利潤法則が失効しているため，利潤率の傾向的低下の法則も独占資本に対してそのまま作用するわけではない。
㊲　加藤［1977］50頁。
㊳　加藤［1972］12-15頁。
㊴　加藤［1975a］257頁。例えば戦前（大正時代）の公害（大気汚染）対策の水準を回復したのは実に1970年以降のことであった（加藤［1975a］253頁）。
㊵　杉本［2006］16-17頁。
㊶　吉田［1980］115-116頁。
㊷　エンゲルス［1960］326-327頁。
㊸　加藤［1992］92-93頁。
㊹　金融資本とは，独占的産業資本と独占的銀行資本を実体に，融合・癒着関係という形態規定を加えて把握される。
㊺　ROE（Return On Equity）＝売上高当期利益率×総資産回転率×財務レバレッジ。
㊻　豊福編［2015］9-18頁。
㊼　寺西［1992］124-126頁。
㊽　仲上［2012］187頁。
㊾　これらに対応して環境政策も主に生産過程の廃棄物の排出規制から，設計・資源採

取・部品調達・生産・使用・廃棄などの製品のライフサイクル全体における環境負荷の低減を目的とした「製品環境規制」へと展開されている．
(50) 高密度・高集積空間を追求した高層建築物では室内環境を徹底的に人工化するため，給排水・照明・空調・防災設備などの建築設備の巨大化をもたらし，エネルギー消費も膨大なものとなる（水野・藤田［1990］131-135頁）．
(51) 宮本［1967］33-36，161-164頁．
(52) 廃棄物の利用はその有用性の発見および大量性を条件としている．生産過程の廃棄物の大量性は労働そのものの社会的性格を基礎としているが，資本による生産手段の集積・集中による大規模な生産の社会化の結果である（マルクス［1966］101，127頁）．
(53) 2012年度直接排出量．なお，上位30事業所（石炭火力発電所と製鉄所）で25％を占めている（気候ネットワーク［2015］）．
(54) 1920年代に成立したアメリカの大衆消費社会の文化については，さしあたりアレン［1986］を参照されたい．
(55) 例えばJITは小口多頻度型輸送の増加により流通過程における環境負荷を高め，かつ製品や部品の過剰な多様化はリサイクルを著しく困難なものとした．
(56) 和田・小堀［2011］49-52頁．
(57) 飯島・渡辺・藤川［2007］173-174頁．
(58) 1996年度地球温暖化防止行動計画関連施策（気候ネットワーク編［2002］81-82頁）．
(59) 宮本［2014］577-581頁．
(60) 和田［2009］65-100頁．
(61) そのため総量規制の実施や被害補償などの資本蓄積の手段とはなり得ない環境規制の導入は困難である．
(62) 「資本は自らの存立基盤である人間自然と土地自然を掘り崩すやり方でしか自らを発展させることができない矛盾物である」（久野［1996］281-282頁）．なお，環境問題の技術主義的解決志向の批判については，フォスター［2001］186-189頁を参照されたい．
(63) 市原［2008］．例えばバイオ燃料の拡大は穀物価格の高騰を招き，先進国の自動車燃料が途上国の食糧を収奪する構造が指摘されている．
(64) 水俣病被害者・弁護団全国連絡会議［1999］231-238頁．
(65) 日本の大都市の食料自給率は1〜2％の低さである．
(66) 杉本［2005］147-152頁．
(67) 木本［2006］12-19頁．
(68) また「科学技術社会論」は科学の不確実性を強調するあまり，科学・技術に属する社会的性格をそれらに内在する自然的属性であるかのように混同して描くと同時に，現実の社会的問題を科学・技術それ自身に固有の自然的性格として免罪する恐れがある．水俣病はたとえ原因物質が不明であったとしても，その原因が工場排水にあることは誰の目にも明らかであったのだから，「科学技術のガバナンス」の失敗などとは決して言えないであろう（木本［2014］142-143頁）．これら両理論とも形式は異なっているが，実

体と形態(自然的なものと社会的なもの)を区別することができないという点で同一の方法論的誤りを犯していると言えよう。

第Ⅰ部

アスベスト紡織産業における粉塵対策

第1章
アスベスト問題と局所排気装置
―― 泉南地域における集塵対策の実態を踏まえて ――

田口直樹

1　集塵対策の基本技術

　本章の課題は，アスベスト製品の一大産地であった大阪府の泉南地域を事例として，アスベスト粉塵対策の実態とその問題点を局所排気装置に着目して明らかにすることである。アスベスト公害の結果として生じている石綿肺，肺がん，中皮腫といった健康障害は，アスベスト製品を製造する職場およびその職場の周辺地域においてアスベスト粉塵を大量に曝露した結果として生じている。アスベスト健康障害の根本的解決はアスベスト製品の製造・販売の全面禁止に他ならないが，日本においてアスベストが原則使用禁止になったのは1995年である。アスベストによる健康被害については，ILOが1972年にがん原性を認定するなど，70年代からその危険性が世界的に示され，イギリスとドイツが1986年，フランスが1988年に全面ないし原則使用禁止の措置をとっていることを考えると，日本の対応がいかに遅れをとっているかがわかる。

　アスベスト健康障害の原因がアスベスト粉塵の大量曝露であることを考えると，アスベストの使用禁止にいたるまでの過程において，アスベスト製品の製造現場での除塵・集塵・防塵対策がどの程度とられていたのかということが，その後のアスベスト被害の拡大程度を考える上で重要である。具体的には，工場内で粉塵測定がどの程度行われており，それにもとづき，どういった除塵・集塵・防塵対策がとられ，その結果どの程度の成果が得られたのかということである。

　この問題を考える上では，粉塵測定器，局所排気装置，防塵マスク等の技術発達の程度とその適用実態，あるいは粉塵の多く発生する工程とそうでない工程との間での作業ローテーション等の作業実態といった様々な角度から検討す

る必要がある。本章では，紙幅の関係から粉塵公害における公害防止装置の最も基本的な技術である局所排気装置に着目して上記の問題を検討していく。

　アスベストに限らず，粉塵一般で見ると局所排気装置における基幹技術となる集塵装置の歴史は古く，世界的に見れば19世紀の終わり頃，1880年代から工業的に利用されている。日本においてアスベスト製品の生産が最も盛んであった高度成長期には当然，集塵装置は存在している。しかし，日本において局所排気装置，除塵装置等の設置が義務づけられるのは，1971年に制定される「特定化学物質等障害予防規則」（以下，「特化則」）においてである。アスベストの有害性に関する知見は，旧内務省保険院社会保険局の医師らによって行われた疫学的・臨床的調査研究が1940年に示されている。世界的に見ても1930年代にイギリスではアスベスト紡織における粉塵対策が講じられている。このようにアスベストに関する有害性の知見および集塵装置の技術体系が一定程度確立しているにもかかわらず，その対策は問題の認識から30年を経てからである。こうした事実認識に立脚し，本章では，局所排気装置の技術的到達点の歴史的画期を踏まえた上で，アスベスト産業における集塵対策の技術的可能性がどの程度あったのかを１つの論点とする。1940年における問題の認識から特化則によって局所排気装置の設置が義務づけられる1971年までの技術的可能性と，1971年以降の設置状況の実態と２つに分けて分析していく。

　以下では，まず局所排気装置の基幹技術となる集塵装置の種類および発達の歴史を概観した上で日本のアスベスト産業への適用の可能性がいつの時期にあったのかを明らかにする。次いで，1971年以降の集塵対策の実態については，泉南地域を対象として分析する。冒頭でも述べたように，泉南地域はアスベスト製品の一大産地を形成しているだけでなく，一次加工品を生産する中小零細企業が圧倒的に多く，当該産業における産業構造的特質を典型的に表している地域であると考えられるからである。この地域における集塵対策の実態を分析することで集塵対策における問題点および問題の所在を明らかにしていく。

2　集塵装置の種類と歴史

（1）　集塵装置の種類と特性

　局所排気の定義は沼野［2012］によれば，「有害物質の発散源のそばに空気の吸い込み口を設けて，局所的かつ定常的な吸引気流をつくり，その気流にのせて有害物質がまわりに拡散する前に，なるべく発散したときのままの高濃度の状態で吸い込み，作業者が汚染気流に曝露されないようにする」となる。具体的なイメージは**図1-1**に示す通りであり，フード，吸引ダクト，空気清浄装置，ファン，排気ダクトからなる一連の技術体系が局所排気装置ということになる。これでも100％捕捉することは無理であるため工場を湿式化，作業者にマスクを着用させる，あるいは長時間におよぶ粉塵濃度の高い場所での作業をさけるために職場ローテーションを行うなどの総合的な粉塵対策を行うことにより初めてアスベスト粉塵からの被害を最少化できる。この一連の技術体系のなかで，粉塵を捕捉し，清浄化した空気を出す部分が空気清浄装置であり，集塵装置である。本章では，局所排気装置の基幹技術となる集塵装置について検討していく。

　はじめに，一般に工業的に利用されている集塵装置の種類と特性について述べておく。集塵装置には大きく分けて乾式集塵装置と湿式集塵装置がある。気体中に浮遊する固体粒子をその気体から分離する操作＝集塵操作で一般的に使用されるのは，その内容上，①遠心力集塵装置，②濾過式集塵装置，③湿式集塵装置，④電気集塵装置である。アスベスト粉塵の集塵という観点からすると初期には遠心力集塵装置が利用されていたが，後にはその効率性から濾過式集塵装置が主に使用されるようになる。ゆえに，この2つの型式を中心に集塵装置の種類と性能を述べておく。[(1)]

①遠心力集塵装置（サイクロン）

　気体からの粒子の分離は，回転流中で粒子に作用する遠心力によって行われる。この遠心力集塵装置は一般的にサイクロンと呼ばれており，基本的な形は**図1-2**に示す通りである。含塵気体は，遠心力集塵装置に流入直後旋回作用を受け，回転流が生じる。含塵気体はサイクロンの上部から分離ゾーンに流入す

第Ⅰ部　アスベスト紡織産業における粉塵対策

図1-1　局所排気の構造

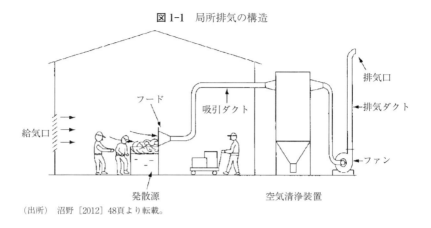

（出所）　沼野［2012］48頁より転載。

るが，その際，気体を接線方向にサイクロンのケーシングの周辺に取り付けた誘導板によって渦流が発生する。気体は分離ゾーンを周辺から内側に向かって流れ，中央に取り付けた出口管を通って機外に出る。分離ゾーンでの回転流によって気体中の粒子に遠心力が働き，粒子は旋回気流中を半径方向外向きに運動する。分離された粒子はケーシングの内壁に達して，そこで通常，線状流となって境界層流によって下方に運ばれ粉塵回収容器に入る。粉塵が再び巻き上げられないように，この回収容器と分離室は遮断コーンによって分けられている。分離されなかった粒子は気流によってその旋回の中心に吸い込まれ，出口管を通って機外に出る。

　サイクロンの集塵性能は，その構造や処理量，含塵気体の粉塵濃度および粉塵の特性によって影響を受ける。例えば，サイクロンケーシング，あるいは入口管や出口管の内径を小さくするような構造の変化によって分離ゾーンにおける気体の周速を高め，それにより粒子によって作用する遠心力を増大させることが可能である。このようにして粒子の分離効果を向上させることができる。

　サイクロン中の周速を増すと同時に圧力損失も増大する(2)。サイクロンの径を小さくすると，サイクロンの台数を増やす必要がでてくる。実際の集塵操作では直径数cm，分離径1μm以下(3)のサイクロンはあまり実用的ではなく，主に，測定の目的で使用される。

　サイクロン型の遠心力集塵装置は近年，最終集塵装置としての重要性を失っ

図1-2 遠心力集塵機（サイクロン）　図1-3 濾過式集塵機（バグフィルター）

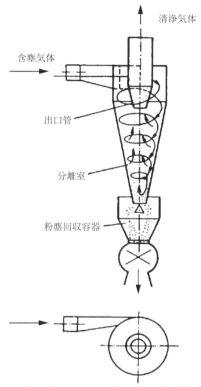
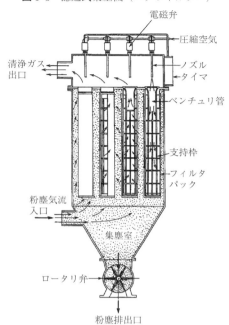

（出所）　Sievert & Löffer［1986］p.5より転載。

（出所）　池ヶ谷［1976］35頁より転載。

ている。10μm以下の粒子に対する集塵効率を得るためにはサイクロンを使用するとエネルギー消費量が大きいので，多くの場合，濾過式集塵装置で置き換えられる。遠心力集塵装置は，例えば平均粒径が200〜500μmのプラスチック粉末のような粗粒子や繊維状物質の捕集に使用されることが多い。

②濾過式集塵装置（バグフィルター）

濾過式集塵装置は一般的にバグフィルターと呼ばれているが，その用途としては，数g/m^3から数100g/m^3程度の高濃度の粉塵の分離に用いられる。微粒子の集塵効率が非常に優れているので特に空気清浄の分野では支配的な役割を演じている。バグフィルターでの粒子の分離は，含塵気体が多孔質の濾材を通

過する際に，粒子に作用する様々な分離メカニズムによってその濾材に捕集されるという原理で行われる。基本的な型式は図 1-3 に示す通りである。

　払い落とし式フィルターでの粒子の分離は初期の短期間においてのみ繊維層の内部で行われるが，その後粒子は急速に濾布表面で捕集される。そこにいわゆるフィルターケーキが形成され，高性能集塵濾材の役割を果たす。この粉塵層がバグフィルターの高い集塵効率の一要因となっている。しかしながらバグの表面に成長する粉塵層によって圧力損失が上昇するのでバグについた粉塵を周期的に払い落とす必要がある。

　使用される濾材の形状によって区別されるが，代表的なものは，①円筒状フィルター，②封筒状フィルターである。円筒状フィルターが最もよく使用されている。濾過期間中，気流はこのフィルターの外部から内部へ，あるいはその逆方向に流れる。古い型式のバグフィルターでは円筒状フィルターは多室に分けてセットされていた。含塵ガスは下方から円筒状フィルターの内部に流入し，粒子は主にその内表面で分離される。フィルターについた粉塵層は，揺動や振動あるいは気体の逆流によって払い落とされる。機械的な払い落としや逆流による洗浄に対して近年は圧縮空気によるパルス洗浄が主流となってきている。

　バグの洗浄の際には高圧の洗浄気体が短時間それぞれのバグに吹き込まれ，それに付着した粉塵が払い落とされる。そのバグを一本ずつあるいは一列ずつ払い落とすことにより，バグフィルターを切り替えずに含塵気体を連続的に処理することができる。

　封筒状フィルターは円筒状フィルターほど普及しておらず，主に小風量の気体の除塵に使われている。濾材は封筒に似た形をしており，針金でできた平らなサポート枠にセットされる。この場合，流体は常にフィルターバグの外側から内側に向かって流れ，集塵はバグの外表面で行われる。封筒状フィルターの洗浄もやはり圧縮空気のパルスによる払い落としが主流になってきている。封筒状フィルターは濾過面積が$50cm^2$までのいわゆるコンパクトタイプのダストコレクターとして使用されることが最も多い。これらはサイロなどの貯蔵槽からの脱気の除塵や種々の機械の局部集塵，あるいは工場の集塵などに使われている。

　この濾過式集塵装置は，特に，1μm以下の微粒子を含む粉塵の分離に使わ

表1-1 各種集塵装置の実用範囲

分類名	形式	取り扱われる粒度 [μm]	圧力損失 [mmH$_2$O]	集塵効率 [%]	設備費	運転費
重力集塵装置	沈降室	1,000〜50	10〜15	40〜60	小程度	小程度
慣性力集塵装置	ルーバ形	100〜10	30〜70	50〜70	小程度	小程度
遠心力集塵装置	サイクロン形	100〜3	50〜150	85〜95	中程度	中程度
洗浄集塵装置	ベンチュリスクラバ	100〜0.1	300〜900	80〜95	中程度	大程度
ろ過集塵装置	バグフィルタ	20〜0.1	100〜200	90〜99	中程度以上	中程度以上
電気集塵装置		20〜0.01	10〜30	90〜99.9	大程度	小〜中程度

(出所) 檜山［2002］31頁より転載。

れている。

③湿式集塵装置

湿式集塵装置中では，粒子はまず洗浄液と接触し，これと結合して気流によって洗浄液とともに分離される。この分離の原理は，重力，慣性力，遠心力といった体積力が小さな微粒子は分離が困難であるので，液滴の大粒子に付着させてからその液体とともに分離するという考え方にもとづいている。

湿式集塵装置は非常に微細な粒子の分離にも適しているが，一方で圧力損失が大きい。一般的な傾向として相対速度が大きいほど分離性能が良い。相対的にあまり使われなくなってきており，例えば，粉塵爆発の危険性がある粉体を取り扱う場合や，原料がもともと湿式で処理されるような場合に使われるだけである。湿式集塵装置の欠点は，その排液をさらに排水処理しなければならないことである。

④電気集塵装置

電気集塵装置の原理は，1〜数万ボルトの直流高電圧によってコロナ放電を発生させ，それによって生じた気体イオンによって粒子を帯電し，帯電粒子に作用する静電引力によって集塵するというものである。取り扱われる粒度は上記の集塵装置と比べて一番高く，高性能集塵装置として知られている。

以上が，工業的に一般的に利用されている集塵装置の構造と性能であるが，これを一覧に示しておくと表1-1のようになる。上述したように，気体中の含塵の粒径が小さいほど，集塵効率の高い濾過式集塵装置が利用されている。電気集塵装置が性能としては一番高いが，特に本章の対象とするアスベストに関しては，その性質として絶縁物質の性格を有するため電気集塵装置は集塵効率

の観点から利用に適さない。また，5μmというレベルの粉塵が対象となるため，集塵効率，圧力損失，ランニングコストと総合的な観点から，濾過式集塵装置が最も効率的な装置として使用されるようになったと考えて良い。

(2) 集塵装置の工業的利用の歴史

　粉体を含む気体から粉体を分離するという操作は1880年代から工業的に行われるようになり，さらにそれが化学工業の操作として認識されるようになったのは1920年代の終わり頃からである[5]。

　上述したように，よく使用される集塵装置としては①遠心力集塵装置および慣性力集塵装置，②濾過式集塵装置，③電気集塵装置に区別される。バグフィルターを別にすれば，これらの原型はいずれも1880年代に成立しており，1883年にイギリスでロッジ（Lodge, O. J.）が電気的集塵現象を再発見し，1886年にアメリカでモース（Morse, M. O.）がサイクロンを発明したことが起点となっている。バグフィルター，すなわち綿布による乾式濾過については，これを最初に試みたのは1850年のジョーンズ（Jones, G. S.）である。

　同じ時期にいっせいに集塵装置が登場してきた背景は，公衆衛生への関心の高まりのなかで[6]，各地の製錬所が製錬廃ガスをめぐるトラブルに巻き込まれていたことがある。製錬廃ガスからの集塵法として最初の装置的なものとしては，慣性力集塵がある。煙道中に何らかの妨害物をつり下げ，これに粉塵を付着させるというものである。初期に多用されたものがフロイデンベルク式鉄板であり，ガスの流れに並行に多数の鉄板をつり下げ，鉄板表面に1.5インチから3インチ弱程度の粉塵が付着すると重力によってはがれて下に落ち，煙道の底部に堆積する。堆積した粉塵が再び巻き上がらないように邪魔板が設置されている。

　フィルター集塵＝バグフィルターに関しても，1850年のジョーンズ以降，1876, 77年頃にはミズーリー州のジョプリンで鉛鉱石の製錬から生じる煤煙を捕集するため，これを採用し，1880年にはコロラド州リードヴィルのグラント製錬所で銀亜炉からの煤煙の捕集に用いられている。20世紀初めのバグフィルターの一般的操作は，①煙塵を含む廃ガスを長い煙道に通すことによって冷却するとともに粗大な粉塵を降下させ，②必要があれば空気を混入することによ

第1章　アスベスト問題と局所排気装置

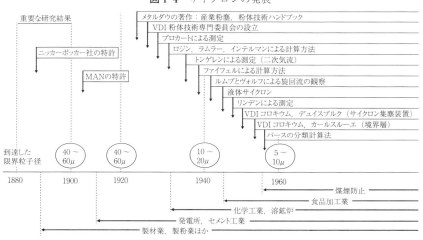

図1-4　サイクロンの発展

(出所)　加藤［1978］237頁より転載．

ってさらに冷却し，③直径18～24インチ，長さ20～42フィートのバグのなかに吹き込むといったものであった。

モースの発明したサイクロンは，1895年頃には流入口の部分を円筒形にして，円錐に円筒をつぎたしたものが標準的となり，1920年代の初めまではほとんどこの形式が用いられた。図1-4にも示す通り，本格的な理論研究がなされたのは，発明後40年を経てからである。当初のサイクロンは集塵性能が現在のものよりはるかに劣っていたため，製材工場や製粉工場など比較的粗大な粉塵の飛散するところで用いられていた。その後1910年頃からセメント工場などでも使用されるようになり，性能の向上とともに，用途が広がってきていることがわかる。

高性能の集塵装置として知られる電気集塵装置は，1883年にロッジにより気体が物体の表面を流れる際の帯電の可能性を確認するため電極を用いた実験が行われ，数千ボルトに荷電した際に発生した放電とともに，煙が消失した現象に着目したことから始まる。その後，コットレル（Cottrell, F. G.）によって電気集塵法が研究され，1907年にセルビー製錬所において金銀分離炉からの硫酸ミストの除去装置として初めて実用化された。この製錬所は，周辺の住民に与えた煙害によって訴訟されており，裁判が進行している最中の工場であった。

43

その後，電気集塵装置は，カリフォルニア州のバラクララ製錬所など，煙害によって工場閉鎖か否かという企業存亡の危機のなかで発達し，数年を経ずして約40工場で採用され，それとともに煙害防止の目的をはなれて多方面で使用されるようになった。

以上のように，局所排気装置の基幹技術部分である集塵装置の歴史は古く，資本主義の発達とともに性能を向上させてきていると言える。とりわけサイクロンの科学的研究に見られるように1920年代後半以降，その性能は格段に上がってきたと言ってよいであろう。

3 アスベスト粉塵と局所排気装置

（1） 問題の所在

日本において，アスベストが法律，政省令や通達・指針で問題にされるのは，1958年の「特殊健康診断指導指針について」でアスベスト関連作業に従事した労働者に対してＸ線による胸部の変化の検査を行うように指導推奨したのが最初である。そして1960年の「じん肺法」制定により，アスベストを解きほぐす作業，吹き付ける作業が，特殊健康診断の指導推奨からじん肺法上の粉塵作業に位置づけられる。集塵対策として具体的に規制が加えられるのは，1971年の「特定化学物質等障害予防規則」の制定であり，ここで初めてアスベストが規制対象になり，局所排気装置，除塵装置の設置，作業環境測定，健康診断，呼吸用保護具の備え付け等が義務づけられる。その後，1975年に特化則の改正により，①アスベスト等の有害物質の代替化が努力義務となり，②アスベストが特別管理物質（がん原性物質）とされ，厳格な管理が義務づけられる。③アスベスト等吹き付け作業が原則禁止，④粉砕・解体作業等における原則湿潤化の義務づけ，⑤健康診断記録，作業の記録の保存が30年間必要となり，⑥事業場を廃止する場合，⑤の記録の労基署への提出を義務づけられる。同時に，アスベストに係わる局所排気装置の性能要件も，アスベスト粉塵の抑制濃度を5μm以上のアスベスト繊維で，5本/cm^{3}と，法的に位置づけられる。以上の特化則を契機として，1970年代に本格的にアスベスト業界にも局所排気装置が設置されていくことになる。尚，以下の叙述で集塵装置と表現しているものは，

局所排気装置として使用されていることを前提としている。

　国家による本格的なアスベスト規制は1970年代からになるが，国家によるアスベストの危険性に関する認識はもっと以前からある。旧内務省保険院社会保険局が1940年に「アスベスト工場における石綿肺の発生状況に関する調査研究」を発表している。これは1937年から1940年にかけて同局が行った詳細な疫学的・臨床的調査研究であり，泉南地域を中心とするアスベスト工場など19工場，1024人を対象に行っている。この時点でじん肺罹患率は12％に及ぶという結果が出ており，アスベストの人体への影響に関する医学的・疫学的知見は既に示されている。同報告書には，外国における石綿肺の最初の報告として，1899年のマレー報告，1910年のコリス（Collis, E.L.）報告，1924年のクック報告，1928年のセイラー（Seiler, H.E.）報告，1930年のミアウェザー報告をあげていることからも，早くからアスベストが問題となっていたイギリス等の医学的・臨床的知見を前提にしていることがわかる。こうした知見からこの時期に石綿肺に関する本格的調査が行われたと思われる。

　同報告書には，防塵設備について調査当時の状況が示されている。

　　防塵設備は大部分において考慮が拂はれて居らぬ現状である。打綿場に於いては排風器を以て一旦塵埃を箱中に沈殿せしめその上に筒を立て，微小な塵埃を排出せしむる如き除塵装置を有するものがあるが効果少なく又ファンを用いて吸引除塵せる工場も見受けたがダクトの大いさ塵埃の比重等の関係が調和せず反って飛塵を多くならしめる結果を来すに非ざるかを思わしめた。コンクリート建の立派な工場もあるが大部分は掘立小屋に近きが如き建築で自然換気が行われ塵埃濃度は希釋され居る如きも人家稠密ならざる場所にある工場では作業上周辺の窓を開放し居るも然らざる場所においては換気窓を閉鎖せる嫌いがある。防塵マスクとしてガーゼ又は針金を以て特殊な型を作りガーゼに覆へるものを用いつつあるが，強制使用せしめ居る工場は一工場のみで他は殆ど顧みられていない。

　同報告書は，泉南地域を中心とした石綿肺に関する本格的調査であるが，もう1つ重要な点としては，上記に引用したように当時のアスベスト工場の状況

が防塵設備も含めて語られていることである。すなわち，ほとんどの工場で防塵設備において考慮がなされていない点，設置されている比較的大きな工場においても効果が少ない点，ダクトの大きさと塵埃の比重の関係が調和せずかえって塵埃が飛散している問題等，集塵設備の設置の問題点を指摘している点，また，防塵マスクもほとんど使用されていない点も指摘していることは重要である。これらの指摘は，同報告書が明らかにしているじん肺罹患率12%という結果が，こうした不十分な防塵設備によって引き起こされていることを明らかにしていることに他ならず，国家が当時のアスベスト工場の実態を把握していたことを示す重要な資料と言える。

　ここで問題となるのは，1940年に国家がアスベストの有害性に対する医学的知見，あるいは防塵設備の不十分さをこの時点で認識していたにもかかわらず，その対策を1970年代まで実質的に行ってこなかったことである。この問題を考える際に重要なのは，実際に防塵対策としての局所排気装置の技術体系が確立していたか否かである。以下ではこの問題について検討する。

（2）　技術的対応の可能性

　世界的に見て集塵装置は1880年代から工業的利用が始まっており，とりわけ1920年代後半以降はサイクロン型の集塵装置の性能が向上し，高性能の電気集塵装置とともに多方面で使用され始めたということは既に見た通りである。

　イギリスの1931年アスベスト産業規制の成立に着目した中村［2007］の研究によると，イギリスにおいてアスベストに関する疫学調査を本格的に行い，アスベスト粉塵と肺繊維症の因果関係を明らかにし粉塵抑制手法について提案したミアウェザー＆プライス報告で様々な角度から粉塵抑制・防止手法が提案されていることが示されている。ここでは工場の全体換気，紡織工程ごとの局所排気装置の設置，設置する集塵装置の種類（サイクロンないしバグフィルター），粉塵飛散が排気装置だけではコントロールできない場所の密閉，飛散防止のための加湿など具体的な提案がなされている。1936年の4月に出されている*Textile Recorder*誌の*Asbestos in the Textile Industry*では，アスベストの粉塵処理の方法としてサイクロン型の集塵装置の設置方法が詳述されており，当時のイギリスにおける石綿紡織工程における集塵方法としてサイクロン型の集塵

装置が推奨されていたことがわかる。

こうした海外の事例は日本にも紹介されている。アスベストを体系的にあつかった書物として藤田正『石綿工業論』（平凡社）が1941年に出版されている。藤田は，もともと朝日石綿工業株式会社に勤務し，後に福井高等工業学校助

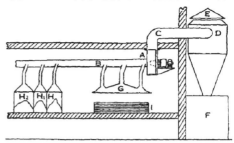

図1-5　1930年代に紹介された集塵装置の一例

（出所）　藤田［1941］71頁より転載。

教授時代に同書を著している。同書において開綿や昆綿工程においてサイクロンの設置例が示されており，「昆綿室も塵埃の発生著しく，従業者は室外にあって操作せしめるか，マスクは必ず使用せしめ除塵装置を設備しなければならぬ」との認識の上に図1-5に示すサイクロン型の集塵装置の設置方法を示している。この図は上述した Asbestos in the Textile Industry からの引用であり，まさに欧米の先進的な経験がそれほどのタイムラグを伴わず日本に入ってきていることを示している。先に引用した旧内務省保険院社会保険局の報告もその調査のきっかけはミアウェザー＆プライス報告をはじめとするイギリスの報告であり，1940年代前半，アスベスト粉塵に対する医学的な知見，粉塵対策における工学的な知見はこの時点で既に示されていると言える。

ところで，海外で発達した技術が理論上だけでなく実際に導入可能か否かの問題が当然発生する。この点を具体的に見るためにアスベストとは直接関係ないが，日本への電気集塵装置の導入例を見てみる。既に示したように，コットレルによって電気集塵法が発明され，最初に実用化されたのが1907年である。日本において明治末期から大正初期にかけて各地において煙害反対の住民運動が盛んに起こるなかで，煙害問題の解決をめざす研究所として「金属鉱業研究所」が三井鉱山・三菱鉱業・古川鉱業・藤田鉱業・久原鉱業・田中鉱業・住友合資・田中鉱山8社の鉱産額に比例した寄付により1916年に設立される。電気集塵装置は既に1915年に久原鉱業日立鉱山に実験的に建設されていたが，研究所開設に伴って入手した欧文書雑誌に報告されていたアメリカにおける経験を参考にして電気集塵装置に主力をそそいだ。当時既に International

Prechitation Co. が日本国内における特許を取得していたので，1916年に特許権3種と，以後10年間同社で行った発明，改良を無償で譲り受けるという条件で全権利を買収した。そして，この特許権の管理のために「電気収塵法特許事務所」の名の下に「コットレル組合」を形成した。この特許によって最初に電気集塵装置を設置したのが浅野セメントの深川工場であり，1916年には採用を決めている[15]。

この時期に起こった煙害反対の住民運動は資本にとっては膨大な賠償金の支払いとなって現れるため，いち早くその対応に迫られた結果として早期の電気集塵装置の導入へとつながったと言える。

また，アスベストではないが繊維業界のなかでも，1918年に工業教育会によって発行された『職工問題資料二十五──工場除塵装置の実例』では，帝国製麻大阪工場における各工程の除塵装置の設置事例が写真付きで紹介されており[16]，最後に，[17]

> 製麻工場は元来，飛塵の多い処であるが，此装置が出来てからは，塵埃は殆どなくなり，職工の衛生上極めて良好になったのである。工場法による衛生設備，危害予防設備の取締の漸く厳重ならんとする今日に於いて，この種の設備を整えて置く事は，最も必要な事項であるのである[18]。

とまとめている。このように紡織の分野においても1918年に除塵装置が設置されており，職工の衛生上の配慮について言及されているように，粉塵が大量に舞う作業環境のなかではじん肺の危険性が伴うことからこうした対策が既に行われていることがわかる。

電気集塵装置が世界で初めて実用化されて以降10年足らずで日本においても本格的に導入され効果を発揮したという事実や，製麻工場で集塵装置が模範工場の取組として紹介されているという事実は，アスベスト産業において集塵装置の本格的導入が遅れたことに対する合理的説明を否定するものであり，1940年代に問題が示され，即座に対応が可能であったことを間接的に示すものである。

表 1-2 大阪府下における石綿製品の地域別業態別企業数（1966年）

	工場数	業態別企業数				
		一次加工	二次加工	工 事	問 屋	不 明
大阪市	59(55.7)	6(15)	12(54.5)	10(90.9)	23(100)	8(80)
	100	10.2	20.3	16.9	38.9	13.7
泉南郡	29(27.4)	28(70)	0	1(9.1)	0	0
	100	96.5	0	3.5	0	0
上記以外の市部	18(16.9)	6(15)	10(45.6)	0	0	2(20)
	100	33.3	55.6	0	0	11.1
計	106(100)	40(100)	22(100)	11(100)	23(100)	10(100)
	100	37.3	20.7	10.4	21.6	9.6

（注） 上段は事業所数，下段は当該地域内における業態別割合％，事業所数．
　　　横の（ ）内は，当該形態における地域別割合％．
（出所） 大阪府立商工経済研究所［1967］18頁を一部修正．

（3） 泉南地域における粉塵対策の実態と問題点

　では，実際にアスベスト製品の一大産地である大阪府泉南地域を事例に，粉塵対策の実態がどうであったのかを見てみる．

　泉南地域は，1907年から100年にわたってアスベスト製品の生産が続いてきた地域であり，アスベスト産業は同地域の地場産業としての性格を有していた．大阪府立商工経済研究所［1967］によると，高度成長期の大阪府下のアスベスト産業の全国に占める位置は以下のように示されている．1965年の出荷額で見ると，①石綿糸・布：全国比58.7％，②石綿ブレーキライニング：全国比41.7％，③石綿ジョイントシート：全国比41.9％，④石綿板：全国比31.6％，⑤その他石綿製品：26.8％と，アスベスト産業において大阪府は非常に重要な位置を占めていたことがわかる．

　そのなかでも，泉南地域は，表1-2に示す通り，大阪府下に占める割合として「工場数」では27.4％であるが，「事業内容として一次加工を主としている事業所」では70％を占めており，泉南地域に立地している事業所の96.5％が一次加工を主たる事業内容としている．これからもわかるように，泉南地域は一次加工，すなわち石綿糸・布の製造加工を行う事業所が中心に集積し，二次加工（糸・布以後の加工ならびにその他の特殊的加工を行う段階）は大阪市およびそ

の他の市部で行われているという産業構造になっている。一次加工は次のような工程となる。①混綿（石綿と他の繊維原料を混ぜ合わせる）→②粗紡（混綿した原料を篠という無撚りの石綿繊維の束にする）→③精紡（篠から単糸を紡ぐ）→④撚糸（複数の単糸を紡ぐ）→⑤織布（撚糸の終わった石綿糸から石綿布等を織る）・編組（石綿糸からパッキン等を編む）が基本工程となる。

従業員規模で見ると，雇用従業員数Ａ（1～5人）：6.5％，Ｂ（6～10人）：25.8％，Ｃ（11～20人）：25.8％，Ｄ（21～50人）：25.8％，Ｅ（51～100人）：12.9％，Ｆ（101人以上）：3.2％となっており，従業員50人以下の事業所が84％を占めており，中小企業というよりはむしろ小零細企業が中心的に生産していたということがこの地域のもう1つの特徴である。

ゆえに，泉南地域はアスベスト産業全体の社会的分業構造のなかで，最も粉塵の発生する一次加工工程を担っており，しかも，その担い手の圧倒的多くが資本力のない小零細企業であるということを最大の特徴としている。

こうした特徴を持つ泉南アスベスト産地であるが，筆者自身のヒアリング調査および各種ヒアリング記録を基に泉南地域に立地する事業所の集塵対策の実態について以下で検討する。

①事例1：栄屋石綿[19][20]

同社は1907年に泉南地域において創業した会社であり，同地域においては最も大規模な会社である。同社は積極的に集塵装置を設置しており，1967年に工場拡張とともに新しい集塵装置にすべて入れ替え，500坪の工場に7台の集塵装置を設置した。新東工業のバグフィルターであるダスチューブコレクターを中心に，その他ヒロセ機械，久米鉄工所[21]の集塵装置を中心に導入している。1967年にバグフィルターに入れ替える前は，サイクロンを使用していたが，国からバグフィルターへ変更するように指導があったため，バグフィルターへ変更した。同社は1950年代までにはサイクロンを導入していた。

同社では，混綿工程，カード，リング工程において集塵装置を設置していた。混綿とカード工程は混綿に使用する調合機とカード機のところで集塵する。リング工程などは一般的に機械1台の幅が1.5mほどあり，全体で20mくらいの工程になるため，集塵装置を設置すると作業の邪魔になるため集塵できない。しかし，同社の場合は，リング工程はその機械の端から集塵する形で行ってい

た。混綿とカード工程の集塵効率は約70～80％であったが，リング工程は40％程度の効力しか発揮しなかった。リング工程はスピンドルが1本1本並んでおり，160錘，180錘，200錘，240錘，320錘といった規格になっており，短くて16m長くて20m程の機械列となる。これが高速で回転するために，粉塵の飛散量が激しくなる。機械の上にフードをつけると，作業者が粉塵をかぶってしまうので意味がない。調合機やカード機の場合は埃の排出口があるのでそこから吸引すれば良いが，リング機の場合は，上述の理由から集塵効率が極端に落ちることになる。上述の集塵効率は局所的な数値であり，工場全体として見れば粉塵が舞っているのが常態で，集塵装置もフルに稼働させることもなく，線路脇に立地された工場の窓から強制的に粉塵を吹き出し，止まっている電車が粉塵で白くなっていたこともあった。

　集塵装置のランニングコストは高く，カード機1台の稼働に7馬力必要なのに対して，集塵装置1台に15馬力は必要になり，工場全体で見ると，電気代は製品の製造に要する費用と同程度か1.5倍ほどかかったという。

　②事例2：津田産業[22]

　同社は1970年代半ばに創業している。同社は創業者＝津田丈夫氏の妻が粉塵測定の資格を同時期にとり，この地域のアスベスト工場の粉塵測定をすべて行っていた。こうした関係から労働基準監督署からモデル工場として率先して除塵対策を頑張ってくれと言われ，測定機関を合わせ持つ会社に相応しい工場にしなければならないということで，みずから率先して集塵装置を設置したという。具体的には，ヒロセ機械のバグフィルターを設置し，フード等も設置していた。具体的な工程としては，混綿，カード，リングの工程に各1台を設置していた。工場全体として繊維機械は40～50馬力を必要としていたが，集塵装置は60～70馬力が必要となりランニングコストが非常に高くついた。

　測定士の津田氏が測定を行った事業所は，ほとんどが集塵装置をつけていた。測定値が思わしくないことから，労基署の指導も入り，集塵のやり方を変えるなどの工夫をした事業所もあった。一方で，測定値が改善しないことと，測定には費用がかかることから，半年に一度の測定が義務づけられていたが[23]，徐々に測定すらしなくなる事業所も多数存在したという。しかし，多少の効果はあったようで，津田氏が最後に測定をした1987年頃にはどこも工場が粉塵で真っ

③事例3：丸江工業・他[24]

　ヒアリングを行った江城正一氏は，1944～1965年に浅羽石綿，1969～1971年に理成石綿，1970～1975年に丸江工業（自営），1980～1982年に南条石綿，1990～1993年に丸洋工業（長男が経営）とみずからの自営も含め様々な職場で働いてきている。[25]浅羽石綿に限らず，戦時中は集塵装置というものはほとんど設置していなかったが，1969年の理成石綿で働いていた頃にはどこでも集塵装置が設置されてきていた。しかし，理成石綿は，トンネルのなかに設置されているような大きなファンで工場外へ強制排気する形式であった。

　江城氏が創業した丸江工業はヒロセ機械のバグフィルターを設置した。1970年頃から集塵装置を設置するよう指導が来たことを契機として設置した。同社の場合，カード機2台で事業を行っていたので，カード機1台に集塵装置1台を対応させるかたちで2台導入する。当時，カード機1台という工場が多く，その場合，集塵装置も1台だけ入れるというのが一般的であったようである。集塵装置を設置した当時，となりの田んぼが真っ白になったこともあった。集塵の効果は2割集塵し，残っているのが8割という状態であったという。南条石綿も丸洋工業も基本的には丸江工業と似たような状況であった。6～7割程度の事業所が集塵装置を設置していたのではないかと当時の印象を語っている。

（4）小　括

　以上，泉南地域におけるアスベスト工場の集塵装置の設置状況とその効果等を見てきたが，こうした事実が示す含意は以下の点に集約できる。第1に，多くの事業所が集塵装置を設置したのは1970年前後であり，それまでは設置していたとしてもファンのようなもので工場外へ強制排気するような形である。ゆえに，この時期までは工場内での曝露はもとより，工場外の環境曝露も相当なものであったことが推察できる。

　第2に，しかしながら，1970年代以降，行政指導により集塵装置を設置するようになってからは，事業所によって効果の違い，その限界性は免れないが，一定の集塵効果をもたらしているということである。遅きに失した感は当然否めないが，石綿の粉塵性疾患が大量曝露を大きな要因とする限りにおいて，限

界性はあるが、一定の効果を示していることの含意は重要である。すなわち、労働局の開示記録を見る限り、前述した内務省調査のときに比べ、石綿肺発症率が確実に減っており、この事実は、もっと早くから集塵・除塵対策を義務づけ、指導を徹底していれば、これほどの甚大な被害は生まなかったということを意味している。とはいえ、1970年代以降における行政の責任が免罪されるということでは決してない。泉南地域全体としては、設置しない、部分的にしか設置しない、あるいは設置してもフル稼働させないなどの実態が大半で、行政の指導に対して唯一と言ってもいいほど積極的に対応した栄屋石綿でさえ、上述のごとき実態であった。このことは、行政の指導の不徹底さ、例えば、集塵装置を設置しているかどうかをチェックするのみで、それがどう稼働し、どの程度の効果を発揮しているかの点検、問題がある場合の修正指導等がほとんどなされていなかったという問題がある。こうした指導の不徹底さが、各事業所における不徹底な粉塵対策を生み、1970年代以降の新たな被害者を生む要因となったと言える。

　第3に、冒頭でも述べたように圧倒的に多くが小零細企業であることを考えると、集塵装置を導入することのコスト負担が著しく大きいという問題がある。このことは行政指導が行われても、全事業所が導入しなかった大きな理由でもある。入れたとしても、フル稼働させない実態を生んだ理由であり、たとえ行政指導以前に事業所がアスベストの危険性を認識していたとしても企業が自主的に集塵装置の導入を進めてこられなかった理由でもある。

　1966年に新設された産業安全衛生特別融資やそれに付随する産業安全衛生整備奨励金などの制度があるが、泉南地域の小零細事業者にはほとんど認識されていなかったという問題もある。また、集塵装置を設置したとしても、設置した装置が付加価値を生まなければ、ランニングコストも含めて企業にとっては単なる追加的なコスト負担になるため、当然利益を圧迫する要因となる。こうした観点から見たとき、融資という制度が、たとえ低利であったとしても、返済義務は生じるわけであり、小零細企業の環境・公害対策推進制度としてそもそも相応しいものであったのかという根本的な問題として考える必要もあるであろう。

　実際、1977年頃に作成された岸和田労働基準監督署［n.d.］では、機械を基

第Ⅰ部　アスベスト紡織産業における粉塵対策

表1-3　石綿製品業の事業所数，出荷額，付加価値額

年	1972年					
	事業所数	割合	製造品出荷額	割合	付加価値額	割合
20名以上	77	26.5	32321.2	84.0	11882.7	79.3
10～19人	70	24.1	4324.1	11.2	1943.7	13.0
4～9人	103	35.4	1633.6	4.2	1050.8	7.0
3人以下	41	14.1	201.9	0.5	109.6	0.7
合計	291	100.0	38480.8	100.0	14986.8	100.0
年	1965年					
	事業所数	割合	製造品出荷額	割合	付加価値額	割合
20名以上	75	39.3	13322.2	95.9	5092.9	93.8
10～19人	50	26.2	377.1	2.7	226.2	4.2
4～9人	53	27.7	134.5	1.0	85.8	1.6
3人以下	13	6.8	57.5	0.4	25.7	0.5
合計	191	100.0	13891.3	100.0	5430.6	100.0

（注）　単位：割合は％，出荷額，付加価値額については百万円。
（出所）　『工業統計』各年版より筆者作成。

準とした局所排気装置の設置率は32.3％となっており，おおよそ当該地域における事業所に局所排気装置の設置が徹底されていたとは言い難い。この点について，同監督指導計画では，

　殆どが零細企業であり，法規制通りに実行するには経費的に問題となる点が多い……当該業界に対する衛生融資は，今後行政の在り方の問題点を考慮して，最優先，最低利で行われるべきではないか。完全な衛生管理設備を備えるための設備投資は零細企業の能力を超えている……労働者保護の目的を達成するため，……現行法を改善して実行を容易ならしめる余地はないであろうか……石綿クロス業は，……国の基幹産業である。然らば通産省関係とタイアップして，協業化を推進させ，労働者保護を容易ならしめる国策がとられて良いのではないか。

と指摘している。ここで指摘されている論点を一層クリアにするために，石綿製品業の産業構造について工業統計表を用いて整理してみる。
　表1-3は，特化則が制定された1972年時点における石綿製品業の事業所数，

製造品出荷額，付加価値額の実数，割合を見たものである。同じ統計区分で調査されている1965年の工業統計表を参考のために載せている。1972年時点で20名以上の事業所は26.5％を占めるに過ぎず，19人以下が73.5％を占め，9人以下が約50％を占めている。事業所の実態で見れば，小零細企業が支配的な産業構造となっていることがわかる。一方で製造品出荷額を見ると，20人以上の事業所が84％を占め，19人以下の事業所は16％を占めるに過ぎず，9人以下の事業所にいたっては5％未満である。利益の指標となる付加価値額について見ても，20人以上の企業は約80％を占め，19人以下の企業は20％弱，9人以下の企業にいたっては8％にも満たない。すなわち，一部の中堅，大企業に付加価値のほとんどが占められており，業界構成の大半を占める小零細企業が非常に薄利で事業展開を行っていることが顕著に見受けられる。1965年の統計ではその傾向がもっと顕著に表れている。すなわち，石綿業界は極度な格差構造，二重構造を特徴とする産業構造であり，小零細企業が中堅，大企業にいかに収奪されるような対象であったかが明らかである。

　一般的に見れば，公害被害というのは社会的弱者に先鋭的に現れる。過去の公害の歴史を見てもそれは一目瞭然である。アスベストを見ても，被害が最も多く発生しているのは紡織工程を中心とする一次加工の分野であり，日本のアスベスト産業を見た場合，この工程を担っているのは小零細企業である。すなわち，アスベスト公害についても見ても，小零細企業という社会的弱者で甚大な被害が発生している。あたりまえのことであるが，行政の役割・責務の1つは社会的弱者を救済することである。

4　日本におけるアスベスト粉塵対策と技術的体系化の時期

（1）　国家による政策的示唆

　では，実際に，アスベストの粉塵対策が国家レベルと民間レベル（集塵装置メーカー）でどの時期に本格的な取組が開始されたかを以下で検討する。

　国家が，有害粉塵に対して局所排気装置等の技術的な対策を初めて示したのは1957（昭和32）年に労働省労働基準局労働衛生課が監修し，日本保安用品協会が発行した『労働環境の改善とその技術——局所排出装置による』（以下，

図 1-6 粉塵の粒径と適用される集塵装置

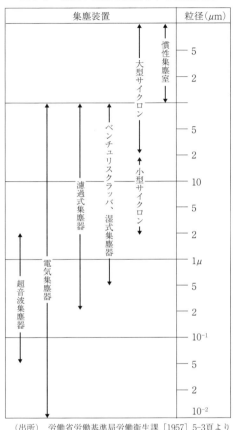

(出所) 労働省労働基準局労働衛生課 [1957] 5-3頁より転載。

32年報告書）である。ここでは，換気法を①自然換気法と②機械式換気法とに分けている。①自然換気法を，建物の開口部によって室内外の温度差，風力等を原動力として換気を行わせる技術であり，特別な施設費や経常費を必要としない最も安価な方法であるが，その換気の原動力が自然の力に依存しているので，計画的に必要換気量をいつでも確保することは非常に困難である。②機械式換気は機械力によっているので，自然力に抗して計画通りに換気し得る。また，これらの排気を1ヶ所に集め，十分な処理を行って大気に放出することができるとしている。

同書は有害粉塵一般の対策について書かれているものであるが，アスベストについても有害物質としての認識が示されている。じん肺性作用の粉塵として遊離珪酸，タルク，ネンドとともに石綿が分類されており，「吸入によって肺胞壁に取り込まれ，繊維増殖性病変を起こす。結節が大きくなり融合するようになると，肺循環の障害を起こす。肺結核を合併しやすく，予後不良となる。粒子は5ミクロン以下が危険」と定義している。こうした有害粉塵に対する技術的対策である局所排出装置としての集塵装置について解説しているわけであるが，ここで紹介されている集塵装置の種類と集塵可能な粒径範囲を示したものとして**図 1-6**が示されている。その後，1966（昭和41）年に労働省労働基準局労働衛生課により『局所排気装置の標準設計

と保守管理〈基本編〉』(以下,41年資料)において,より具体的にフード,ダクト等の設計,排風機の選定等が示されている。この41年資料をもって,局所排気装置の普及の条件が形成されたとする見解があるが,この資料に示される工学的知見が既に1930年代頃から確立していたことを以下に示しておく。

第3章において示されるが,局所排気装置についてはイギリスの1931年「アスベスト産業規則」のなかに局所排気装置の設置について述べられており,第4章において示すように,アメリカにおいてもフードの形状や具体的なフード付近の排風量も含めて具体的に局所排気装置による粉塵対策について1930年代には既に勧告されている。とりわけ,その後出されたアメリカのダラバレ(Dallavalle, J. M.)の著書, *Exhaust Hood* [1945] やブラント(Brandt, A. D.)の著書, *Industrial Health Engineering* [1947] についてはこれらの局所排気装置のフードの設計,ダクトの寸法や,ファンの規格,制御風速等について基本的な考え方,理論的な事項が説明されている。とりわけブラントの著作に関しては,1953(昭和28)年には『産業衛生工学』として邦訳出版されており,その後,制御風速の計算式や数値に関してはブラントの著作が局所排気装置の技術書・技術論文で引用されていることから見ても,局所排気装置に関する最も基本的な理論となっていることがわかる。また,これらの成果を前提としてまとめられている ACGIH(アメリカ産業衛生専門家会議)の *Industrial Ventilation —— A Manual of Recommended Practice* [1954 or 1962] に関しては32年報告および41年資料にも引用されており,とりわけ,作業別の制御風速・フードの型式・搬送速度・流量等については ACGIH の成果に大きく依拠していたことは一目瞭然である。

(2) 民間レベルでの開発動向

既述のように泉南地域のアスベスト製品生産企業で集塵装置を設置している企業では,1960年代後半からバグフィルターが設置されている。メーカーとしては,当時の最新鋭のものとして新東工業社製のダスチューブコレクターと呼ばれる濾過式集塵装置と新東工業社製のものよりは少し廉価となるヒロセ機械製のバグフィルターが多く設置されていた。

集塵装置メーカーの開発状況から日本においていつの時期にサイクロン型の

第Ⅰ部　アスベスト紡織産業における粉塵対策

集塵装置が実用化され，その後，バグフィルターの開発が展開していったかについて見てみる。具体的に，泉南地域において最新鋭のものとして設置されていた新東工業社の集塵装置の開発状況について見てみる。

　新東工業社は1934年に創業し，鋳物工場用の機械設備の製造・販売を行っているメーカーである。鋳物工業は塵挨が多く，作業環境の悪い職場の典型であるが，機械工場の基盤となるべき鋳造工業の発展にはまず鋳物工場の環境改善が先決問題であるとして，鋳造工場に適する集塵装置の製作・普及を考えるようになる。1949年に集塵装置の研究に着手し，1951年にDC型サイクロンを完成させている。この当時の限界粒子径は理論上2.5μmで，実際には5μmであった。その後，1955年頃よりマルチサイクロンの研究を行い，マルチサイクロンDCM型を開発する。そして，1957年に湿式の集塵装置を試作し，BDC型バブルフィルターを1960年に完成し，限界粒子径が0.5μm内外という結果を得ている。このバブルフィルターは鋳物工場をはじめ，製鉄所，造船所，化学工場等に納入されている。そして，この高性能のBDCバブルフィルターよりもさらに高性能の集塵装置として濾過式集塵装置の開発に取りかかる。同社の社史には次のように書かれている。

　　粉塵の粒子径が特に細かい場合や入り口の粉塵濃度が特別に高い場合にはBDC型バブルフィルターでも不十分な場合があるので，昭和32年頃よりさらに高性能の集塵装置の研究も進められた。各種型式の集塵装置を検討の結果，構造が比較的簡単で集塵性能が最も優秀であるという点では，バッグフィルターにまさるものはないという結論に達し，バッグフィルターの研究が進められた。……昭和33年には，ホイールアプレター社との技術提携が企画されたのでホイールアプレター社で製作されているダスチューブコレクターに就いて検討を加え，当社で製作がしやすいように設計変更し，風量200m³/minのバッグフィルターを製作し……[31]

　これが同社のTDC型ダスチューブコレクターであり，1961年に完成している。

　新東工業を事例に集塵装置の開発過程を見たが，日本における各種集塵装置

第1章　アスベスト問題と局所排気装置

の開発動向は，おおよそ1950年代以降，本格的に着手され，60年代以降に本格的な普及が開始されたと見てよいであろう。[32]

（3）　局所排気装置の設計の実際

　上記で若干ふれたように，また，第2章以降で詳述されるが，粉塵発生源近くにフードとダクトを引き込み，集塵装置で除塵するという局所排気装置の考え方は1930年代には認識されており，集塵システムの原理・構造については既に確立していたと見るべきである。この認識を前提として，昭和30年代に視点を移したとき，局所排気装置を設置することが技術的に困難だったとは言えない。構造的には既に古くから存在していた集塵装置にファンとフードとダクトをつなぐだけであるため技術の構成要件としては極めて単純である。問題は十分な集塵効果を発揮するのかという機能的側面であり，そのためにフード形状・材料をどうするか，ファンの能力として何を選定するのか，ダクトの径をどうするのか，そして制御風速をどう設定するのかといったところにノウハウがあり技術的な難しさがあり，効率的に設計するには経験の蓄積が必要である。

　昭和20年代・30年代に局所排気装置を設計・設置した経験を持つ技術士の阪本慶二氏の話を聞くと，何に依拠し設計・設置していたかがよくわかる。[33]要点は以下の通りである。①局所排気装置の構造は単純であり，特別に高度な工学的知識を必要としない。②設置に必要な技術的知識は基礎的な流体力学，熱力学，材料力学，工業材料学等々であり，これは大学において学んだ基礎的知識である。③フードやダクトに必要な基礎データは機械学会誌などに公表されている資料を参考にし，自分で必要な情報を集め，偏微分方程式などを応用し理想値を想定して設計する。④フードとダクトは板金業者に造らせ，ファンや除塵装置については市販品のものを購入し設置する。⑤必要な制御風速の決定については，捕捉する物質の種類に応じて，具体的な作業現場の状況に応じて決定する。⑥設置後は，大阪府立労働科学研究所から測定器（阪本氏はデッキグラスに吹き付けて顕微鏡で測定したと記憶していることから労研式塵埃計もしくは労研式コニメーターと思われる）を借りてきて自身で効果を測定する。

　粉塵対策の有効な技術的手段としての局所排気装置の認識が示された1930年代から今日にかけて，局所排気装置の構造それ自身に変化はない。昭和30年代

当時の設計の実態を見ても，今日の技術的な到達の結果から見ても，昭和30年代に局所排気装置を設置することに関して飛躍的な技術発展を必要としたわけではないことは明らかである。機能的な側面について見ても，阪本氏が指摘するように大学で学ぶ程度の流体力学，熱力学，材料力学等の基礎的な認識があれば現場ニーズに従って設計・設置することは十分に可能であり，実際に設計・設置している事例は枚挙にいとまがないことは，その事実が示している。

　有害物質の種類およびそれが発生する作業工程は多様である。ゆえに，その多様性に合わせたフードの構造，制御風速等が必要になってくることから局所排気装置も細部においては多様にならざるを得ない。すなわち，局所排気装置は単品種大量生産できるというものではなく多品種少量生産という性格を有する設備である。粉塵の種類，工程状況，その他工場の諸条件に合わせて設計しなければならないので，単純に設置できるものではない。これらの諸条件を踏まえて合理的に設計するのに経験の蓄積が必要である。多品種少量生産という性格を有する設備おいては標準化が困難であることから経験の必要性は当たり前のことである。これは局所排気装置にかぎったことではなく，完全受注生産という性格を有する製品については一般的に言えることである。ゆえに41年資料が発表されたからといって，その通りに設計すれば機能するかと言えば，この段階でも必ず調整は必要となる。それは今日でも同じである。技術書に示されるフードの形状や制御風速等はあくまでも合理的に設計をするための１つの基準でしかなく，実際の設計・設置には現場の状況との擦り合わせが必要であることは今も尚指摘できることである。

　設計→設置→試行運転→問題点の抽出→設計へのフィードバック→改良→設置……→検収→という過程は設計情報の蓄積の過程であり，ノウハウ蓄積の過程である。これは同時に設計の「標準化」の過程でもある。完全受注生産品の場合は，一品一品仕様が異なるわけであるから完全なる標準化はあり得ない。その意味で標準化に近づける過程である。一般的に言えることであるが，このデータが蓄積されていけば一連のトライ＆エラーの回数が減り，設計から検収までの納期が短縮されるということを意味するだけであり，トライ＆エラーがなくなることを意味するものでは決してない。標準化＝類型化の過程は経験の蓄積がものをいう。逆に言えば，局所排気装置の構造・原理は少なくとも1930

年代からあり，その段階から意識的に設計情報の蓄積に取り組んでいれば，もっと早く基準となる技術書は示せたことになる。

ところで，「局所排気装置の性能について，濃度を判断基準にするという考え方が生まれるまでは，制御風速により判断する考え方しかなかった」という指摘がある。制御風速は，発散源から発散する有害物質を周囲に拡散せずにフードに吸引するために必要となる吸引風速を性能の判断基準にするということであるが，そもそも当該制御風速で吸引できているかどうかの量的判断は物質濃度の測定以外あり得ない。実際，1958年制定の有機溶剤中毒予防規則（有機則）において局所排気装置の性能要件として制御風速が規定されているが，大阪労働基準局［1964］には次のようなことが記されている。

　……ところでこれらの装置（局所排気装置：引用者）の性能は何を目やすとして設計するかといえば，やはりACGIHの定めた約3000種にのぼる有害物についての恕限度とか，米国基準協会のきめた最大許容濃度，或は我が国の産業衛生協会の最大許容濃度が用いられる。法規的には昭和23年に基発第一，178号通達にいくつか示されているが，研究が進んできている今日では改正せねばならぬ点が多い。因みに有機溶剤規則においては，第一種溶剤中にあるベンゼンは5 ppm以下にすることを目処に設置するよう設備基準が作られた。

ここで示されているように有機則で制御風速を指定する根拠は明らかに物質濃度を基準にしていることがわかる。

臼井［1969］が「我が国で最も多く使用されている測定器具として労研式塵埃計があり，……集塵装置を稼動させたときと停止したときの比較，あるいは発塵源の操作条件を変えたときの相違を測定して除塵効果を測定するわけである」とあるように，作業環境清浄度の測定や集塵性能（集塵機の入口と出口の含塵量の測定）には労研式塵埃計が主に使用されている。たとえ，アスベスト粉塵そのものが測定できないとしても，粉塵総体の除塵効果は測定できることから，一定の基準を設けて制御風速でもって規制することは可能であったと考えられる。

(4) 小　括

　以上，泉南地域の粉塵対策の実態を踏まえて，日本におけるアスベスト問題と集塵装置の導入実態について検討してきた。同じ粉塵問題において鉱山の煙害問題においてはいち早く海外の技術を導入し，対策をしたのに対して，アスベスト粉塵に関しては，その危険性が認識されてから本格的に対策がなされるのは30年後である。この違いは何に起因するのであろうか。1つの決定的違いは，前者が大資本を中心にした産業で，後者が中小零細資本を中心とした産業であるという点である。前者は，煙害が社会問題化するとみずからの資本力により集塵装置を設置し，対策を講ずることができたが，後者はその零細性ゆえにみずから対策を行うということは事実上不可能である。たとえ危険性が把握されていたとしても，事業を止めることは生活が維持できないため，続けざるを得ないという事情が存在する。ましてや，泉南地域は地場産業の如くアスベスト産地を形成していたため，他産業への代替化は一層困難であることは言うまでもない。アスベスト問題は公害であると同時に労働災害という性格を併せ持つ。アスベスト産業で最も粉塵が発生する工程を最も零細の企業群が担っているという産業構造上の特殊性がその問題の社会問題化を遅らせ，対策を遅らせていると言っても過言ではなかろう。

　1950年代後半には国家・民間双方において集塵装置の技術体系は出来上がっている。粉塵一般が社会問題化され，その対策が問われれば，国家も対策を行い，民間でも公害防止装置の技術レベルは急速に発達する。対策に必要な技術のレベルにないため対策ができないのではなく，社会問題化しないがために対策を行わないのである。アスベストのようにその問題が顕在化しにくい状況のなかでは，さらにその対策は遅れる。これは1957年にアスベストがじん肺性粉塵と規定されながらも実際の規制は1971年までずれ込んでいることからも明らかである。アスベスト産業のこうした特殊性に鑑みたとき，産業資本みずからがその対策を行えるような状況でない以上，国家が率先して中小零細資本における公害対策を行うのは当然である。

　戦後日本の経済成長に対する政策を見たとき，国家の認識は，中小企業の技術的後進性を特に問題視し，これに対して積極的に近代化促進政策を展開してきた。まさに，国家が中小企業みずからでは賄いきれない部分を政策的に援助

してきたのが日本の高度成長の歴史である。こうした国家の果たしてきた役割を考えると，自らの手では充分に公害対策を行えない中小零細資本に対して，国家が責任を持ってその対策を講ずるのも国家の社会的責任ではないであろうか。

5　問題の所在と国家の責任：結びにかえて

　1940年に石綿肺に関する医学的知見や石綿工場の実態が認識されていたにもかかわらず，国家による技術的な所見が明らかにされるのはそれから18年後の1958年である。この時期には日本の集塵装置メーカーによる各種集塵装置の技術体系が既に出来上がっていたにもかかわらず，アスベストが規制の対象になり，局所排気装置等の設置が義務づけられるのはさらに13年後の1971年からである。

　日本におけるアスベストの本格的な国産化は1891年の物部式石綿保温材の製造に始まり，1896年には会社組織で石綿製品の製造加工を行う初の試みとして日本アスベスト会社が設立される。石綿スレートの国産開始は1913年で，高圧石綿管を製造する日本エタニットパイプ株式会社が設立されたのが1931年，石綿ジョイントシート製造も1930年に始まっている。以降，「富国強兵・殖産興業」の波に乗って軍備や産業施設の拡張，各種車両の増加，建設需要や水道整備等が進んでいく。第二次世界大戦が始まると，石綿の輸入途絶により，物資統制令にもとづく石綿配給統制規則が施行され，大日本石綿統制株式会社による配給制の下で，海軍省，鉄道省，航空会社などの下請工場と化していく。

　敗戦後も石綿の配給統制が続くが，食料増産が至上命令とされ，肥料製造に不可欠な電解隔膜用石綿布の生産が急務ということで，一転して軍需産業から平和産業へと衣替えをする。旧軍保有の石綿だけでは需要を賄いきれず，廃石綿の回収や代用石綿の開発等も行われる。1946年には石綿製品業者，石綿セメント製品業者，石綿開発業者，石綿貿易業者とそれらの共同団体により，日本石綿協会が設立される。

　1949年に輸入が再開され，1950年の朝鮮特需（保温材，パッキンやトラック用のブレーキライニング，クラッチ等）をはじめ需要が急速に拡大する。その後は，

63

造船・自動車，電力業界等が需要を牽引し，ビル建設，住宅建設の大幅な伸張と，石綿含有吹き付け材（1955年），パーライト板（1957年），石綿含有屋根材（化粧スレート）（1961年），窯業系サイディング（1967年），押出成形セメント板（1970年）と，新たな建材の製造が始まっていく。1950年の建築基準法制定時には石綿含有建材が例示されていなかったが，品質・性能の改善，新製品開発と並行した業界の精力的な働きかけの結果，国が防火・耐火材等として公認し，普及を促進してきたという経緯がある。

冒頭に示したアスベスト問題に対する医学的知見から規制にいたるまでの空白の30年間は何を意味するのか。戦時期は軍の指定工場として軍需に対応する軍需企業およびその下請としてアスベスト製造業者は動員され，戦後は，直接的なアスベスト産業の振興政策ではなくても，エンドユーザーである造船，自動車，電力，建設等の産業振興政策によりこれらの産業における基礎素材として間接的に国家がアスベスト産業を振興したことは事実である。医学的知見と集塵に対する技術体系が既に出来上がっていたにもかかわらず，高度成長が終わる1970年代初頭までアスベストに対する規制を放置してきたことに対する国家の責任は重大であると言わざるを得ない。

注
(1) 集塵装置の種類と内容については，Sievert & Löffer [1986]，池ヶ谷 [1976] および檜山 [2002] を参考にまとめている。
(2) 流体には必ず摩擦抵抗が存在し，そのため機械的エネルギーの損失が生じ，圧力が降下する。一般には摩擦に限らず，他の原因で機械的エネルギーが損失し圧力が下がる場合にも圧力損失という。集塵装置の圧力損失は，一般に装置の入口および出口における処理ガス平均全圧の差で表す。この値が小さければ，動力は小さくてすむ。
(3) 分離限界径：ある集塵装置において捕集できる限界のダストの径で，一般に50％（部分）集塵率で捕集できる粒子径をいう。
(4) 集塵効率：各粒径に対して集塵装置に流入した量に対する分離された粉塵量の比。集塵装置の入り口と出口の粉塵の質量流量の比。
(5) 加藤 [1978] 232頁。加藤邦興は同書で集塵装置という技術が工業的に利用され発展する過程，乾式集塵装置について詳述している。本章の集塵装置の歴史については，同書232-250頁を参照して叙述している。
(6) イギリスでは，1875年に公衆衛生法が成立し，1881年には煙塵排除委員会が設置されている。

⑺　このような方法は手間がかかり，しかもバグの損傷が激しく，広い面積を必要とすることから，実際には，公害防止を主目的とするものではなく，酸化鉛など顔料の生産に使用することが多かった。
⑻　ドイツのプロカートが1928年にサイクロンの内部の速度分布を測定し，以後の研究の出発点をつくり，アメリカのウエスタン・プレシピテーション社のリスマン（Lissman, M. A.）が，1930年に圧力損失についての理論式を提案するとともに，小型のものほど集塵効率が優れていることを強調し，マルチサイクロンでは平均粒子径 5 μm の粒子が99％捕集されたとしている。一方，集塵機構については，バース（Barth, W.），ロジン（Rosin, P.），スロボドスコイ（Slobodskoi, R. R.）らが研究を行っている。そして，1930年代の研究を総括し，サイクロンによる圧力損失の問題を検討したのが，アメリカのシェパード（Shepherd, C. B.）らである（加藤［1978］240-242頁）。
⑼　内務省保険院社会保険局［1940］2頁。
⑽　内務省保険院社会保険局［1940］7-8頁。
⑾　この時期のイギリスにおけるアスベスト紡織企業の集塵対策の実態については，中村［2007］が詳しいのでそちらを参照されたい。
⑿　同書は，石綿の概要，性質，歴史から紡織方法，製品にいたるまで，詳細に解説したものであり，当時においては同書が最も石綿について詳しく書いている。
⒀　1924年に創業した朝日石綿工業は，石綿工業のなかでは老舗である。現在は，2000年に浅野スレートと合弁し，A＆Aマテリアルと社名が変わっている。
⒁　藤田［1941］71頁。
⒂　山崎・加藤［1966］57-59頁を参照。
⒃　同社は現在も，帝国繊維㈱として，防災用ホースやリネン製品の事業を展開している。
⒄　除塵装置の説明として，通風機（ファン）を回すことにより真空力を作り出し，この力によってダクトから吸引する装置とされている。
⒅　工業教育会［1918］2頁。
⒆　この事例は，2007年1月18日に，栄屋石綿の従業員であった藪内昌一氏へのヒアリングと，2007年1月15日に行った同社3代目社長の益岡治夫氏へのヒアリング調査によるものである。
⒇　同社は，『明治工業史――機械・地学篇』において，大阪では最初期に石綿事業を行った栄商会として記されている会社で，泉南地域においては最大手の会社である。
(21)　ヒロセ機械は，現在，存在していないが，奈良県に所在する会社であった。これらの事実は，筆者が泉南地域をヒアリングした際に，ヒロセ機械の集塵装置を設置していたアスベスト業者から聞いた話である。
(22)　この事例は，2007年1月15日に，元津田産業㈱の経営者である津田丈夫氏と元石綿粉塵濃度測定士の津田氏の妻へのヒアリング調査によるものである。
(23)　津田氏によると，粉塵の測定は，工場全体の平均値をとるため5～10ポイントぐらい測定地点を決めて測定をする。費用は5ポイントで4万円，以降1ポイントごとに5000

65

第Ⅰ部　アスベスト紡織産業における粉塵対策

　　　円が加算されていく方式であった。
(24)　この事例は，2007年1月18日に行った江城正一氏へのヒアリング調査によるものである。
(25)　途中，重なっている時期があるのは，自営の会社を休止して，他社で働いていた期間である。
(26)　具体的な数値としては，情報公開により請求した個別事業者ごとの記録による。
(27)　1970年代半ば以降には，労働省を中心にして局所排気装置方法・設計方法等の設置マニュアルが出されているが，こうしたマニュアルに従って指導が徹底された形跡は少なくとも泉南地域では見受けられない。
(28)　融資制度は低利融資，保証制度は，信用保証協会の保証を受けて融資を受けた場合，保証料の一部に見合う奨励金を支給する制度。
(29)　泉南アスベスト国賠訴訟では，被告＝国の主張は，41年資料をもって日本において工学的知見が確立したとしている。
(30)　労働環境において，有害物の発散を防ぐために設けられている局所排気装置を動かしたとき，その目的を達成するために必要な風速をいう。
(31)　新東工業株式会社社史編集委員会［1964］32-35頁。
(32)　古川［1964］には，集塵装置一覧表として，30社に及ぶ集塵装置メーカーの各種集塵装置が紹介されている。
(33)　2013年1月23日に泉南の工場にも局所排気装置の設置した経験を持つ技術士の阪本慶二氏にヒアリングを行った際の記録の一部である。なお，この記録は，泉南アスベスト国賠訴訟に陳述書としても提出されている。
(34)　機械工業振興臨時措置法や中小企業近代化促進法等はまさに，中小企業の技術の近代化を促進するための法律であったと言える。
(35)　日本工学会［1969］参照。
(36)　アスベストの歴史的概観については古谷［2007］参照。

第2章
戦前日本の粉塵対策技術とアスベスト産業規則の可能性

中村真悟

1 粉塵対策の技術体系

　アスベスト粉塵と健康被害，規制措置の歴史は古く，19世紀末には被害に関する報告がされ始めた。1930年代，40年代にはイギリス，ドイツでは，アスベスト粉塵に対する産業規則が施行された（第3章，第4章にて詳述）。日本においても，1930年代には助川浩（大阪府労働監督官，保険院社会保険局健康保険相談所大阪支所長などを歴任）による各種紡績・製織業の調査，泉南地域のアスベスト紡織業の調査の実施を含め，アスベスト被害に関する知見は相当程度蓄積されていた。しかし，戦前日本ではアスベスト工場に対する粉塵対策等の規制がなされなかった。その背景の1つには粉塵対策技術が未成熟だったということが考えられるが，果たしてそうだったのであろうか。本章では1920年代，30年代の日本の粉塵対策の技術水準がアスベスト産業規則の成立から見て不十分な段階にあったのかを当時の粉塵対策の知見および実態に焦点をあて，その技術水準を明らかにする。その上で，当時の医学的知見や調査も踏まえて，戦前日本でのアスベスト産業規則の可能性を考察する。

　戦前の工場衛生に関する規制権限は，中央政府では農商務省，内務省社会局，厚生省とその所管が移行した。また，警視庁保安部工場課も権限の一端を担った。粉塵対策および同技術に関する規制監督当局の知見は，これらの部局に所属する専門家の文献，論文を通じて確認していく。技術導入の実態は，『工場監督年報』ならびに規制当局・各種業界や協会の報告書，文献にて取り上げられている事例を通じて見ていく。なお本章では，各種戦前の資料を多く引用するが，旧漢字を現代漢字に，カタカナ表記をひらがな表記に変換していることをあらかじめ断っておく。加えて，本章では対象をアスベスト関連産業に限定

表 2-1　粉塵対策技術の原理

発生抑制	湿潤化，工程・機械部の密閉ないし被覆
飛散防止	工程の隔離，局所排気装置
作業者対策	粉塵のきつい作業場での作業時間の短縮，作業者の交代，防塵マスクの支給
衛生管理	作業場・作業服の清掃，その他衛生管理の徹底
工程改良	粉塵の発生が抑制できる工程への改良
代　替	代替素材による製造

（出所）筆者作成。

せず，発塵を伴う工場一般を扱う。それは以下の理由からである。

　第1に，比重，粒形などの差異はあるものの，アスベスト粉塵対策における粉塵対策技術の要求内容は他の粉塵対策と基本的には同じである。一般に粉塵対策技術とは，粉塵の発生を抑制し，飛散を防止する手段の体系であり，具体的には加工対象物の湿潤化，工程・作業機部分の密閉ないし被覆，発塵部の飛散防止・抑制を目的とした工程の隔離や局所排気装置の設置，さらには作業者の労働時間の工夫や防塵対策などを含むものである（**表 2-1**）[3]。局所排気装置とは，発生した粉塵を機械的に吸引し，その飛散を防止する手段のことであり，「フード，吸引ダクト（主ダクトと枝ダクト），排気ダクト，空気洗浄装置（除じん装置または除ガス装置），ファンなどが主要な部分」（沼野［1986］17頁）で構成される（第1章，図1-1参照）。

　第2に，粉塵対策技術が具体的に各種産業の各工場において効率的に機能するには，実際の工場での経験と改善の積み重ねが重要であるということである。言いかえれば，どのような技術であっても企業活動での実践と改良がなされない限り高度化・高効率の達成は困難である[4]。

　以上のことから，アスベスト工場内に粉塵対策設備が導入されたかどうかという点だけをもって当時のアスベスト工場への適用可能性や技術水準を論じるのは誤っており，発塵を伴う工場一般における粉塵対策の技術水準を問題とするべきである。

2　戦前日本の粉塵対策技術に関する知見

(1)　古瀬安俊の粉塵対策技術の定義

　古瀬安俊（1885〜1949年）は，1915年，文部省嘱託医師として農商務省に工場監督官が設置された際，衛生関係監督官に任命された。1916年6月の工場法施行に際して，農商務省は同年3月に各府県から1名ずつの監督官補を招集し，講習会を実施した。同講習会にて，古瀬は「工場衛生各論（工場疾患其の他に因る衛生障害各論）」を担当した。また，同年5月27日開催の講習会では，「工場病及び其の予防（塵埃の危険及其の予防，有害瓦斯其の予防）」，「寄宿舎及び諸設備（寄宿舎の衛生，建築，食堂，便所，浴場等）」を担当した。その後，農商務省技師，工場監督官，内務省社会局技師といった工場衛生分野の監督職を歴任した。以上のことから，古瀬の粉塵対策に関する認識は，当時の規制当局の認識の到達段階と考えるのが妥当である。

　古瀬［1930］では，粉塵対策を以下のように定義している。

　工場塵埃の予防法を概括すれば大略左の如きものである。
　(1)　湿式作業を出来る丈け採用すること。
　(2)　発塵機械に除塵装置を附すること。
　(3)　発塵作業室を隔離すること。
　(4)　作業場内に浮遊する塵埃を除去すること（換気装置，換気程度及室の大さを法令により制定すること）。
　(5)　呼吸器及保護眼鏡を職工に使用せしむること。
　(6)　一般衛生設備の改善（入浴，洗面，手洗の奨励含嗽剤の供給，作業服の制定，食堂，休憩室及更衣室の設備等）並に職工の定期的身体検査の励行。
　（古瀬［1930］74頁）

　このように古瀬［1930］の指摘する粉塵対策は，①粉塵発生・飛散の抑制（湿式化，除塵装置），②工程の隔離（隔離），③作業場環境の維持（換気），④労働者対策（保護具，公衆衛生設備の敷設，定期検診）の4点に整理できる。

さらに古瀬［1930］は，除塵装置を「局部換気法」と定義し，「発生の局部に於て之を排除し，室内に混入することを極力防止」（75頁）する方法であり，その手段としては「発塵機械に套被をかけることを多く試みるが，若し套被を以て包み能はざる場合には相当強力なる排気設備を設けて塵埃を機械の外部より内部に機械を通過して排気管に引き入るる様にせねばならぬ」（75-76頁）とした。すなわち，古瀬安俊の「局部換気法」とは，発塵部での除塵を目的とし，フード（套被），ダクト（排気管），集塵（排気設備）で構成される局所排気装置を指している。

また古瀬［1930］では，「塵埃除去に就きて手段を講ずる場合には常に下の諸事項を慎重に研究せねばならぬ」（78頁）としており，①除去すべき塵埃の種類，性質，価値および重量，②フード，③導管および分管の関係，④導管，⑤風車，⑥動力，⑦機械に設置可能な除塵装置，の調査が不可欠であるとしている。

以上のように，古瀬は粉塵対策技術の基本を論じるだけではなく，機械的手段として主要な位置を占める局所排気装置の構成および技術要件に関しても十分な考慮を加えている。また同時期には研磨・砕粉・篩別といった工程，近代的な製粉工場，セメント工場，漂白粉荷造りでも局所排気装置が利用され，材料の損失を減少するという経済的効果をもたらしていることを指摘している。[8]

古瀬［1930］の考え方は，産業福利協会が発行する『産業福利』[9]での他の社会局技師らの見解にも示されている。以下では，そのうち内務省社会局技師の中川義次，警視庁保安部工場課の山口源義の議論を見ていく。

（2） 中川義次の粉塵対策技術の定義

中川義次（内務省社会局技師，1940年6月に社会保険局健康保険指導所長に着任）[10]は粉塵の防止手段に関して，5つの方法をあげている。[11]

第1に，粉塵発生の予防である。具体的には，作業場の湿式化と機械自動密閉装置の2つをあげている。

第2に，粉塵作業の隔離である。隔離の事例としては，紡績工場の開綿・混綿・梳綿工程，機械工場のサンドブラスト工程をあげている。

第3に，粉塵発生部での粉塵の除去である。中川［1936］は「発生局部に吸

塵装置を設けて動力による扇風機の作用で塵埃を吸取する方法にして，此装置には吸取排除すべき塵埃の種類，性質，比重及価値，覆蓋（フード），枝（ブランチ），管（パイプ），導管（ダクト），本管（メインパイプ），吸塵機の動力，塵埃の処分等を十分に考慮すること勿論である」（122頁）としているが，これはまさに局所排気装置の設置と設置に際して検討すべき事項を指摘している。また，中川［1943］では除塵に加えて，工場外への飛散を防止する手段としての粉塵の捕集法について詳述している。[12]

第4に，作業者への適切な防塵具の着用である。これは，除塵装置が完全に粉塵を除去できる場合が少ないことから，そのようにすべきであるとしている。ただし，呼吸保護具は呼吸困難，呼吸器内の湿潤と熱の高まりによる不快感，作業場内での指示命令の阻害要因になるという問題を抱えるとしている。また，粉塵が著しく飛散する作業場では，経営者側が適切な作業服を支給，眼鏡，帽子，手袋の着用の必要があるとしている。

第5に，作業場・作業服の清掃，保健施設の設置である。作業場・作業服の清掃，作業員の手洗い，作業後の入浴の徹底により，粉塵の飛散および拡散を防ぐことをあげている。

そのほか中川は，労働者の健康状態の維持は工場設備の検査・手入れと同様に労働能率の増進の重要な条件であるとして，少なくとも3ヶ月に1度の定期的な健康診断の実施と，健康に害をもたらす作業には同一作業者に長期間作業をさせない対策が必要であるとしている。[13]

（3） 山口源義の粉塵対策技術の定義

粉塵の防止手段に関しては，警視庁保安部工場課の山口源義も中川［1936］と同様の定義をしている。その上で，粉塵発生部での除去方法に関して，「機械の局部に吸塵装置を設け，排風機の作用により塵埃を吸ひとる方法を採用するのである。すなわち局部除塵法である」（山口［1937］125頁）とし，その構成要素であるフード，導管，吸塵・集塵方法に関して詳述している。

まずフードに関しては，「塵埃の集収を容易ならしめる為に円錐形，角錐形等の形状をした一種の被覆とも見らるべき部分と，之に接続して塵埃，煙気を排出する所謂排出導管とより成るものである」（山口［1937］127頁）と定義し

ている。そして，フードのその設置条件は，①フードに粉塵が衝突し，逆に飛散の要因にならないようにすること，②粉塵の発生する方向に沿うように設置し，支障なく排気できる構造にすること，③可能なかぎり密閉式にし，不可能な場合はできるかぎり対象設備との間隔を小さくすること，④フードの間隔と大きさは，塵埃の比重，密度などの条件によって異なるが，設備との間隔が2尺程度の場合には，大きさを4方6寸大とすることが望ましいこと，⑤間隔が2尺以上の場合は，フードの大きさも比例するが，余りに間隔が広がりすぎると，集塵動力を高くしても集塵効果は期待できなくなるとしている（図2-1）。[14]

導管に関してもその設置条件が具体的に指摘されている。導管はその直径が排出する粉塵と空気容量から計算され，管の径が大きくなるほど内部摩擦が小さくなり，排気能力が高まるとしている。さらに自然換気を利用したフードの場合，導管は16分の1以上の底面積が必要であるとしている。また，枝管と導管の関係に関して，導管は枝管の断面積の和よりも20％以上大きくしておくことが必要であるとし，ニューヨーク州の研磨機に対して設けられたフード付き排出設備における導管の標準表を掲載している。[15]

吸塵・集塵に関しては，「覆蓋及導管によって集収せられた塵埃は之を其の儘大気中に放散することあるも，住宅密接せる都会地に於ては之が災害の原因となり，又住民に害を及ぼして，工場紛議の一素因ともなる故，適当なる方法により之を抑溜捕集しなければならない」（山口［1937］130頁）としている。その方法として，捕集室に障壁を設け粉塵を衝突させ沈殿させる沈殿方式（図2-2），捕集室内に水を噴霧し洗浄する洗浄方式（図2-3），遠心力を利用して空気中の粉塵を分離するサイクロン方式（図2-4），布袋を通して空気中の粉塵を分離するバグフィルター方式（図2-5），電気を利用して空気中の粉塵を分離する電気集塵方式（図2-6）をあげている。

なお山口［1937］は，有害塵埃の一覧表を掲載している。そこではアスベスト粉塵が含まれており，アスベストの採取，開綿作業，アスベストを使用する工業（スレート，紙，縄，糸などの製造工業）が対象となること，アスベスト粉塵による肺疾患が生じていることが示されている。[16]このことから，遅くとも1930年代後半には，アスベスト粉塵も工場衛生上の課題として認識され，局所排気装置の設置義務対象に含まれるようになったと考えるのが妥当であろう。

第2章　戦前日本の粉塵対策技術とアスベスト産業規則の可能性

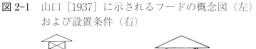

図 2-1　山口［1937］に示されるフードの概念図（左）
　　　　および設置条件（右）

図 2-2　沈殿方式

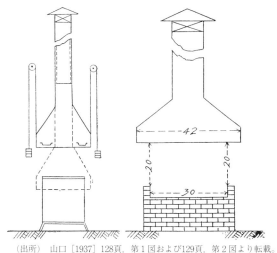

（出所）　山口［1937］128頁，第1図および129頁，第2図より転載。

（出所）　山口［1937］130頁，第4図より転載。

図 2-3　洗浄方式

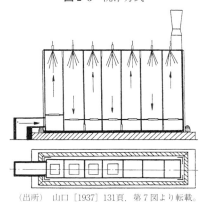

（出所）　山口［1937］131頁，第7図より転載。

（4）　小　括

　1930年代の工場衛生に関する規制・監督当局である内務省社会局，警視庁保安部工場課の粉塵対策の考え方は4点に整理される。

　第1に，粉塵対策とは発塵の防止（湿潤化，作業機の密閉），隔離，発塵部の

図 2-4 サイクロン方式　　　　　図 2-5 バグフィルター方式

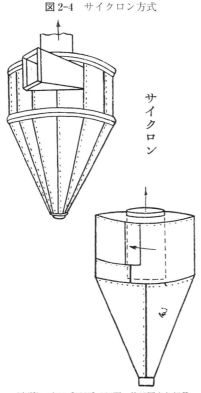

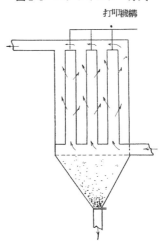

（出所）　山口［1937］134頁，第17図より転載。

（出所）　山口［1937］134頁，第15図より転載。

対策（局所排気装置），作業者対策（マスク，定期検診）を含む総合的な対策であった。

　第2に，粉塵対策の順序が明示された。具体的には，まず発塵の防止，工程の隔離，次にできるかぎり塵埃を作業場内から排出する局所排気装置での対策，最後にこれらの補完的手段ないしこれらが困難である場合のやむを得ない手段として作業者自身の対策という手順であった。

　第3に，当時の局所排気装置は，フード，ブランチ，ダクト，除塵，集塵部で構成されるというものであり，現在の局所排気装置の基本原理と同様であった。

　第4に，局所排気装置の集塵効果に関して具体的な検討がなされた。集塵効

第2章　戦前日本の粉塵対策技術とアスベスト産業規則の可能性

果は，対象物質の重量・形状などの性質，フードの形状・サイズ，集塵能力，ダクト・パイプ，局所排気装置の設置ポイントに規定される。さらに，各種産業・工場の条件によって集塵効果が異なることを考慮する必要がある。

以上の粉塵対策および同技術の考え方は，1917年の機械学会第53回講演会での北浦重之（大蔵省技師・工学博士）の報告にも見られる。1910年代から30年代は，綿工業を中心に結核が社会的な問題として取り上げられ，また1918年には原敬内閣が成立し，工場

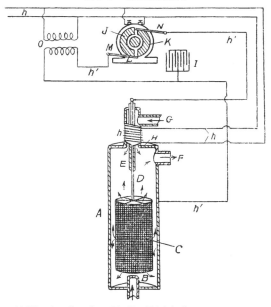

図2-6　電気集塵方式

（出所）　山口［1937］135頁，第19図より転載。

衛生に関する規制当局が順次整備されるなど，日本の労働衛生，工場衛生対策が急速に進展した時期でもあった。こうした社会的背景も踏まえて，同時期には粉塵対策に関する国内外の知見が収集され，その基本的手法や具体的課題が行政，関連業界には認識されていた。そこで，次節では同時期の工場において具体的にどのような粉塵対策技術が導入されていたのかを見ていき，同時期の粉塵対策技術の実態を明らかにする。

3　粉塵対策技術の導入状況

（1）『工場監督年報』に見る粉塵対策技術の導入状況

『工場監督年報』（以下，年報と省略）は，規制監督局による労働衛生，工場衛生に関する実態調査報告であり，第1回の1916（大正5）年から第23回の1938（昭和13）年まで実施された。工場内における粉塵問題と対策措置に関し

75

ては，早くも第1回年報から取り上げられた。[20]

　　除塵装置に付ては工場法施行以来当局は之か設置に関し勧奨に努めたるも製綿，混綿，製麻，鋳物，冶金，金粉，貝釦，刷子，セメント，燐酸肥料，硝子原料其他鉱石粉砕を行ふ工場等に於ては尚未た遺憾なる点尠しとせす金属熔融，精錬，製薬，肥料，燐寸，塗料及顔料工場等に於ける有害瓦斯の除害に関しても亦相当の注意を加へ居るものなきに非さるも未た充分ならさるもの多し
　　（農商務省［1918］78頁）

　以上の内容は，工場法（1911年公布，1916年施行）において除塵装置の設置を奨励したにもかかわらず，その実施状況が不十分であるということである。[21]
　他方で，同時期の「除塵装置」が第2節にて検討した「局所排気装置」を指しているかは定かではない。局所排気装置を意味する除塵装置は，第10回年報（1924年）のなかで初めて確認できる。例えば，北海道の亜麻紡績工場や製綿工場における「各機械毎に吸塵装置を附設し其末端の吸塵管を噴霧水塔に導き沈殿せしめ以て屋外に於ても飛散せしめさる方法」（内務省社会局労働部編［1924］337頁），つまり機械ごとに設置されたファン，ダクト，沈殿室（集塵室）で構成される除塵装置の導入事例が紹介されている。
　また，第11回年報（1925年）では，三重県の製綿工場，金属品製品工場，製材工場，北海道の製綿工場，京都府の絹糸，綿糸，紡績，織物工場での粉塵対策について述べられている。[22]このうち，三重県の製綿工場での除塵装置について，「製綿工場に在りては綿塵発生部分を亜鉛版又は板にて被覆し，導管に依り風車を使用し塵溜に排塵せしむ，其の他手拭等の類にて鼻口を覆はしむ」（内務省社会局労働部編［1925］60頁）としている。
　以上の事例から示される「除塵装置」とは，①発塵箇所への何らかの材料を用いた被覆（フード），②導管（ダクト），③強制吸引を目的とする風車（除塵装置），④粉塵を集積する設備（集塵装置）を備えたものであり，局所排気装置の構成要素を指している。すなわち，1925年頃には複数の工場で局所排気装置が存在していたことを示している。その他工場での粉塵対策の事例は，第14回年

報（1929年）にて北海道，埼玉県，千葉県，福井県，静岡県，三重県での局所排気装置の導入事例を確認することができる。

第16回年報（1931年）では，工場危害予防及衛生規則（1929年6月4日施行）の猶予期間満了の年であることから，同規則の遵守状況に関する詳細な報告がなされている。

例えば富山県では，数年来製綿工場への防塵設備の設置に関する取組が実施され，1931年には未設置の18工場に対して臨検を実施し，風車による除塵装置が設置された。また，埼玉県では染織工場，機械工場，化学工場などにて排出・密閉対策が新設で20件，修理・改善で17件実施されたとしている。広島県では工場監督局が1930年より特産品である縫針工場での粉塵対策を進め，1931年に入って田村工業株式会社の製針部の拡張に伴う排出設備の設置を命じたことで，集塵効率の高い設備を確立することに成功したとしている。同県では同社設備を除塵装置の技術標準とし，製針設備新設の際の設置要件とする方針を定めたが，大規模な動力を要するため中小工場では設置が困難であったとしている。

以上のように，いくつかの県では工場危害予防及衛生規則の猶予期間満了に合わせて除塵装置の設置を積極的に進めてきたが，全体としては1929年の世界恐慌の影響から回復できていないこともあり，粉塵・ガス対策としての除塵装置の導入事例は少なかったようである。

以上，第1回，第10回，第11回，第14回，第16回の年報を通じて除塵装置の導入状況をみてきたが，その要点は以下3点に整理される。

第1に，工場法ならびに工場危害予防及衛生規則の施行に合わせて日本各地の工場では除塵装置の導入がなされた。これは，工場教育会［1924］での京都府下の紡績工場やガラス加工工場での局所排気装置の導入事例紹介などを踏まえても明らかである。

第2に，局所排気装置を導入した工場のうち，比較的大手企業の場合，技術の高度化を通じてより効率的な集塵を達成するようになってきた。しかし，中小企業の場合，そうした高度な集塵装置を導入する資金的余力がなく，集塵効率の低い局所排気装置を導入するしかない状況であった。

第3に，以上のことから，戦前の工場における粉塵対策の実施は，1930年頃

にはもはや技術的な問題ではなく,経済的な問題になっていた。無論,当時の局所排気装置の効率性が現代のものと比較すると低水準であることは否定できないが,このことをもって粉塵対策技術が確立されていないとすれば,あらゆる技術はいつでも「未成熟」で「確立されていない」ものとなってしまう。

(2)　各種工場における局所排気装置の導入事例

　筆者が確認できた範囲にかぎられるが,工業への局所排気装置の導入事例として1910年代後半から確認することができる。

　稲葉・小泉［1916］は,その序言にて経済成長の持続性に不可欠な労働力の維持・向上には工場衛生の充実は重要であり,その研究は医学,多様な職業者を通じて行われるべきであるとしている。その上で,粉塵対策に関しては具体的な導入事例として紡績工場（図2-7）,木工工場（図2-8）をあげている。これらが国内の工場であるかどうかは稲葉・小泉［1916］からだけでは確認できないが,楫西編［1964］に示される1915年当時の紡績工場での混綿工程での局所排気装置の設置事例（図2-9）や桝田［1927］での梳綿機での局所排気装置の導入事例（図2-10）を見るかぎり,1910年代後半から20年代前半にかけて紡績業では局所排気装置が導入されたと考えられる。

　高野瀬・山崎編［1929］は,粉塵対策に関わる工場危害予防及衛生規則第26条に適合する粉塵対策技術の事例として,製紙工場における局所排気装置の導入事例（図2-11）を紹介している。

　大西［1937］は,「工場に於ける粉塵発生の状況は,作業工程の異なるに従って,決して一様ではない。然し除塵のためには何れの場合でも通風と掃除に注意することが原則であり,且つ工程に応じて次の如き各種方法につき,色々工夫する必要がある」（352頁）として,粉塵飛散工程の湿式化,作業工程の密閉,フードを伴う吸引装置の設置を言及した。またフードを伴う吸引装置に関わって,紡織工場での事例（図2-12）を紹介している。

　またアスベスト工場での局所排気装置の導入事例として,朝日紡織石綿株式会社では石綿紡織の工程の1つである梳綿機,保温工事材料工場（図2-13）にて局所排気装置が導入されていたことを確認することができる。

第2章　戦前日本の粉塵対策技術とアスベスト産業規則の可能性

図 2-7　紡績工場の排塵設備

（出所）　稲葉・小泉［1916］第83図より転載。

図 2-8　木工工場の排塵設備

（出所）　稲葉・小泉［1916］第84図より転載。

（3）　小　括

　以上，工場監督年報ならびに各種文献を通じて，各種工場における粉塵対策技術の導入事例を見てきたが，重要なことは以下の3点である。

　第1に，粉塵対策技術の必要性は内務省にかぎらず広く産業界で問題にされ，

第Ⅰ部　アスベスト紡織産業における粉塵対策

図2-9　某紡績工場の混綿工程における局所排気装置の導入事例（1915年頃）

（出所）　楫西編［1964］扉絵を転載。

図2-10　紡織工場の梳綿機における局所排気装置の導入事例

（出所）　桝田［1927］979頁，611図より転載。

その普及促進が図られていたということである。

　第2に，アスベスト紡織業において，遅くとも1930年には粉塵対策技術として局所排気装置の導入が可能であったということである。というのもアスベスト紡織業の主要な工程は他の紡織業と同様に「開綿―混綿―梳綿―精紡―製

図 2-11 製紙工場の原料，襤褸選別の際に飛散する塵芥を吸引する装置（上），製紙工場の砕布機より発生する塵芥を吸引する装置（下）

（注）　襤褸：粗衣のこと。砕布：布を砕くこと
（出所）　高野瀨・山崎編［1929］183頁，第164図および184頁，第165図より転載。

織」で構成され，各工程に要する粉塵対策技術も基本的には同じだからである。

　第3に，アスベスト産業における粉塵対策技術導入の課題は，粉塵・工程・工場規模などの条件の変化に合わせたカスタマイズであり，そうした試行錯誤を実施するための国家による政策的支援が不可欠であったということである。政策的支援の内容としては，粉塵対策技術の指導，工場衛生・公害対策のガイ

図 2-12　紡績工場における局所排気装置の事例

(出所)　大西［1937］353頁，第43図より転載。

ドラインの作成，監督・是正，罰則の適用といった直接規制，補助金・免税といった間接規制，粉塵対策技術の研究開発および普及・促進事業の組織化，優遇措置などの産業政策と公害・環境政策の融合的な政策措置の促進があげられよう[32]。ただし，産業政策と公害・環境政策の融合的政策は，1970年代以降に特徴的に見られる新たな現象であり，戦前の国家政策としては，直接規制・間接規制がどの程度行われたのかを評価するのが妥当であろう。

　直接規制に関して言えば，戦前の工場法および工場危害予防及衛生規則が粉塵対策技術の普及に一定の役割を果たした。しかし，これらの法制度は特定の産業の実態に焦点を当てておらず，かつ罰則規定もないことから強制力が弱かった。さらに粉塵対策の導入を促進する補助金等の間接規制が欠落していたことから，戦前日本の各種産業に対する粉塵対策技術の普及制度としては限界があった。まして，中小企業が大半を占めていた戦前日本のアスベスト紡織業において，強制力の弱い規制は粉塵対策技術の普及・促進要因にすらならなかったのである。

4　戦前におけるアスベスト産業規則の可能性

　ここまで明らかにしてきたように，1930年代の日本は粉塵対策の技術体系，

図 2-13 朝日紡織石綿の梳綿機（上）および保温工事材料工場（下）における局所排気装置の導入事例

（出所）朝日石綿紡織編［1937］6-7頁より転載。

普及実態と課題について相当程度の知見を有しており，アスベスト産業への粉塵対策規制に要する技術的基盤は十分に確立されていた。また粉塵対策の目標値の設定や効果の測定に不可欠な測定技術に関しても，1920年代には海外からオウェンス塵埃計，インピンジャーが導入され，1930年代には労研式塵埃計が開発されていた。よって，戦前の日本においても十分にアスベストに関する産業規則の制定は技術的には可能であった。

第I部　アスベスト紡織産業における粉塵対策

表 2-2　産業別結核早期診断成績一覧表（合計）

工場分類	工場数	合計			うち男性			うち女性		
		検査人員（人）	結核性患者数（人）	割合（%）	検査人員（人）	結核性患者数（人）	割合（%）	検査人員（人）	結核性患者数（人）	割合（%）
綿業紡績工場	428	44,281	238	0.54	9,656	25	0.26	34,625	213	0.62
メリヤス工場	2	295	2	0.68	95	2	2.11	200	—	—
毛織工場	2	2,818	5	0.18	559	1	0.18	2,259	4	0.18
絹糸紡織工場	2	2,881	17	0.59	571	2	0.35	2,310	15	0.65
絹加工工場	2	3,537	13	0.37	842	8	0.95	2,695	5	0.19
染色工場	5	748	3	0.40	644	2	0.31	104	1	0.96
瓦斯工場	1	714	5	0.70	675	5	0.74	39	—	—
機械工場	1	1,131	11	0.97	1,125	11	0.98	6	—	—
鐵工場	1	1,589	6	0.38	1,572	6	0.38	17	—	—
電線工場	1	1,224	11	0.90	1,013	6	0.59	211	5	2.37
アスベスト工場	1	52	2	3.85	25	2	8.00	27	—	—
合計	446	59,270	313	0.53	16,777	70	0.42	42,493	243	0.57

（出所）　助川［1934］96-98頁．第一表を加筆・編集．

　また医学的知見に関して言えば，杉山［1934］によるアスベスト工場の被害実態の報告，社会局技師の大西清治によるミアウェザー＆プライス報告の概要紹介，さらには大阪府労働監督官，保険院社会保険局健康保険相談所大阪支所長を歴任した助川浩による大阪府下の紡績・織物工場に対する実態調査，アスベスト工場に対する実態調査など，イギリス，ドイツに比肩するほどの蓄積があった。とりわけ助川の調査は公的機関による調査であること，繊維工場の粉塵被害の実態調査を経て，アスベスト工場の調査に向かっていることなど，その調査プロセスは意識的に行われたものと推測される。

　1930年，助川は監督官として大阪府下の紡績・織物工場446工場を対象に早期結核診断調査を実施した。結核問題に関して，助川は結核病の蔓延は産業発達の副産物であり，1895年以降の産業発達と劣悪な労働，衛生環境による必然的な結果であり，その対処のために工場法や工場危害予防及衛生規則が成立したとしている。1930年の調査は，そうした工場法以降の工場衛生，労働衛生の改善の成果がどの程度であるかを目的とした調査であった。1930年の調査では，結核患者の発症率の比較の観点から，紡績，織物工場のほかに瓦斯，機械，鐵，電線，アスベストの計5工場も調査対象とした。調査結果は**表 2-2**に示したが，

繊維関連の工場に比べてアスベスト工場の結核症の発症率が高かった。

以上の助川による1930年の調査は，当局も把握していたようである。1935年の『産業福利』にて掲載された「工場結核予防に関する座談会」での国内の結核予防に関する議論のなかで，東京市療養所の寺尾殿治はアスベスト工場における被害の大きさについて発言している。[37]

さらに1937年12月，助川は保険院社会保険局健康保険相談所大阪支局長に転任すると，石舘文雄，宝来善次らとともに，泉南郡貝塚健康保険出張所管下の信達村（現大阪府泉南市）と樽井村（同）地域の石綿工場11ヶ所，労働者403人（うち男性199人，女性204人）を対象とする健康調査を実施した。同調査で明らかにされたことは，以下3点である。

第1に，石綿関連労働者403人のうち，X線撮影によって異常が認められた者が70人，胸部に理学的所見があった者が28人，塵肺の発症者調査で結核発症者は活動性で6人，非活動性及陳旧性肋膜炎が14人，塵肺発症率は5.0%であった。[38] 同発症率は，1930年に助川らが調査した大阪府下繊維工業で働く労働者約6万人の健康調査で発見された結核の発症者約300人（発症率約0.5%），1934年の某繊維工場の労働者3500人の健康調査で発見された結核の発症者230人（結核発症率約6.6%），同年の大阪府下全工場の労働者16万6682人の健康調査で発見された結核の発症者2553人（結核発症率約1.5%）と比較しても相対的に高い発症率であった（**表2-3**）。[39]

第2に，浮遊粉塵量は廻切綿打，混綿，鋸，梳綿の順に多かった（**表2-4**）。粉塵量がそのまま石綿粉塵発生量とは言えないが，石綿粉塵の発生量は粉塵の発生量に比例することから，作業工程と石綿粉塵発生量の相関関係は示していると考えてよい。

第3に，防塵設備の設置率は低く，また建築物の条件なども防塵対策には不向きな状態であった。この点に関して，「或工場の廻切綿打場では除塵装置を設けてあつたが効果は余りないやうである。大部分の工場は掘立小屋に近い様な建築なので自然に換気が行はれて塵埃濃度は希釈されている様な有様である。色々な理由もあらうが折角ある換気用の窓を閉鎖して換気を不十分にしている場合が多かつたがもつと考慮すべきことである」（石舘・他［1938］15頁）としている。

第Ⅰ部　アスベスト紡織産業における粉塵対策

表 2-3　結核罹患率に関する調査と罹患率

調査対象	大阪府下繊維工業労働者	某繊維工場	大阪府下全工場	石綿工場11ヶ所
調査年	1930年	1934年	1934年	1937年
調査人数	約6万人	約3,500人	16万6,682人	約400人
結核罹患者数	約300人	230人	2,553人	20人
結核罹患率	約0.5%	約6.6%	約1.5%	約5.0%

（注）　某繊維工場の結核罹患率はレントゲン撮影者78名に限定すると約2.0%となるとのことである。
（出所）　助川［1938］104-106頁より筆者作成。

表 2-4　1937年調査における石綿工場における粉塵発生量
（労研式吸収塵埃計による測定）

作業場 （作業工程）	廻切綿打場	混綿場	鋸場	梳綿場	粉砕場	仕上場
浮遊粉塵発生量 （個/1cc中）	2,478	835	607	522	354	349

作業場 （作業工程）	荒打作業	織場	仕上巻	組紐	粗紡
浮遊粉塵発生量 （個/1cc中）	214	165	140	96	88

（出所）　石館・他［1938］15頁より転載。

　さらに助川らは1940年にアスベスト工場での労働災害に関する調査結果を『保険医事衛生』に発表した。この調査は大阪の泉南・阪南地域のアスベスト工場に対する包括的な実態調査であった。

　以上の助川らの調査は、粉塵工場の調査経験や専門性を有する専門家集団の調査であり、石綿肺の判断における海外のレントゲン写真を用いた精査など、同時代の最先端の成果を積極的に吸収したものであった。また調査を担当したのは工場衛生の専門家たちであり、同時代の粉塵対策技術の到達段階も熟知していた。よって、同調査での除塵装置などの工場粉塵を抑制する手法への言及は、空論ではなく同時代のアスベスト対策の技術上の到達段階を前提に述べていたのである。

　しかし、現実には日本でアスベストを対象とする工場規制や使用規制が事実上実施されたのは、1971年の特定化学物質等障害予防規則以降のことであった。戦前の日本においてアスベストは戦艦等のボイラー用断熱材といった軍需製品であったことから、アスベストの製造・使用に対する規制は困難であった。そ

のため助川調査は戦前日本の労働衛生，工場衛生に関する調査および実践の先進性と，国家のアスベストに対する位置づけとの対立から調査報告という形でとどまらざるを得なかった。その意味では，高度経済成長期における瀬良好澄，宝来善次らの石綿被害に対する医学的調査と，政府による石綿の有用性の強調と利用促進の政策的支援の様相とも重なる部分がある。繰り返しにはなるが，戦前にアスベスト産業規則が成立しなかったのは技術的基盤や医学的知見の未成熟，規制当局の問題意識の不在といったことによるものではなく，戦前の「経済的・政治的合理性」がその可能性を現実性に転化させなかったのである。

逆に言えば1971年の特定化学物質等障害予防規則の成立は，同時代的な「経済的・政治的合理性」，すなわち戦後の経済成長に伴う深刻な公害被害，訴訟，公害対策基本法の制定といった動きを受けて，労働省が労働衛生に関連する被害実態調査と対策の必要性を見出した結果であり，同時期の粉塵対策の技術水準は決定的な要因ではなかったのである。

注

(1) 助川［1934］，助川・他［1940a；1940b］。
(2) 戦前の工場衛生に関する規制当局である内務省社会局の設立および組織の変遷については，大霞会編［1980a］338-349，473-476頁；［1980b］391-400頁を参照。
(3) 暉峻編［1949］は防塵の手法として，発塵原因の除去，発塵部分からの飛散防止を基本にあげ，やむを得ない場合には労働者による塵埃の吸引防止手段の実施をあげている。また飛散防止の具体的な方法として，吸引装置，水洗吸湿装置，素材の代替，隔離，包囲，吸湿，局所排気装置などをあげている（124-125頁）。
(4) 例えば，19世紀から20世紀初頭における電気集塵装置の発達を見ると，集塵理論の発達と集塵装置の実験的導入が展開された。その結果，集塵装置に対する技術的な信頼性が確認され，後に各種工場への導入と個々の工場での効率性の追求がなされるようになっていくというプロセスをたどっている（加藤［1978］232-250頁）。
(5) 三浦・他［1979］8-9頁。
(6) 南［1960］80-83頁。
(7) 同上，83-84頁。
(8) 古瀬［1930］76-77頁。古瀬の指摘するように，すべての公害対策技術が企業利益に反するとは限らない。例えば，集塵機，排煙脱硫装置などは公害対策技術として見れば，粉塵・ガスの大気中への放出を抑制する装置であるが，副産物の回収と産業用素材としての利用が可能になれば，廃棄物処理コストの抑制による生産コストの削減や，新産業

⑼　内務省社会局の外郭団体である産業福利協会（1925年11月創設）は，「工場法の施行および労働問題に対処する形で，地方的な工場主団体（工業談話会や工場衛生会など：筆者注）の相互提携連絡の機関として設立された中央機関」（堀口［2015］126頁）であった。同協会の機関紙である『産業福利』は1926年から1944年まで刊行された。同雑誌は，「災害予防を通して，能率増進とともに労働者の保護を図り，長岡（長岡隆一郎，当時の社会局長官：筆者注）の期待する『産業の発達と労働者の幸福』を実現すること」（堀口［2015］160頁）を目的としており，会員である経営者相互の連絡，労働部の技術系職員を中心とする安全・衛生・福利施設の能率増進などの実践的な知識の提供がなされた。すなわち『産業福利』にて叙述される粉塵対策技術は，工場衛生に関する当時の規制当局の知見であるとともに，当時の経営者がアクセス可能な知見であった。
⑽　中外商業新報1940年6月2日付。
⑾　中川［1936］121-123頁。
⑿　中川［1943］124-127頁。
⒀　中川［1936］123-124頁。
⒁　山口［1937］128頁。
⒂　同上，129-130頁。
⒃　山口［1937］141-147頁。なお，有害粉塵一覧表には，以下のものが記載されている（アスベスト，アルミニューム粉，アンチモン塵，亜鉛塵，エボナイト，貝殻粉，角粉，硝子粉，金属鉱石類，珪砂塵，珪藻土，酸性白土，シャモット及陶土，砥ノ子，クロム及クロム化合物，黒鉛，骨粉，コルク，生薬粉類，真鍮粉及青銅粉，石灰塵，石灰窒素，石鹸，石炭・木炭及油煙類，セメント，繊維塵（絹，綿等），煙草，タルク，鉄粉塵類，テトラニトロメチルアニリン，トリニトロトリオール，塗料類，鉛及鉛化合物，ニコチン及ニコチン化合物，二酸化マンガン，煤煙，ピクリン酸，砒素及砒素化合物，肥料，木紛，薬品塵，硫黄，硫酸バリウム）。
⒄　同講演会にて，北浦［1917］の提起する粉塵対策は，湿潤，密閉，発生部での除塵をあげている。また，発生部での除塵装置に関して，①配管（ホッパー，ダクトで構成），②扇風機，③集塵部（ダストチャンバー，サイクロン，バグフィルター，ウォッシャーのいずれかの方式）で構成されるとしている（56-70頁）。その他には，鯉沼［1934］が除塵方法および除塵装置について言及している（22-25頁）。
⒅　日本産業衛生協会［1953］23-24頁。
⒆　第1回から第6回までが農商務省編，第7回から第23回までが内務省社会局労働部編として刊行されている。
⒇　第1回年報の内容は1916年（大正5年）当時であるが，発行は1918年（大正7年）である。
㉑　1911年に制定された工場法の粉塵対策等に関する規定は，以下の通りである。
　「工場法第十三条　行政官庁は命令の定むる所に依り工場及附属建設物並設備が危害

を生じ又は衛生，風紀其の他公益を害する虞ありと認むるときは予防又は除害の為必要なる事項を工業主に命じ必要と認むるときは其の全部又は一部の使用を停止することを得」
⑵ 内務省社会局労働部編［1925］60頁。
⑵ 内務省社会局労働部編［1929］130，134-137頁。
⑷ 工場危害予防及衛生規則の第26条において，除塵装置に関する規制が述べられている。
「第二十六条　瓦斯，蒸気又は粉塵を発散し衛生上有害なる場所又は爆発の虞ある場所には之が危害を予防する為其排出密閉其の他適当なる設備を為すべし」
㉕ 内務省社会局労働部編［1931］109頁。
㉖ 同上，111頁。
㉗ 「工場危害予防及衛生規則第26条の有害瓦斯又は粉塵の除去に関する規定は本年9月1日より既設の工場にも適用を見るに至り，工場法第13条に基く諸種衛生規則は悉く実力を発揮するに至りしと雖，財界不況の影響を受けて未だ著しく改善の実を挙ぐるに至らず。就中前記有害瓦斯及粉塵の除去規定の如きは励行最も困難なるものにして，諸種職業性疾患の発生状況より考ふるも，除害設備まだ充分ならず，別記の如く賞揚するに足る新施設も甚だ少き状態なり」（内務省社会局労働部編［1931］105頁）。
㉘ 「K紡績株式会社分工場にては『インレット』及『エキゾーストファン』に依り除塵し又は同下京工場にては製綿工場には特に径18の『エキゾーストファン』を11個，瓦斯焼工場には径24のものを6個設備してある。尚特に塵埃の飛散多き機械には『ファン』を取付け除塵するのである。又同上家工場にては塵埃の発生多き機械には被覆及び塵突を取付け扇風機により場外に吸引排除し又は一般除塵法として天井に扇風機を取付け屋外に排除す尚何れも職工に『マスク』を用ゐしめつつあるも呼吸困難の為常用するものが少く，綿糸紡績中塵道パイプ等を設けて風車にて除塵する工場は丁紡績株式会社分工場のみにて他は論ずるに足らざるが故に之が設備の完全を期せしめつつあるのである」（工業教育会［1924］16頁）。
㉙ 稲葉・小泉［1916］1-3頁。
㉚ 高野瀬宗吉は，1924年に第6回国際労働総会に出席している（当時，大阪府技師）。また，同総会には顧問として，古瀬安俊（当時，社会局技師）も出席している（大阪毎日新聞，1924年4月13日付）。
㉛ 「漏斗状の『カバー』を附し，『ファン』によって粉塵を吸引する方法」（大西［1937］353頁）としているが，先に述べた山口［1937］の局所排気装置の定義を踏まえると，フードであることは明らかである。
㉜ 例えば，1970年代に化学産業は公害・省エネルギー対策の1つとして工程のクローズドシステム化や，各種工程の転換などを実施した。詳しくは，佐伯編［1979］，日本化学工業協会［1998］を参照。
㉝ 三浦［1970］91-95頁。
㉞ 大西［1931］。ミアウェザー＆プライス報告については第3章を参照のこと。

第Ⅰ部　アスベスト紡織産業における粉塵対策

(35)　助川［1934］，69-95頁。
(36)　同上，95-99頁。
(37)　「それからもう一つ申上げ度いのはこの配布された第五表のアスベストの工場の結核率が非常に多くなつているやうに思ひますが，別にこの統計にケチをつける訳ではありませんが無論充分調査した上であると思ひますがアスベストージスと云ふ疾患は非常に肺結核に似て居りまして，レントゲンで見ましても全く同じやうであります。外国の報告を見ましてもアスベスト粉塵について非常に注意して来てをります，その点皆さんは専門家でありますので間違ひのないこととは思ひますが，此の表によれば余り数が多いのでアスベストージスといふものを考へねばならないと思ひまして一寸御参考迄に申上げました」（『産業福利』「工場結核予防に関する座談会』，1935年5月，第10巻第5号，105-106頁，寺尾殿治［東京市療養所，医学博士］の発言）。なおここで指摘されている第五表とは，本章の表2-2のことである。
(38)　石館・他［1938］14頁，助川［1938］106頁。
(39)　助川［1938］104-105頁。某繊維工場の発症率は同文献では6.5%としているが，計算すると約6.6%になる。また大阪府下全工場の発症率も同文献では1.4%とされているが，計算すると1.5%になる。そのため，本論では発症率をそれぞれ6.6%，1.5%とした。
(40)　助川・他［1940a；1940b］。これは保険院社会保険局健康保険相談所の報告書のうち結語にあたる部分が削除されて発表されたものであった（水野［2010］6-7頁）。
(41)　保険院社会保険局健康保険相談所［1940］。大阪の労働衛生史研究会［1983］は同調査を以下のように評価する。「当時としては諸外国において石綿肺に関する報告書は未だ少なく，この報告書（保険院社会保険局健康保険相談所［1940］のこと：筆者注）は現在でも参考になる点が多く，調査された先達に深く敬意を表すると共に，もし之が英文で公表されておれば国際的にも貴重な価値のあるものと思われて残念である」（大阪の労働衛生史研究会［1983］89頁）。
(42)　戦前日本におけるアスベスト製品の用途および産業に対する国家規制については，中皮腫・じん肺・アスベストセンター編［2009］35-74頁に詳しく述べられている。
(43)　例えば，宝来・他［1981］。
(44)　中皮腫・じん肺・アスベストセンター編［2009］，森［2008］，杉本［2011］。
(45)　1970年8月，労働省は「労働者の保護を強めるという安全衛生行政の一環として公害防止に寄与する」と発表し，同年9月に全国の有害物取り扱い事業所（46物質，1万3665事業所）の総点検を実施した（『労働安全衛生広報』1971年6月号）。このうちアスベスト関連工場は150ヶ所であった。同規則の制定過程に関しては，労働省労働基準局安全衛生部編［1971］を参照のこと。
(46)　特定化学物質等障害予防規則の基準値設定を目的に，1970年12月に労働環境技術基準委員会（久保田重孝委員長）が設置された。同委員会は翌年1月21日に労働省に結論を報告した。その内容は，①当面措置すべき有害物質75種類を選定すること，②発散抑制措置，排出処理装置その他必要な事項について規制を検討，整備すること，③作業環境

内の有害物の抑制措置の目安として日本産業衛生協会の勧告許容濃度等を参考にすること，④これらの対策の実行を期するため，必要な行政施策を進めること，の4点であった（『労働安全衛生広報』1971年3月号，2-3頁）。

第3章
イギリスにおける1931年アスベスト産業規則の成立

中村真悟

1 イギリスのアスベスト対策をめぐる先行研究の評価

　アスベスト粉塵による健康被害は，ILOの国際珪肺会議（1930年）での議論をはじめ，1930年代には広く世界に知られていた[1]。また第2章，第4章において詳述するように，先進各国ではアスベスト粉塵被害に関する詳細な調査がなされた。しかし，生産工程に関して何らかの規制措置が施行されたのは，イギリスの1931年アスベスト産業規則（the Asbestos Industry Regulations 1931；以下，1931年規則と省略）とドイツだけであった。

　1931年規則の成立において，1930年のミアウェザー（Merewether, E. R. A.）・プライス（Price, C. W.）による公的な調査報告（以下，ミアウェザー＆プライス報告と省略）が大きな役割を果たしたことは，既に多くの研究において指摘されてきた[2]。他方で，規制当局は1930年以前に既に十分にアスベスト被害の実態を把握しており，1931年以前に規則の成立が可能であったとする評価もなされてきた[3]。またいくつかの研究が指摘するように，1931年規則の内容は工程に関して具体的な条項が指摘されたものの，規則の範囲はアスベスト紡織業とマットレス製造業に事実上限定された「不十分な」ものでもあった[4]。

　しかし1931年規則はこれまでの研究では，①なぜ1931年という時期に規則が制定されたのか，②どのような過程を通じて規則の範囲と強制力が制約されるにいたったのか，ということが必ずしも明確になっていない。本章にてこれら2点を考察することは，単に先行研究の不足点を穴埋めするだけではなく，1931年規則の成立にとって重要な当時の社会的条件と規則成立の今日的意義を明らかにすることになるのである。

第**3**章　イギリスにおける1931年アスベスト産業規則の成立

2　1931年規則成立の条件

（1）　工場監督局の組織再編

　1900年代には工場監督局ではアスベスト関連工場（当時は紡織，製織工場が主）において深刻な粉塵被害があり，その対策が必要であるということが認識されていた。

　イギリスの公的機関による初のアスベスト被害に関する報告は，1898年の女性衛生監督官ディーン（Deane, L.）によるものであった。1898年の工場監督年報では，選別・混綿・梳綿の工程では換気の導入といった粉塵抑制がほとんどなされず，当該地区監督官の管理の下，適切な換気スキームが勧告されるべきであるとした。

　アスベスト工場における粉塵および被害の実態調査は，その後も女性監督官らによって度々実施され工場監督年報に報告された。

　例えば1899年には，アスベスト配管の絶縁被覆材の製造に関する懸念，アスベスト繊維と炭酸マグネシウムの混合を行う工場における粉塵の発生（特にプレスされ乾燥された粉末）ならびにファンによる粉塵の除去の必要性が報告された。1906年には，梳綿や準備工程で粉塵発生源に適切なフードやダクトを備えた排気装置が設置されているにもかかわらず，粉塵が舞っていることが報告された。一方で，同報告内ではディーンが1898年に調査した工場を再調査し，梳綿機を含むすべての機械に排気装置が設置され，健康面での改善が見られたとしている。1907年には，スコットランド，イングランド北部のアスベスト工場での粉塵対策と労働者の健康状態が報告された。1911年には，24ヶ所のアスベスト工場を調査し，いくつかの工場では効果的な集塵が実施されているものの，大半の工場では適切な粉塵対策がなされていないことが報告された。

　しかし，これらの被害報告は具体的な規制措置へと向かわなかった。その理由として以下の3点があげられる。

　第1に，当時の女性監督官の工場監督局内での役割および地位である。男性監督官は特定の管区に所属し，その管区の工場の監督責任を担っていた。これに対し女性監督官は，特定の管区に所属せず女性労働者の実態を調査するとい

う役割に限定された[12]。その上，女性監督官は当時，局内での差別的待遇に悩まされていた。これは年報の形式においても現れており，女性監督官の報告は「首席女性監督官による報告」として，女性労働の問題のみが対象とされていた[13]。

　第2に，上記の調査は医学ないし技術的な専門家によるものではなかった。各年報では，女性労働者の中での疾患や粉塵のひどさ，集塵装置の不備などは指摘されるものの，疫学調査や医学調査といった科学的な証拠が示されていなかった[14]。唯一の例外として，1910年の医療監督官コリス（Collis, E. L.）による報告があげられるが[15]，第1の理由と合わせると多様な産業での被害実態の一例として見過ごされたものと考えられる。アスベスト粉塵被害に関する医学的知見が蓄積されるのは，Cooke［1924］をはじめ1920年代に入ってからのことであった[16]。

　第3に，工場監督制度の未整備があげられる。1910年代当時の工場監督局の体制は，中央に首席工場監督官と副首席工場監督官，その他は地区・管区監督官を配置し，各地の工場の監督業務を担うというものであった。医療監督官や危険業種監督官といった専門的な工場監督官は，時々の必要に応じて設置されたものの，人数が1名を超えることは稀であった[17]。

　1920年以前のアスベスト産業で500人以上の従業員を抱える企業が存在したものの，その大半は従業員数が10人未満の中小企業で，いくつかの地域に点在していた[18]。そのため，たとえ被害報告がなされたとしても地区・管区の問題として解消される可能性が高く，別の管区と総合して産業全体の問題として取り上げられる可能性は極めて低かったのである[19]。

　こうした事態に変化が生じ始めるのは，議会内において労働党の勢力が拡大する1919年以降のことであった。労働党は1906年に結党以降，30議席（1906年），40議席（1910年），63議席（1918年），142議席（1922年），191議席（1923年），151議席（1924年），288議席（1929年）と急速に勢力を拡大した[20]。その結果，それまでの自由党と保守党という二大勢力は，労働党およびその支援者である労働者階層の存在を無視し得なくなり，労働党との連立や住宅政策をはじめとした各種社会保障政策を展開した。また第一次世界大戦は工場内の男性労働力の不足をもたらし，女性労働者が大量に補充された。その結果，女性の社会的地

位の向上がもたらされ，1928年には女性の選挙権が成立した。このように，1919年以降のイギリスでは，労働党の躍進や女性の地位向上を背景に，労働者保護政策や男女差別撤廃が順次進められたのである。

こうした社会情勢の変化は，工場監督局に，①男女の差別的待遇の改善，②専門部局の設置という2つの組織再編をもたらした。副首席工場監督官ベルハウス（Bellhouse, G.）は，1919年に専門監督官の拡充と専門部局の設置を提案した。その結果，1921年には医療監督官，技術監督官らをそれぞれ3名，4名配置し，専門部局を中心とする組織再編がなされた。また1929年の年報では，1934年までに一般工場監督職を180名から243名に，医療監督官を5名から8名に，技術監督官を6名から10名に増員することが打ち出された[21]。このように，工場監督局は1919年以降，地区・管区の問題を中央当局が統括し，専門部局と地区・管区監督官の協力体制の下，調査をする体制へと移行した。その結果，比較的小規模な産業であっても大規模な調査と規制措置の策定・施行が可能になったのである。

（2） 1919年以降の珪肺対策

1919年以降，工場監督局は特定の産業を対象とする全国的な調査と規則の立案ないし改正を実施していった。こうした取組のなかで，とりわけ1931年規則の成立にとって重要な役割を果たしたのが，耐火物産業，金属切削業，砂岩業，製陶業など珪肺の原因である「遊離珪酸（SiO_2）」を飛散する産業を対象とした調査と規則の施行であった（**表3-1**）。これらの産業は，地区や業態が多種多様で，地区・管区ごとに調査するだけではその被害や技術的対策を把握することが困難であった。しかし前項にて述べたように，専門監督官と地区・管区監督官との協力体制の下，地域横断的な調査を効率的に行えるようになった。これらの調査が1931年規則の成立に果たした役割は以下の通りである。

第1に，1920年代の耐火物産業などの全国調査は，遊離珪酸が珪肺の原因であることを確定させ，他の産業での粉塵問題に調査の関心を広げる契機となった。医療監督官らのアスベスト繊維に対する関心は，遊離珪酸とは異なる素材であるにもかかわらず，珪肺と酷似した症状が現れていたことにあった[22]。アスベスト繊維は，珪酸を含む素材ではあるものの，遊離珪酸ではなく珪酸塩であ

第Ⅰ部　アスベスト紡織産業における粉塵対策

表 3-1　発塵を伴う産業への産業規則と労災補償

1）耐火物産業
労働力人口：約3000名（1930年当時）
産業規則：「耐火物素材の破砕・研磨・篩および素材の取り扱いを含むその他の工程に関する規則」（1919年施行，1931年改正）
主な粉塵対策：①水の散布，②特別仕様のフィルター式袋による吸引，③機械方式の破砕・研磨，水散布・蒸気と組み合わせた効果的な排気装置
労災補償制度：1919年施行，1925年改正施行
医学的調査：1918年，1920年，1930年
調査結果（一例）：ヨークシャーのストックブリッジ（Stockbridge）管区で珪石粘土岩作業者36名死亡，うち24名が肺疾患（1911年2月10日～1916年12月18日）

2）金属研磨業
労働力人口：7295名（1930年当時）
産業規則：「金属研磨（雑工業）規則」（1926年12月施行），「刃物研磨および刃物規則」（1926年1月施行）
主な粉塵対策：①研磨・艶出し等でのフード・ダクト付きの局所排気装置，②レース研磨部屋と金属研磨・刃物作業場の隔離，③全体換気・吸引換気，④湿潤状態での研磨，⑤作業場の清掃
労災補償制度：1925年
医学的調査：1923～1927年
調査結果（一例）：166名が肺線維症で死亡（1923～1927年）

3）砂岩産業
労働力人口：1万2000名（1930年当時）
産業規則：採石場法（1894年施行：鉱山局），耐火物素材規則（1919年）
主な粉塵対策：①十分な水の散布，②発塵部へのフード付き排気装置の設置，③特別仕様のフィルター式袋による粉塵の捕集
労災補償制度：1929年
医学的調査：1929年
調査結果（一例）：454名調査（うちX線検査266名）のうち，268名に線維症の兆候（X線検査では112名）。

4）製陶業
労働力人口：4万1826名（1930年当時）
産業規則：製陶（珪肺）規則（1913年，1932年改正）
主な粉塵対策：①作業工程の隔離，②発塵部へのフード付き排気装置の設置，③粉塵濃度の高い作業場への女性・若年労働者の作業禁止，④作業時間の調整
労災補償制度：1929年
医学的調査：1925年
調査結果（一例）：31種の作業568名を調査（X線検査250名）。87名に珪肺の疑い。

（出所）　ILO［1930］pp. 384-480, Home Office［1931a］, Home Office［1932b］より筆者作成。

第**3**章　イギリスにおける1931年アスベスト産業規則の成立

った。珪酸塩の状態で存在する多くの産業では，肺の線維化（肺線維症）の症状が現れていないにもかかわらず，アスベスト産業では肺の線維化が生じていた[23]。また珪肺の場合，結核を伴うことが多いが，アスベスト産業では必ずしも同様の事態が発生していなかった。

　第2に，耐火物産業などの調査は，工場での粉塵対策規則と労災補償制度を前提にして実施された。この点で1920年代の専門監督官を中心とする調査は，1900年代の調査とは異なり，技術上の具体的な改善策や補償制度の検討を念頭に置いたものであったと言えよう。

　第3に，耐火物産業などに対する産業規則の主な内容は，①湿潤化，②局所排気装置の設置，③工程の隔離，④発塵部の密閉，⑤頻繁な作業場の清掃，⑥作業時間の調整，である。これらの内容は，1930年のILO国際珪肺会議での粉塵抑制・飛散防止方法として確認された内容であった[24]。つまり，1920年代には，工場監督局は粉塵抑制・飛散防止の包括的な手段を確立しており，後述するミアウェザー＆プライス報告においてもその手段は継承された。

（3）　ミアウェザーによる先行調査

　1900年代から10年代前半におけるアスベスト粉塵の被害調査は，女性監督官らの組織内の差別的な待遇，専門監督官の不在などを背景に，その後本格的な調査や規制措置の実施にはいたらなかった。しかし，1919年以降の工場監督局の組織再編に伴う専門監督官の増員，粉塵を伴う各種産業における実態調査，医学的知見，対策指針の制定を含む経験の蓄積により，アスベスト粉塵問題に対処する基盤が確立された。そして1928年のミアウェザーによるアスベスト調査の実施を契機にアスベストの全国的な調査ならびに規制措置の実施にいたった。

　1927年に医療監督官となったミアウェザーは，1928年にグラスゴーの保健医療技官より線維症発生の疑いのある工場の調査要請を受け，同年3月に実態調査を開始した[25]。また同月には別のケースとして，アスベスト粉塵により肺の線維化を患ったアスベスト作業者が死亡したこと，多数の労働者のX線写真の調査の結果，特異な兆候があったことが報告された[26]。

　以上の状況に関して，イギリス議会の1つであり下院に相当する庶民院にて

97

質疑がなされた。1928年4月19日，自由党のブライアント（Briant, F.）が内務大臣ジョイソン・ヒックス卿（Sir. Joyson-Hicks, W.）に対し，アスベスト粉塵の危険性に関する内務省の認識，労働者への定期検診の実施状況，アスベスト産業の危険性に関する調査について質問した。ジョイソン・ヒックス卿は，工場監督局内にてグラスゴーおよびリーズの2つのケースが報告されており慎重な調査が進められていること，これらの調査により特別な調査の必要性が示された場合，さらなる調査を進めると答弁した。[27]

同答弁に関わって，内務省と工場監督局との間で議論が交わされており，内務省より1ヶ月以内に詳しい報告をすることが要請された。[28]1928年7月5日，首席工場監督官ベルハウスは内務省事務次官アンダーソン（Anderson, J.）に対し，①アスベスト産業に12年以上従事した労働者の大半が肺の線維化症状を発症していること，②障害の程度ならびに個々の工程と発症の関係について追加的な調査が必要であること，③科学研究の年間助成金100ポンドのうち50ポンドをミアウェザーに充当する必要があること，を報告した。[29]

1929年に入ると，庶民院ではアスベスト産業の労働者を労災補償法の適用範囲にするかが議論された。同年2月4日，ソーン（Thorne, W.）は，アスベスト産業に従事する若い女性労働者にアスベスト疾患が広がっており，そのうちの何人かが聖トーマス・ロンドンチェスト病院へ入院しているという事実認識，ならびに内務省で発症数の記録の保有ならびに労災補償法における疾患の適用範囲にする意向に関して質問した。これに対し，ジョイソン・ヒックス卿は，上級医療監督官が上記の事実を確認していること，既に医療監督官による広範な調査が実施されていること，調査結果を踏まえて労災補償法の適用を検討することを答弁した。[30]同年2月28日のスタムフォード（Stamford, T.）の質問に際しても，彼は同様の答弁をした。[31]

以上に示すように，1928年以降のミアウェザーのアスベスト産業に関する医学的調査は，1900年代に実施された女性監督官らによる調査と比較した場合，①男女の差別なしに中央と地区・管区の監督官との間で連携が成立したこと，②医療監督官という専門職による調査であったこと，③労災補償法の適用という政治的課題につながる調査であったこと，に大きな違いがあった。

ミアウェザーの調査は1928年7月から約1年にわたり実施され，1929年9月

17日に首席工場監督官宛てに報告書が提出された。そこでは，133人のレントゲン検査を含む合計374人のうち95人に線維症が現れていること，雇用年数が長いほどその影響は大きく20年以上で80.9%の発症率であったこと，より粉塵の発生の多い工程で発症率が高いこと，などが述べられた。

ミアウェザーの調査はアスベスト粉塵に曝露したと判断される作業者に対象を限定していたことから，その問題性を明確にしたものの，アスベスト粉塵の粉塵抑制・飛散防止に関する技術的対策には課題が残るものであった。1929年11月11日，上級医療監督官ブリッジ（Bridge, J.）はベルハウス宛の手紙のなかで，粉塵対策を業界全体に普及させる上で技術監督官による包括的な調査が必要であること，また調査はミアウェザーと共同で実施し，彼らに工場規制のスキーム作成の課題を検討させることを提案した。ベルハウスはその2日後，ブリッジの提案に同意し，技術監督官プライスの派遣を検討中であると回答した。同年12月4日，内務省は管区監督官宛に，担当管区内のアスベストの製造工場または使用工場（タイル，シート，ボイラー被覆材，自動車用ブレーキライニングなど）の名称・住所を同月の16日までにブリッジに報告するよう通達した。

このように，1928年3月に始まるミアウェザーの調査は，その被害の深刻さが明らかになるにつれ，規則の成立を前提にした調査へと進展した。

3　1931年規則の成立過程

（1）　ミアウェザー＆プライス報告

ミアウェザーとプライスは，約160ヶ所の紡織，断熱材，スレート材工場を調査した。医学的調査に関しては，製品中のアスベスト含有率の高い紡織，断熱材関連の労働者2200人を対象とし，このうち，戦争従事者，家族・親族に結核のある者，耐火物産業などの遊離珪酸に曝露した経験のある者，アスベスト粉塵以外の理由から線維症を発症した可能性のある労働者を除外した。技術的調査に関しては，各工場の粉塵抑制・飛散防止手段の実態を調査した。同報告は二部で構成され，ミアウェザーが第一部の医学的調査報告，プライスが第二部の技術的調査報告を担当した。その内容は以下の4点に要約される。

第1に，線維症の発症率とアスベスト粉塵の曝露期間・濃度との間の関連性

表 3-2 曝露期間と線維症発症率の関係

雇用期間	検査対象	線維症発症者		雇用期間別の平均年齢	
		人	%	線維症未発症者のグループ	線維症発症者のグループ
0～4年	89	0	—	24.2	—
5～9年	141	36	25.5	30.3	36.0
10～14年	84	27	32.1	34.4	40.4
15～19年	28	15	53.6	41.9	43.3
20年以上	21	17	80.9	54.4	52.7
合 計	363	95	26.2	30.1	41.4

(注) 20年以上については小数年第2位を四捨五入すると，81.0％になるが，1929年の報告にて，80.9％としていること，1930年報告においても同様の記述にしていることからあえて変更していない。
(出所) Merewether and Price [1930] p.10, Table 3.

が明らかにされた。**表3-2**はアスベスト粉塵の曝露期間と発症率の関係，**表3-3**と**表3-4**はアスベスト粉塵の曝露濃度と発症率の関係を示したものである。これらの調査結果は，曝露期間が15年以上を過ぎると半数以上の労働者の肺に線維化の症状が現れており，特に混綿や梳綿といった曝露濃度の高い工程で発症率が高いことが明らかにされた。ただし，この調査は紡織以外の業種（建材やセメント材など）での被害実態や体調不良を理由に退職した労働者は含まれておらず，当時のアスベスト粉塵被害はミアウェザー＆プライス報告よりも多岐にわたっており，深刻であったものと考えられる。

　第2に，当時のアスベスト工場（紡織工場に限定せず）での粉塵抑制・飛散防止手段の実態が明らかにされた。当時イギリスのアスベスト関連工場は2，3人程度の従業員の作業所的な規模が大半で，500人を超えるような工場は僅かであった。集塵機は大規模な工場では設置されているものの，小規模作業所では換気扇のようなものをつけているのみで，家屋が吹きさらし状態であった。[38]

　また当時15社程度あったアスベスト紡織工場の場合，開綿・混綿など前工程に対して局所排気装置が設置されていたが，原材料充填作業の機械化，機械の密閉や清掃方法の機械化といった追加的な粉塵対策装置の導入はほとんどなされていなかった。加えて，大半の工場は個々の作業工程を隔離しておらず，粉塵の少ない工程であっても，結局のところ大量の粉塵が舞っていた。[39]

　第3に，粉塵抑制・飛散防止手段として，①発塵ポイントに対して効果的な

第3章 イギリスにおける1931年アスベスト産業規則の成立

表3-3 作業工程と発塵量

作業工程	対象	作業環境	排気装置の有無[1]	発塵量[2]
精紡・編み[3]	—	—	なし	1.00
梳紡[4]	—	—	なし	1.17
織り加工	クロス	乾燥	なし	1.95
		乾燥	あり	1.05
		湿潤	—	0.85
	バンド	乾燥	なし	0.81
		湿潤	—	0.91
マットレス製造	—	乾燥	なし	1.83
		乾燥	あり	0.69
		湿潤	あり	0.55
開綿・手作業[5]	—	—	なし	2.34

(注) 1:マットレス製造での排気装置に関して「ここの排気装置は,マットレス製造作台の特別な全体換気を指しており,局所排気装置ではない」(p.12)としていることから,他の工程では局所排気装置を指している。
2:粉塵量は精紡工程を「1」としてその他との量的比較を行っている。これは測定技術の問題からアスベスト繊維の本数測定が困難であったためである。
3:実際には近隣の作業工程からの粉塵の混入も含まれている。
4:梳紡が比較的低い数字になっているのは,剥離作業を含めていないためである。
5:開綿と混綿は同一の工程として記載されている。
(出所) Merewether and Price [1930] p.12, Table 5 より筆者作成。

表3-4 作業工程と線維症発症率の関係

	精紡			破砕,開綿,混綿,梳紡,織り,その他		
	対象者(人)	発症者(人)	発症率(%)	対象者(人)	発症者(人)	発症率(%)
4年以内	30	0	0.0	47	0	0.0
5～9年	40	2	5.0	92	31	33.7
10～14年	30	2	6.7	45	22	48.9
15～19年	11	4	36.4	14	8	57.1
20年以上	6	4	66.7	13	11	84.6

(出所) Merewether and Price [1930] p.14, Table 7 より筆者作成。

局所排気装置の配備，②粉塵濃度の高い作業工程における手作業の機械化や発塵部・機械の密閉，③発塵作業工程と他の作業工程との隔離などが提言された（表3-5）。なお同報告ではマスクの着用も提案されているが，アスベスト粉塵のサイズは0.5〜2μmのものが多いことから，主要な対策にはならず二次的なものとしてのみ推奨されること，またその使用が誤った安心感を与えかねないことが危惧されるということが述べられた[40]。以上の内容は，前節にて述べた耐火物産業における粉塵対策と原理的には同じだが，アスベスト産業の実態調査に即して具体化されたものであった。

　第4に，工学的対策とは別に，定期的な検診，労働者教育，粉塵濃度の高い作業工程での労働時間の調整など，労働者対策の必要性が提言された[41]。

　1930年3月7日に調査報告のオリジナル版が完成し，3月17日にベルハウスは内務大臣クラインズ（Clynes, J. R.）にその概要を報告した[42]。5月15日に，ミアウェザー，プライス，上級医療監督官ウォード（Ward, L.）はアスベスト産業規則の草案の第三次修正案を検討した[43]。そして6月19日には，首席工場監督官ウィルソン（Wilson, D. R.）は1901年工場・作業場法（Factory and Workshop Act 1901）の第79条の下，発塵を伴うすべての工程をカバーする規則の必要性を内務大臣に提言した[44]。このように，ミアウェザー＆プライス報告の完成を受け，工場監督局は規則の成立に向けて動き出した。

　他方で，プライスはアスベスト紡織業での粉塵対策の独自の困難さを認識していた。ウィルソンはプライスの意見を受け，規則を成立させる前に産業界との非公式な会合が必要であると考え[45]，ターナー兄弟アスベスト社（Turner Bros. Asbestos Co.Ltd. 以下，ターナー社と省略）の社長であるターナー（Turner, S.）に非公式な会合の開催を提案した[46]。

（2）「アスベスト紡織工場の粉塵抑制手段」に関する雇用者・監督局委員会

　1930年7月8日，工場監督局はアスベスト紡織業界との間に非公式な委員会を開催した。非公式委員会には，工場監督局側からウィルソン（議長），ブリッジ，ミアウェザー，ウォード，プライスの5名，紡織業界からケープ・アスベスト社（Cape Asbestos Co., Ltd）のガウ（Gow, J.），ターナー社ロッチデール工場の工場長ケニヨン（Kenyon, P. G.），ブリティッシュ・ベルト＆アスベスト

第**3**章　イギリスにおける1931年アスベスト産業規則の成立

表 3-5　ミアウェザー＆プライス報告にて提言された主な粉塵対策

---
1) 局所排気装置の設置（バグフィルター式またはサイクロン式の集塵機付）
　(a)　発塵を伴う機械など
　　(i)　破砕機，分解機，梳きなどの開綿機，篩，繊維研削機，乾式の混綿機，乾式混綿機に付属するローラー
　　(ii)　梳綿機（梳綿によって生じるものに加えて，剝離・研削によるシリンダーやドッファーからの粉塵の飛散），梳綿機の側面にある廃棄物排気装置，乾燥状態の織機，剝離・研削機，その他紡織機
　　(iii)　乾燥したアスベスト製品に使用されるのこぎり盤，研削機，研磨機，その他研磨機
　(b)　機械・装置の供給・運搬格子，その他コンベヤ，エレベーター式の供給ホッパー，袋地の格子，加湿混綿機での乾燥状態の素材の供給
　(c)　チャンバー，コンテナ，サイクロン式のホッパー，繊維状のアスベストや混合物が運搬，通過するその他の隔離されたスペース
　(d)　マットレス製造および廃棄物分別用の作業台
　(e)　袋出し・詰め，計量，混綿といった多様な手作業
2) 手作業の運搬，粉塵のきつい作業工程全般の密閉された機械的手段への代替
　(a)　チャンバー，中間材の袋・容器出し・詰め，機械への手作業供給，その他付随的な作業での素材の堆積の回避のため
　(b)　粉塵のきつくない環境下での発送用素材の最終的な充填と計量のため
　(c)　排気装置をさらに効果的にするため
3) 発塵を伴う機械・装置の効率的な密閉
　(a)　排気装置によりコントロールされていない粉塵の飛散防止
　(b)　排気装置の設置をさらに効率的にする
4) 乾燥状態に対する湿潤（以下の工程でかなりの発塵量の減少が期待）
　(a)　製織工程
　(b)　マットレス製造（供給前のカバー，フロアー・作業台の湿潤化）
　(c)　準備した素材が乾燥する前のアスベストセメントシート・タイル工場での最終的な切削およびその他機械工程
　(d)　ブラシがけ，掃き掃除前の部屋・作業台の湿潤化による作業の清潔化
5) 発塵を伴う器具の排除
　(a)　梳綿機でのドッファーブラシ
　(b)　梳綿機の側面にある排気装置（加圧下での搬送）
　(c)　かなり古い機械である開毛機・梳機
6) 製造工程での沈降室のできるかぎりの廃止
7) 粉塵の不要な飛散を防ぐための工程間の効果的な隔離
　(a)　その他，すべての工程に対しての開綿，梳綿，製織の隔離
　(b)　粉塵を発生させない作業からの精紡，二重織，編みおよび類似工程の隔離
　(c)　他の工程からのマットレス製造の隔離
　(d)　他の作業場からの大量の繊維状のアスベストを保管するチャンバー，粉塵沈降室，機器の隔離
8) 新工場，ないし現実的ではないが既存作業場での発塵を伴う機械のスペース拡張（この方法は，全体として作業場の空気の粉塵濃度のほとんど恒久的な減少をもたらし，改善された清潔な施設を提供する）
9) 工場内作業での生地が密で隙間のない袋の使用
10) バキューム手法の広範な利用を伴う効果的な清掃システム
11) 作業場の外部へのアスベスト・その他製品の保管
12) 特に粉塵のきつい作業からの若年労働者の除外

（出所）　Merewether and Price [1930] pp. 32-33 より筆者作成。

社（British Belting & Asbestos. Ltd）のフェントン（Fenton, W. C.）を含む合計7社の代表7名が参加した。[47]

　ウィルソンは委員会の冒頭で会合の目的として，①工場監督局の責務として内務省にアスベスト産業への規則を提案すること，②対策手段ははっきりしているものの，個々の紡織機への排気装置の適用には具体的な困難があること，③その点で企業ごとに対策の成果が異なっていること，④成功事例の情報共有が状況改善の近道になること，を説明した。[48]

　ウィルソンの意見に対し，産業界の代表者たちは積極的な態度を示した上で，①技術的な交流は図面の形式で行い，競合企業同士がお互いの工場に立入らないこと（ガウ），②粉塵除去に関する何らかの基準が望ましいこと（フェントン），③かなりの取組を実施した際の企業側にはどのような利点があるのかということ（ガウ），④規則が適用される範囲はどこまでかということ（ケニヨン），を要請・質問した。[49]

　以上の彼らの意見に対し，工場監督局側は，①現時点では粉塵量の基準の設定が困難で，当面は目に見える粉塵の除去が不可欠であり，精紡以下にすることを目標としている，②対象範囲はすべての発塵ポイントであるが，当面は特に対策が困難な紡織工程を考えている，と回答した。[50]その他，いくつかの意見が交わされ，最終的にウォード，プライス，ガウ，ケニヨン，フェントンの5名による小委員会の開催を確認した。[51]

　7月16日の小委員会では，各社の粉塵対策の取組として，前工程（破砕，運搬，開綿ならびに付随作業）および各種機械への排気装置の設置を含む25の紡織工程ならびに，マットレス製造工程に関する議論が交わされた。[52]工場監督官は，既に大手企業にて独自に取り組まれている排気装置の経験の情報交流を通じて最適な手段を非公式委員会に報告すること，加えて報告書としてまとめ関連業界に普及することを考えていた。[53]工場監督局は，各社で導入される先駆的な事例を粉塵抑制の標準的な手段として示すことが，粉塵対策技術の普及に要する時間とコストの節約につながると考えていた。[54]

　他方でガウらは，各種機械への排気装置の設置の必要性には賛成したが，手作業工程の機械化，工程の隔離，プラントのスペース拡張などの作業方法やプラントのレイアウトへの介入には慎重な立場であった。また対策準備には十分

第**3**章　イギリスにおける1931年アスベスト産業規則の成立

な時間が必要という立場であった。さらに自社の取組が国内のみならず，国際的な標準として採用され，競争条件の平準化が図られることを期待した。

　また，粉塵の測定方法についても議論がなされた。これは粉塵測定に関する明確な基準が設定されていないことに起因した。工場監督局としては，当面の課題として，前工程や梳綿工程といった粉塵のきつい工程の改善を目的としていたため，ミアウェザー＆プライス報告で最も粉塵量が低いとされた「排気装置を設置していないフライヤー精紡機」を当面の基準とした。当時のアスベスト工場は大量の粉塵が舞っており，1つの織機から毎週14ポンド以上の粉塵が発生し，作業場近くの労働者同士が見えなくなるほどであった。工場監督局は，目に見える粉塵量は浮遊する細い繊維の量とも関連していると考えており，ある程度の粉塵対策を実施すれば十分な効果が発揮されると期待していた。また対策の実施による改善や医学的知見の発達があれば，それに応じて粉塵基準に変更を加えればよいとも考えていた。

　しかし，業界の代表者らは粉塵対策に関する基準を求めており，その測定方法として，それまで採用されていたオウェンス塵埃計による測定方法（一定の空気を吸引し，そこに含まれる粉塵量を測定）ではなく，粉塵総量を測定する重力沈降法（沈降する総粉塵量を測定）を要請した。12月22日にプライスが重力沈降法の実験を行った。

　以上の議論を通じて，工場監督局とアスベスト紡織大手は粉塵抑制・飛散防止に関する協定を締結した。1931年4月10日，その内容は『「アスベスト紡織工場の粉塵抑制手段」に関する雇用者・監督局委員会の報告』として刊行された。ここで確認された主な協定の内容は，破砕・開綿，梳綿など20の工程・機械への局所排気装置の設置，マットレス工程への対策であり，1931年規則の技術対策の具体的な手段を提示したものであった。他方で，大半の工程対策は1930年段階でアスベスト紡織大手を中心に導入済みの粉塵対策手段であり，彼らの粉塵対策技術が公的な手段として政府の「お墨付き」を得ることを意味した（図 3-1，図 3-2，図 3-3）。なお粉塵測定法に関しては，オウェンス塵埃計と重力沈降法の記載がなされたものの，当面の粉塵基準には「排気装置なしのフライヤー精紡で発生する粉塵量」を採用した。

　ここまでの委員会の議論は，1931年規則の運用に不可欠な粉塵対策の技術的

図 3-1　梳綿機への局所排気装置の設置（概念図）

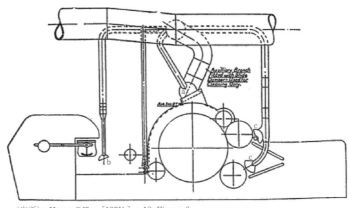

（出所）　Home Office [1931b] p. 18, Figure 6.

手段に限定した議論であった。しかし，その手段は工場のレイアウト変更，工程間の隔離，手作業の機械的手段への代替化（ただし一部の例外を除く）よりも局所排気装置の設置が重視されていたことから，この時点で工場監督局側のアスベスト粉塵対策への楽観的態度ならびに技術的対策への妥協的姿勢を見ることができる。[61]

　首席工場監督官ウィルソンは，規則の成立前にアスベスト紡織大手と合意を得ることは有益であると考えた。[62] そのため，3月17日の第2回小委員会では上記の報告書の確認に加えて規則草案の検討が行われた。[63]

　草案に関して，工場監督局とアスベスト紡織大手の見解はほぼ一致しており，以下の2点が主な争点として議論された。

　第1に，工場監督官への報告義務である。草案では排気装置の検査・試験は6ヶ月ごとに実施し，その記録には工場監督官の許可が必要であるとされていた。これに対し，ガウらは，工場内の工程や装置の変更は恒常的に行われるため，その度に管区工場監督官の許可が必要となることに難色を示した。[64] この点に関して，工場監督局側は業界の抵抗が強いと考え，「許可」ではなく，記録の保持と工場監督官の立入時に記録を見せるということにした。

　第2に，若年労働者の雇用である。草案では若年労働者を粉塵の発生する作業および清掃作業へ雇用してはならないとした。この点に関して，ガウらは既

図 3-2 梳綿機に設置される局所排気装置の詳細(上:b，中:c，下:d)

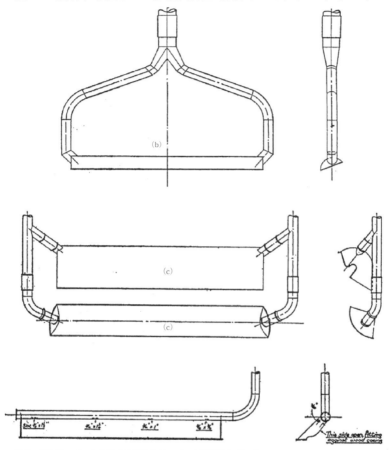

(注) アルファベットは図3-1のアルファベットに対応している
(出所) Home Office [1931b] p.19, Figure 7.

存の業界の訓練システムへの干渉だとして反対した。これに対し，工場監督局側は大人に比べて若年労働者の方が影響が強いという根拠はないものの，作業に対する注意力の差などの理由から若年労働者のリスクが高いと考えるべきだとした。ただし，業界への配慮から規則の施行時点で雇用されている若年労働者は対象外とした。

その他第1回小委員会での議論を配慮したと考えられるが，①草案段階では

図 3-3 ブリティッシュ・ベルト＆アスベスト社の梳綿機（局所排気装置付）

（出所） Home Office [1931b] Plate 8.

記載されていた混綿，倉庫など粉塵のきつい工程の他の工程との隔離という項目の削除，②密閉された機械，潤滑油等で湿潤化された工程，断熱マットレスの補修・製造，アスベストの手作業での混綿の規則の適用除外の追加，が行われた。こうして1931年規則は工場・作業場法第79条の下，1931年12月31日に成立した（表3-6）。

4　1931年規則の意義と課題

　以上，1931年規則の成立条件と成立過程について見てきた。ここでは，改めて1931年規則の意義と課題について言及しておきたい。
　先行研究の指摘するように，1931年規則の成立以前にはアスベスト粉塵の被害に関する報告は少なからず存在していた。しかし，これらの調査報告は局内での差別的待遇を受け，かつ医学的・技術的な専門家ではない女性監督官によるものであった。こうした状況に変化が生じたのは，1919年以降の工場監督局

第**3**章　イギリスにおける1931年アスベスト産業規則の成立

表3-6　1931年アスベスト産業規則

1901年工場・作業場法第79条にもとづき，以下の規則を制定する。この規則は以下の工程もしくはそのうちのいずれかが行われる工場および作業場のすべてもしくは一部に適用されるものとする。
- (i) アスベストの破砕，粉砕，分解，開綿，およびアスベストの混綿もしくは篩，およびこれらに付随するアスベストを取り扱うすべての工程
- (ii) 前工程および最終工程を含むアスベスト紡織品の製造におけるすべての工程
- (iii) アスベスト全部もしくは一部含む断熱板もしくは切断部品の製造，およびこれに付随する諸工程
- (iv) アスベストを全部もしくは一部含む断熱マットレスの製造もしくは補修，およびこれに付随する諸工程
- (v) 製造工程におけるアスベストを全部もしくは一部含む製品について，乾燥状態での切断，研削，切削，研磨，仕上げ
- (vi) 上記のすべての工程において発生するアスベスト粉塵の集塵のための作業室，設備および器具についての清掃作業

この規則は，次の場合には適用を除外する。
　アスベストの混綿，断熱マットレスの修理，もしくは，前記(v)記載の工程，もしくはこれらの工程に関連して使用される機械もしくは工場の清掃が行われる工場もしくは作業場の全部ないし一部にあって，
- (a) このような工程もしくは労働が臨時的なものであり，週あたり8時間以上の作業を行っている労働者が存在しない場合
- (b) 前パラグラフに列挙された工程以外の工程が実施されている場合

　さらに，首席工場監督官が工場もしくは作業場の全部もしくは一部に関して，アスベストの制限的な使用もしくは作業方法その他により相当と認めるときは，被用者の健康に危険を及ぼさないかぎりにおいて，この規則の全部もしくはいずれかの規定につき，適用を猶予ないし緩和することができる。首席工場監督官は，かかる適用の猶予もしくは緩和につき，相当と考える条件を付して，書面による認証をもって，認可を与えるものとする。かかる認可は随時失効させることができる。

　本規則は，1931年アスベスト産業規則として引用され，1932年3月1日より施行される。ただし，2条(a)および5条については，上記施行日の6ヶ月後までは施行されない。または，1条(a)(ii)が織機に適用される場合，3条(i)および(ii)(a)，および4条については，上記施行日の12ヶ月後までは施行されない。

定　義

　アスベストとは，繊維状の珪酸塩鉱物および原石，粉砕後，開綿後の当該鉱物を含む混合物をいう。
　アスベスト紡織品とは，アスベストないしその他の素材を混合したアスベストを含む撚糸もしくは布をいう。
　前工程とは，粉砕，分解，アスベストの開綿およびそれに伴う他のすべての工程をいう。
　認可とは，首席工場監督官によって，当面の間の認可証が発行された場合の認可をいう。
　呼吸器具とは，(1)必要な接続具を備えたヘルメットもしくはフェイスピースで，粉塵のない空気を呼吸するために使用されるもの，もしくは(2)その他認可を受けた器具をいう。

第Ⅰ部　アスベスト紡織産業における粉塵対策

第一部　遵守義務

1　労働者が働くすべての場所については，アスベスト粉塵の飛散を防ぐために，機械的に機能する排気装置が設置され，保守されなければならない。
　(a)　製造および運搬装置，すなわち，
　　(ⅰ)　前工程，研削もしくは乾燥状態の混綿装置
　　(ⅱ)　梳綿機，梳綿くず，リング紡織機および織機
　　(ⅲ)　アスベストが供給される機械もしくは他の工場
　　(ⅳ)　アスベストを全部もしくは一部含む製品について，乾燥状態において切断，研削，切削，研磨，仕上げを行う機械
　(b)　梳綿機のシリンダーもしくはその他の部品の洗浄と研削
　(c)　梱包されていないアスベストを運搬，通過する倉庫，ホッパー，その他の建造物
　(d)　アスベスト廃棄物の仕分け作業もしくは手作業によるアスベスト作業のための作業台
　(e)　袋，運搬カゴ，その他携帯コンテナの荷詰めもしくは荷空けの作業，計量，その他付随的な手作業が行われる作業場所
　(f)　袋の洗浄機械
　この規則は，以下の場合には適用を除外する。
　(ⅰ)については，アスベスト粉塵を生じない機械もしくは工場，労働者が働くすべての場所においてアスベスト粉塵が飛散するのを防ぐように密閉された機械もしくは工場については適用されない。
　(ⅱ)については，アスベストが湿潤化され，もしくは油または他の材料を用いることにより，粉塵の発生が防止されている場所については適用されない。
　(ⅲ)については，断熱マットレスの製造および補修については適用されない。
　(ⅳ)については，アスベストを手で混綿・撹拌する場合には適用されない。

2
　(a)　手作業によるアスベストの混綿・混合は，作業中に粉塵の発生を実効的に抑制することができるように設計され，かつ保守された，機械的に機能する局所排気装置なしに行ってはならない。
　(b)　本規則施行後に建築もしくは改築された建造物については，手作業によるアスベストの混綿・混合は通常他の作業が行われていない特定の部屋もしくは場所以外では行ってはならない。

3
　(ⅰ)　アスベストを全部もしくは一部含む断熱マットレスの製造もしくは補修は，他の作業が行われる部屋で行ってはならない。
　(ⅱ)　断熱マットレスの製造もしくは補修が行われる部屋においては，
　　(a)　事案ごとに認可された設計に基づき，適切に排気・吸気を行える換気装置が設置され，保守されること。
　　(b)　詰込，叩き，均しの作業に従事する者以外は，これらの作業が行われている間は居合わせてはならない。また詰込，叩き，均しの作業が行われた後は，最低10分以上経過した後でなければ，作業を再開してはならない。
　　(c)　床および作業台は，粉塵の発生を有効に防ぐために，湿潤状態を保たなければならない。
　　(d)　カバーはこれを取り除いた後は速やかに，有効に加湿されなければならない。またマットレスの詰込作業の場合，詰込，叩き，均しの作業が行われている間，湿潤状態を保たなければならない。

4
　(a)　本規則施行後に建築もしくは改築された建造物においては，梱包されていないアスベストの貯

蔵倉庫もしくは容器は，いかなる作業部屋からも有効に隔離されなければならない。上記以外の建造物においては，工程の目的としてアスベストを必要としない工程を行う部屋からは，有効に隔離されなければならない。
 (b) 粉塵の沈降および濾過のための空間もしくは器具は，いかなる作業場にも設けてはならない。
 (c) 排気装置から排出されたアスベスト粉塵は，いかなる作業場の空気にも流入されることのないよう，防がなければならない。
5 前工程，アスベストの切削，梳綿，梳綿ローラーの清掃および研削に使用されるすべての機械，袋の掃除および梳綿廃棄物の機械，格子，昇降機，シュート，コンベヤは，規則１条に従って設置された排気装置によって粉塵が除去される場合を除いては，上記のいかなる部分からもアスベストの粉塵もしくは破片が漏れることのないよう，構築され，保守されなければならない。
6
 (a) 梳綿機のシリンダー（ドッファーシリンダーを含む）を手作業により掃除する場合，これを行いもしくは補助する者以外は居合わせてはならない。
 (b) 1932年９月１日以降，前項に定めるような掃除は，かき箆による手作業その他手工具を用いる方法により行ってはならない。
7
 (a) 本規則に定める要件が適用されるすべての部屋においては，
  (i) 床，作業台，機械は，アスベストの破片がない清潔な状態に保たれなければならない。当面使用しないアスベストは適切に保管されなければならない。
  (ii) 床には，床の適切な清掃を妨げることのないよう，その部屋において行われている当面の作業に必要のない材料，機械その他製品をおいてはならない。
 (b) 前項に定めるすべての部屋においては適切な照明を要する。
8
 (a) アスベストを入れていた袋は，手作業による叩きによって掃除してはならず，規則１条および５条で定める機械によらなければならない。
 (b) 工場内で，アスベストの運搬のために使用される袋は，不浸透性の素材で作られなければならず，常に適切に手入れされていなければならない。
9
 (a) 本規則に従い，粉塵の除去もしくは抑制，排気のために使用される換気装置は，少なくとも６ヶ月に１度，適格な担当者によって，徹底的に検査を受け，試験されなければならない。このような検査および試験によって明らかとなった欠陥は，直ちに修正されなければならない。
 (b) 上記検査および試験，装置の状態，修理もしくは変更（もしあれば）についての詳細を含む記録は，これを必要と認める場合は保管されなければならず，いかなる工場監督官による検査においても，利用可能なものとする。
10 呼吸器具は，以下の場所で働くすべての労働者に支給されなければならない。
 (a) 浮遊アスベストが存在する空間
 (b) 粉塵の沈降もしくは濾過用の空間もしくは装置の掃除
 (c) ドッファーシリンダーを含むシリンダー，もしくは梳綿機の他の部分について，かき箆による手作業での掃除
 (d) 断熱マットレスの製造もしくは修理における詰込，叩き，均しの作業
11 粉塵の沈降や濾過用の空間，トンネルおよびダクトの清掃作業に従事する労働者には，適切な作業服とヘッドカバーを支給し，保守しなければならない。
12 若年労働者は，断熱マットレスの製造，アスベストの手作業による混綿・混合・袋の掃除，粉塵の沈降や濾過用の空間もしくは装置の掃除，遊離アスベストを含む空間での作業，ドッファー

> シリンダーを含むシリンダーもしくは梳綿機のその他の部分の分解もしくは研削の作業，および以上の作業に関連する作業に従事させてはならない。
> 　本規則は，本規則施行時において雇用されている若年労働者については，適用はないものとする。
>
> 　　　　　　　　　第二部　労働者の義務
> 13　労働者は，本規則を遵守するため，もしくはその他不必要な粉塵を避けるために出される指示に対し，故意もしくは過失によりこれを無視してはならない。
> 14　労働者は，本規則の遵守のために支給される器具について十分かつ適切に使用しなければならない。
> 15　規則10条に定める作業に従事する労働者は，当該規則にもとづいて支給される呼吸器具を着用し，適切に使用しなければならない。
> 16　規則11条に定める作業に従事する労働者は，当該規則にもとづいて支給される作業服とヘッドカバーを着用しなければならない。

（出所）　Home Office［1932a］より転載。

の組織再編以降のことであった。また医学的知見の蓄積は1920年代に入ってからのことであった。このように，1910年代前半までの調査は先駆的な調査ではあるものの，政策当局の体制の未整備と医学的知見の不足という両面から規則の成立には至らなかったのである。

　他方で，1931年規則が1928年のミアウェザーによる先行的な調査結果を受けて3年で成立したのは，①1919年以降の工場監督局における専門部局を中心とする組織再編（組織的条件），②各種産業の調査と粉塵対策技術手段に関する経験の蓄積（組織的経験，技術的知見の蓄積），③アスベスト被害に関する質疑など，アスベスト被害に対する労災補償制度の必要性の高まり（政治的条件），④石綿肺という特異的疾患の発見（医学的知見の蓄積），⑤アスベスト紡織大手を中心とする粉塵対策技術の導入実態（技術的基盤）[66]，があげられる。ただし，④，⑤は他の先進国と比較した場合，際立った条件とは言いがたく，1931年規則がイギリスで成立した背景には，社会的諸条件の方が大きかったのである。

　上記に示した1931年規則の成立の諸条件は同時代的に見れば，規則の範囲と強制力を弱めるものでもあった。

　工場監督局は規則の内容と運用面においてアスベスト紡織大手と様々な妥協を図った。その結果，規則の範囲，強制力のいずれの点で見ても，1931年規則は当時のアスベスト被害者の救済には効果の低いものであった。

　またアスベスト疾患を珪肺との類似性のみで捉え，その対策も既存の発想の

延長上でのみ捉えたことにより，その他の疾患の可能性が排除された。アスベストの曝露による代表的な疾患としては，石綿肺の他に，肺がん，中皮腫などがあげられる。肺がんに関して言えば，1930年代前半には各種論文や報告書のなかで，アスベスト関連工場での症例が報告されていた。しかし，ミアウェザー＆プライス報告では，粉塵の発生する他の産業との類似性に傾注した結果，これらの可能性には目が向けられなかったのである。

しかし今日的に見て重要なことは，1931年の工場監督局とアスベスト紡織大手による報告書および1931年規則の内容が，当時の技術水準で十分に可能な対策であったことを証明していることである。加えて，実現はされていないものの，アスベスト紡織大手の1931年規則に対する期待，すなわち公害・環境対策の国際標準化を通じた競争優位の形成は，今日的な論点として注目されているものと同一である。個別産業での登場ではあったにせよ，環境政策と産業政策の統合という発想は，20世紀前半のイギリスには既に存在していたのである。

注

(1) ILO [1930] pp. 53-54, 日本産業衛生協会 [1953] 23-24頁。
(2) 例えば Tweedale [2000], Bartrip [2001], Gee and Greenberg [2002]。
(3) 例えば Greenberg and Wikely [1999], Castleman [2005]。
(4) Tweedale [2000] pp. 27-28, Wikely [1992], Greenberg and Wikely [1999]。
(5) Home Office [1899] p. 171.
(6) Home Office [1900] p. 264.
(7) Home Office [1899] p. 333.
(8) Home Office [1907] p. 219.
(9) ディーンの報告では，ランカシャーの紡織地区にある大規模なアスベスト工場であるとされていることから，イギリス最大のアスベスト企業であるターナー社を対象とした調査であった（Home Office [1907] p. 220）。
(10) ある工場では天井に近い位置に配置された排気ファンにつながっているフード（機械ごとに別々のフードを配置），ダクトのシステムが設置されるなどの対策がなされていることが報告された（Home Office [1908] pp. 172-173）。
(11) Home Office [1912] p. 149.
(12) 大森 [2001] 60頁。
(13) 女性監督官という項目がなくなり，産業別，課題別の報告の形式になるのは1918年以降のことである。

第Ⅰ部　アスベスト紡織産業における粉塵対策

⑭　この点に関して，Gee and Greenberg［2002］は，専門家の意見に分類されるものではないかもしれないが，彼女らは優秀な観察者で，その議論は医学者の信頼を得られるものだとしている（p. 53）．
⑮　Home Office, [1911] p. 188.
⑯　1920年代のイギリスにおける医学的知見の蓄積については，Jeremy［1995］を参照．
⑰　Home Office [1898-1918].
⑱　Merewether and Price [1930] p. 19.
⑲　1910年代においても工場・作業場法の下，作業場の安全対策を目的とする規則が成立しているが，ビル建設や各種紡績・織物・鉱山業といった従業員規模が数万人以上の大規模な産業に限られていた（Home Office［1926］）．
⑳　杉本［1999］217頁，資料8．
㉑　Home Office [1929] pp. 8-9.
㉒　Merewether and Price [1930] pp. 5-6.
㉓　Cooke [1924].
㉔　ILO [1930].
㉕　U.K. Public Record Office, LAB14/70, 18 April 1928 about a report of Bellhouse, G.; Ibid, 18 July 1929 about the report titled "Enquiry into the Health of Workers exposed to asbestos dust."
㉖　Ibid.
㉗　Ibid, 19 April 1928 about the report titled "Industrial disease (Asbestos dust)."
㉘　Ibid, 2 May 1928, about the report from Bellhouse to Bridge.
㉙　Ibid, 5 July 1928 about the report from Bellhouse to Anderson.
㉚　Ibid, 4 February 1929, about the question from Mr. W. Throne to Sir W. Joyson-Hicks.
㉛　Ibid, 28 February 1929 about the question from Mr. T. Stamford to Sir W. Joyson-Hicks.
㉜　Ibid, 7 August 1929, the report titled "Enquiry into the Health of Workers exposed to asbestos dust." 調査した工場は，ケープ・アスベスト社（Cape Asbestos Co., Ltd）のバーキング工場（Barking Factory）である．
㉝　Ibid. 報告では，アスベスト以外の粉塵の曝露，セメントや綿などとアスベストの混合した粉塵に曝露した作業者は対象外としたとしている．
㉞　Ibid. 報告では，バーキング工場の粉塵対策は，集塵システムやマットレス工程での湿潤化といった対策が不十分であることが指摘されている．
㉟　Ibid, 11 September 1929 about the report from Mr. Bridge to Chief Inspector of Factories.
㊱　Ibid, 11 September 1929 about the report from Chief Inspector of Factories to Mr. Bridge.
㊲　Ibid, 5 December 1929 about the report from Home Office to District Inspector.

(38)　Merewether and Price［1930］p. 19.

(39)　Ibid, pp. 20-26.

(40)　Ibid, p. 17.

(41)　Ibid, pp. 17-18.

(42)　Home Office U.K. Public Record Office, LAB14/70, 17 March 1930 about the report from Bellhouse to Clynes.

(43)　Ibid, 15 May 1930 about the report from Price to Ward. なお，規則草案がいつ，誰が作成したかは筆者が調べたかぎりでは，不明である。

(44)　Ibid, 19 June 1930 about the report of Wilson.

(45)　Ibid.

(46)　Ibid, 23 June 1930 about the report from Wilson to Samuel Turner.

(47)　Ibid, 8 July 1930 about the memo titled "Dust Suppression in Asbestos Textile Factories."

(48)　Ibid.

(49)　Ibid.

(50)　Ibid.

(51)　Ibid.

(52)　Ibid, 8 January 1931 about the report titled "Asbestos Dust Committee."

(53)　Ibid, 10 January 1931 the report from J.C.B to Chief Inspector.

(54)　Ibid, 16 January 1931 the report from Wilson to Anderson.

(55)　Ibid, 8 January 1931 about the report titled "the Methods of Dust Suppression in Asbestos Textile Factories."

(56)　Bamblin［1959］p. 55.

(57)　Merewether and Price［1930］pp. 17-18, Home Office［1931b］, p. 7.

(58)　Home Office［1931b］.

(59)　Ibid.

(60)　その他確認された内容は，①作業場と粉塵捕集装置との隔離，②外的環境への粉塵飛散の防止用フィルター，③工場内の換気と加熱，④労働者への予防に関するリーフレットの配布であった（Home Office［1931b］pp. 22-35）。

(61)　Home Office［1931b］pp. 7-8.

(62)　Public Record Office, LAB14/70, 16 January 1931 about the report from Wilson to Anderson.

(63)　Ibid, 3 March 1931 about the report from Wilson to J. W. Robert. なおウィルソンは労働組合会議（Trade Union Congress：TUC）の代表者とも草案を検討した方がよいとしていたが，それが実現されたのは1931年7月8日とアスベスト紡織大手との議論後のことであった（Ibid, 6 July 1931.）。しかし，TUC の意見はそのほとんどが無視された（Wikely［1992］）。

(64) Ibid, 24 March 1931 about the report from J.C.B. to Chief Inspector of Factories.
(65) Ibid.
(66) Jeremy [1995].

第4章

1930年代後半のアメリカ・ドイツにおける
アスベスト紡織工場の粉塵対策技術

杉本通百則

1 アスベスト粉塵対策の技術的基盤の確立とはなにか

　2005年の「クボタショック」はアスベストによる健康被害の恐ろしさを広く知らしめたが，それ以上に衝撃的なことは，周辺住民への被害の発生により初めて労働災害の深刻な実態が明らかにされたことである。

　アスベストの有害性は決して昨今明らかになったことではない。1899年のイギリスのマレー（Murray, H. M.）による最初の石綿肺の報告から，1924年のクック（Cooke, W. E.）による石綿肺の病理学的研究とアスベスト小体の発見，1930年にはミアウェザー（Merewether, E. R. A.）＆プライス（Price, C. W.）による大規模な疫学的調査の実施，同年のILOによる第1回国際珪肺会議の開催と石綿肺の危険性の警告，さらに1934年刊行の医学の教科書への石綿曝露の重篤性の記載などを通して，遅くとも1930年代初頭にはアスベストの危険性は国際的に広く認識されていたと考えられる。それゆえ各国では同時期に疫学的調査や工学的対策が開始されたのであり，イギリスでは1931年の「アスベスト産業規則」により，アメリカでは1938年の「勧告値」（暫定閾値）の設定により，ドイツでは1940年の「アスベスト加工企業における粉塵の危険の撲滅のためのガイドライン」により公的規制がなされたのである。日本においても1937年に旧内務省保険院社会保険局による大阪泉南地域の医学的調査がなされたのであるが，日本でアスベスト粉塵に対する規制が開始されるのは，実に1971年の「特定化学物質等障害予防規則」からであり，欧米に比して30〜40年対策が遅れたことになる。

　なぜこれほどまでに日本の対策が遅れたのであろうか。この理由を「粉塵対策のための工学的知見がなかった」として，国は一貫して当時の技術の未発達

の問題に帰着させる。規制のための技術的基盤が確立されるには、生産技術、工学(理論)はもちろん、メーカーの存在(国産化)、技術者の育成、ノウハウ(経験)の蓄積、性能要件の設定のための標準化・規格化、正確かつ高精度で繊維数のみを計測可能な粉塵測定技術と測定器の普及、測定技術者の育成までもが必要と主張するのである。

そこで本章の課題は、日本と同時期にアスベストの危険性を認識していたアメリカとドイツを取り上げ、1930年代後半のアスベスト紡織工場の粉塵対策技術(とりわけ測定技術と集塵技術)について検討し、その意義と限界を明らかにすることである。

2 アメリカにおける1930年代のアスベスト紡織工場調査

アメリカでは1918年のホフマン(Hoffman, F. L.)による最初の石綿肺(アスベスト紡織工場労働者13人の死亡)の報告から、1930年のミルズ(Mills, R. G.)による石綿肺の病理学的研究およびリンチ(Lynch, K. M.)&スミス(Smith, W. A.)によるアスベスト小体の発見など、1930年代中頃までには石綿肺の臨床的側面は十分に論じられていた。こうしたなか石綿肺と作業環境との疫学的関連と工学的対策を検討する4種類の公的調査が1930年代に相次いで実施された。

本節では、合衆国公衆衛生局によってなされた1935～37年の工学的調査を中心に、当時のアスベスト紡織工場における粉塵対策について考察する。

(1) ランザ報告

メトロポリタン生命保険会社のランザ(Lanza, A. J.)らはアスベスト関連企業の出資により、1929年10月～1931年1月にかけて大西洋沿岸のアスベスト紡織工場の調査を実施し、1935年に『公衆衛生報告書』として公表した。

労働者126人(男108人、女18人)の医学的検査の結果、石綿肺の罹患率(陽性)は全体の53%(67人)で就業期間15年以上の労働者に限っては87%にも達し、擬陽性は全体の31%(39人)であることが明らかとなった。また5工場・121サンプルの粉塵濃度測定の結果、織布工程の0.05MPPCF(百万個/立方フィート)から前処理工程の82MPPCFまで工場・工程により粉塵濃度に大きな

第4章 1930年代後半のアメリカ・ドイツにおけるアスベスト紡織工場の粉塵対策技術

開きがあることがわかる。[6]

　粉塵対策技術としては，局所排気装置の設置とともに混綿工程での油添加率4％のオイルスプレーと機械式コンベヤの使用，紡績工程での湿式化（湿度78％，華氏76度）および撚糸・織布工程での湿式化（湿度76％，華氏69度）などを紹介している。排気装置の使用により粉塵濃度は50〜75％減少するとしている。勧告内容としては，1〜2年ごとの従業員の胸部Ｘ線検査を含む健康診断の実施と結核や塵肺の兆候を示す労働者の新規雇用の禁止などを提言している。[7]

(2) フルトン報告

　ペンシルバニア州産業労働省は州内のアスベスト紡織工場を対象として医学的・工学的調査を実施した。その結果，4工場の労働者56人のうち石綿肺の陽性は14人であった。工程別の平均曝露濃度と石綿肺の関連としては，前処理・梳綿工の44.26MPPCFでは14人中8人が石綿肺に（陽性率57.1％），紡績・織布工の16.87MPPCFでは18人中4人が石綿肺に（同22.2％），撚糸・捲糸・整経工・他の4.64MPPCFでも24人中2人が石綿肺に（同8.3％），それぞれ罹患していることが明らかとなった。[8]

(3) ページ＆ブルームフィールド報告

　公衆衛生局は1935〜37年にアスベスト紡織工場を対象とした2種類の調査を実施し，それぞれ1937，38年に公刊した。ページ（Page, R. T.）＆ブルームフィールド（Bloomfield, J. J.）による工学的調査では，従業員300人（うち現場労働者は180人）規模の1工場・82サンプルの粉塵濃度と排気装置の効果を測定した。注目すべき点は，全体換気とともに当初から局所排気に重点が置かれており，粉塵対策においてはフードの最適な設計と配置が最も重要であり，かつ困難であることが正しく指摘されている。また必要流量の確保については，冬季には給気式が採用されていたことがわかる。[9]

(4) ドレッセン報告

　公衆衛生局はノースカロライナ州産業衛生局と合同で大規模な医学的・工学的調査を実施した。アスベスト紡織の4工場・242サンプルの作業環境の粉塵

濃度を測定した結果，労働者の職種別の曝露量（各作業の加重平均値）は最小は荷積工の0.86MPPCFから最大は混綿工の74.3MPPCFとなっており，混綿・梳綿・織布工程の粉塵濃度が特に高い。粉塵対策としては，混綿・梳綿工程では自動搬送装置とともに部分密閉または密閉された局所排気装置（サイクロン方式）が，織布工程では湿式による防塵技術が主に用いられていたことがわかる。

一方，3工場・541人（男423人，女118人）の医学的検査の結果，512人のうち石綿肺患者は74人であり，工程別では梳綿工の罹患率が29.2%で最も高い。平均粉塵濃度が5MPPCF未満でかつ10年以上曝露した労働者はわずかに5人（うち陽性は0人）であり，10年未満は103人（うち擬陽性は3人）であることから，「5MPPCF未満であれば恐らく新たな石綿肺は発生しないだろう」と結論づけた。しかしキャッスルマン（Castleman, B.I.）によれば，調査直前に労働者の実に4分の1以上（600人未満の従業員の中で石綿肺が疑われる150人）を解雇しており，そのため調査時点の白人男性労働者の平均年齢は32.1歳となっていた。

3　アメリカにおけるアスベスト粉塵測定技術とその評価

これら4種類の公的調査の粉塵濃度測定にはインピンジャー法が使用されており，25～50%のエチルアルコール水で捕集し，測微接眼レンズを用いた明視野法により個数を計数している。本節では，この測定法の意義と限界について検討する。

インピンジャー法は1922年にグリンバーグ（Greenburg, L.）＆スミス（Smith, G.W.）によって開発された。この測定法は直径0.75μm以上の石英状粒子の捕集に非常に効率的であるが，慣性衝突を測定原理としているため，小さな微粒子の捕集効率は高くない。また繊維数だけでなく全粒子数を顕微鏡で計数して個数濃度を算出するため，アスベスト繊維と綿繊維はもちろん，その他の粉塵粒子と区別して計測することはできない。

ところで繊維数のみを計測することが可能（直径0.1μm以上）になるのはメンブランフィルター法が採用されてからである。アスベスト粉塵測定用のメン

第4章　1930年代後半のアメリカ・ドイツにおけるアスベスト紡織工場の粉塵対策技術

ブランフィルター法は，イギリスで1957年にターナー＆ニューウォール社，ケープ・アスベスト社，ブリティッシュベルティング＆アスベスト社の3社により設立された石綿症調査委員会において開発され，1960年代中頃には測定法として標準化され，普及していたと考えられる[16]。

このことから当時のインピンジャー法などの測定技術では粉塵濃度規制（閾値の設定）を行うことはできず，それゆえ対策も不可能であったとする見解が存在する。確かにドレッセン報告の粉塵分析によれば，粒子状物質の大きさ（メジアン粒径）は撚糸工程の1.2μmから製織（テープ）工程の2.4μmまで，粒子状物質に占める繊維の割合（アスベスト繊維と綿繊維は区別されない）は粉砕工程の1％から織布工程の26％まで，繊維の長さは開綿工程の7μmから織布工程の16.3μmまで，アスベスト紡織工場に限ってみても各工程により粒子の大きさや繊維の割合・長さなどは大きく異なっているため[17]，他のアスベスト関連産業はもちろん，他の工程にも閾値を直接適用することはできないように思える。

しかし粉塵濃度規制は一般に，多様な有害物質を含む粉塵の汚染度の表示器として，ある粉塵の濃度がとられているのであり，インピンジャー法による測定の場合も全粒子の個数濃度が作業環境の有害度の指標としての意味を持つことは自明の前提とされているのである。その理由は第1に，本来問題とされなければならないのは作業環境におけるすべての有害粉塵の除去であり，アスベスト繊維のみが人体に有害であるわけでは決してないからである。被害が既に発生していたのであるから，当時の可能な測定技術を用いてまずは目に見える粉塵の除去をめざしたのは当然のことであり，また正しい方法でもあったのである。第2に，直接的にはこうした有害物質間の濃度には一般に正の相関関係が見られるからである。そもそもメンブランフィルター法においても石綿肺内のアスベスト繊維長は3〜4μmのものが多いにもかかわらず，長さ5μm以上の繊維のみを計数しており，この割合はアスベスト繊維全体の3.3〜12.7％を占めるにすぎない[18]。全粒子数とアスベスト繊維数との間にも明白な相関関係が存在するのであるから[19]，インピンジャー法で計測可能な範囲の全粒子数を減少させることが同時にアスベスト繊維数をも減少させることにつながるのは明らかである。

また一般的な減少という意味だけでなく閾値の設定という面においても，産業別・工程別の粉塵分析による全粒子数と繊維数との割合や相関関係にもとづいて，疫学的調査による粉塵と被害の量反応曲線（曝露限界）との関係で基準を予防的に設定すれば，インピンジャー法によってアスベスト粉塵の濃度規制を行うことは十分に可能であったと考えられる。実際にエアー（Ayer, H. E.）らは「作業環境管理の効果を評価するためのインピンジャーの使用により，石綿肺の発生率と重症度を著しく減少させることが可能になった」と評しているのである。そしてこうしたインピンジャー法の限界は当初から認識されていたことであり，こうした課題意識が後のメンブランフィルター法の開発につながっていったのである。

4　アメリカにおけるアスベスト粉塵対策技術とその有効性

本節では，ページ＆ブルームフィールド報告およびドレッセン報告をもとに，当時のアスベスト紡織工場における粉塵対策技術を工程別に取り上げ，その有効性について検討する。アスベスト紡織の基本的な製造工程は，①粉砕（原料石綿を取り出し砕く）→②開綿（繊維をほぐして不純物を取り除く）→③混綿（綿繊維と混ぜ合わせる）→④梳綿（梳いて繊維束にする）→⑤紡績（撚りをかけて単糸を紡ぐ）→⑥撚糸（複数の糸を撚り合わせる）→⑦捲糸（緯糸・経糸用に巻き返す）→⑧織布（クロスやテープ等を織る）→⑨検査（ブラシ掛けしてつやを出す）となっている。以下，それぞれの工程の粉塵対策技術の実態について具体的に見ていく。

（1）　工程別の粉塵対策技術

前処理工程は粉砕・開綿・混綿工程から構成されている。

①粉砕工程では全体換気のみであり，今回調査した工場では密閉装置も排気装置も使用されていないため，防塵マスクを着用している。なお，イギリスの同工程では工程分離と密閉がなされているという。

②開綿工程では密閉して上下に排気装置を設置している。原料は供給ホッパーを部分密閉してフードを連結し，機械式コンベヤで供給する。また貯蔵室へ

第4章　1930年代後半のアメリカ・ドイツにおけるアスベスト紡織工場の粉塵対策技術

の排出には空気コンベヤ（ダクトの直径は11インチ，気流速度は2730フィート／分）を使用している。

③混綿工程は(a)積み上げ工程と(b)ピッキング工程に分けられる。

(a)積み上げ工程では6つの貯蔵ブース（縦10フィート2インチ×横6フィート10インチ×高さ6フィート）にそれぞれ高さ32インチの角錐フードと排気装置を備えている。これらブースの排気装置への気流速度は平均30～50フィート／分となっている。

(b)ピッキング工程では密閉して排気装置を設置している。材料供給は機械式ベルトコンベヤまたはフォーク（熊手）を使用し，供給口にはフードと排気装置を設置している。カード貯蔵室への排出には空気コンベヤ（ダクトの直径は12インチ，気流速度は2550フィート／分）またはベルトコンベヤを使用している。その他，手動供給の際の防塵マスクの着用や材料へのオイルスプレー（あまり効果なし）がなされている（図4-1）。

④梳綿工程は(a)ブレーカー工程と(b)粗紡工程から成っている。

両工程とも部分密閉（フードを含む）または全体密閉をして排気装置を設置している。材料供給の際には供給ボックスにカバーをして排気装置を備え，防塵マスクを着用している。また両工程間の搬送には格子型コンベヤを使用している。なお，部分密閉型では粉塵は3分の1程度にしか減少しないとしている（図4-2）。

⑤紡績工程ではミュール精紡機とリング精紡機の2種類が使用されている。

両精紡機とも基本的には全体換気のみであり，ミュール精紡機については一部で排気装置が設置されており，工程分離もなされている。リング精紡機については今回の調査ではほとんど使用されていなかった。

⑥撚糸工程では粉塵対策が困難であり，試行的にフレーム底の密閉と中央排気ダクトに沿った5個の円錐フードおよび局所排気装置が設置されている。

⑦捲糸工程では200個の個別円錐フード（直径2～9インチ，深さ10インチ）と排気装置が設置されており，総流量は9270CFM（立方フィート／分）となっている。また工程分離も行われている（図4-3）。

⑧織布工程では湿式，部分加湿，乾式の3種類があり，湿式が望ましい。乾式の場合には狭幅で高速排気の上向きの移動式フードと下向きの固定フー

図 4-1　排気装置付きの混綿機（ピッカー）

（出所）　Page and Bloomfield [1937] p. 1718.

図 4-2　排気装置付きの梳綿機（全体密閉型）

（出所）　Page and Bloomfield [1937] p. 1720.

ドおよび局所排気装置が設置されている。しかし排気フードと排気装置の設計が困難である。

⑨検査・つや出し工程では部分密閉して2個の上部排気フード（幅0.5インチ）と1個の下部排気フードおよび局所排気装置を設置している（図 4-4）。

（2）　局所排気装置の有効性

　以上が工程別の粉塵対策技術の実際であるが，上記調査報告では同時に局所排気装置の有効性についても検証している。アスベスト紡織工場における工程

第4章 1930年代後半のアメリカ・ドイツにおけるアスベスト紡織工場の粉塵対策技術

図 4-3　排気装置付きの捲糸機

（出所）　Page and Bloomfield［1937］p.1724.

図 4-4　排気装置付きの検査台（光沢機）

（出所）　Page and Bloomfield［1937］p.1725.

別の粉塵濃度および排気装置の有効性は**表 4-1** の通りである。

　検証方法としては，各工程において局所排気装置の排気ファンの停止1時間後に粉塵濃度を測定し，排気装置なしの作業環境の粉塵濃度を推定している。ただし，工程により空気コンベヤは運転中のままであり，フードや密閉装置だけでも発塵（飛散）抑制の効果があるため，全くの粉塵対策なしの状態とは異なることに注意しなければならない。各フードの流量はピトー管による圧力差の測定で算出している。なお，粉砕工程には排気装置がないにもかかわらず測定値に違いが出るのは労働者の曝露量を測定しているため，その作業には混綿

第Ⅰ部 アスベスト紡織産業における粉塵対策

表 4-1 1930年代後半のアスベスト紡織工場における粉塵濃度と排気装置の有効性

工程		ダクト数	流量（CFM）[立方フィート／分]	粉塵濃度（MPPCF）[百万個/立方フィート]		排気装置の集塵効率（%）
				排気装置あり[A]	排気装置なし[B]	
前処理	粉砕	—	—	2.3	50.2	95.4
	開綿	2	625-1000	3.6	11.1-36.0	67.6-90.0
	混綿 積み上げ	1	1025	5.4	20.0	73.0
	混綿 ピッキング	3	2570	6.7	34.3-74.3	80.5-91.0
梳綿	ブレーカー	3	1420	2.0	72.3	97.2
	粗紡	4	1440			
紡績	ミュール	—	—	2.0	15.5	87.1
	リング	—	—	—	3.2-8.3	—
撚糸		1	1700	6.3	18.0	65.0
捲糸		1	46.5	2.9	13.1	77.9
織布	乾式	2	1300	0.7	4.7-49.7	85.1-98.6
	湿式	—	—	—	2.6	—
検査（つや出し）		3	1650	0.5	11.1	95.5

（注） 1：集塵効率＝(B−A)/B で算出。ただし排気装置なしの粉塵濃度は各排気ファンの停止1時間後の測定値。
　　　2：粉砕・紡績工程については粉砕・紡績工の職種別の1日の各作業の加重平均曝露濃度。
　　　3：撚糸工程は排気装置付きの機械が10台中1台のため概算値。捲糸工程の流量はフード1個あたりの平均値。
（出所）　Page and Bloomfield [1937] pp.1724-1726, Dreessen, et al. [1938] pp.31-43 より筆者作成。

工程の積み上げや貯蔵室での作業なども含んでおり，かつ他の前処理工程と同室での作業のためでもあると考えられる。また撚糸工程では同室の10台のうち排気装置を備えているのは1台のみのため評価不能としている。[23]

検証の結果，排気装置の集塵効率は開綿工程の67.6％から織布工程の98.6％までいずれの工程においてもその高い有効性を確認することができる。とりわけ粉塵濃度の高い開綿・混綿・梳綿・織布工程において大幅に減少しており，その効果の高いことがわかる。一方で，排気装置ありでも5 MPPCF未満にならない混綿工程やフードの設計が困難である紡績・撚糸・織布工程などの課題も指摘されている。

ところで局所排気装置とはフード，ダクト，集塵装置，ファン，モーター等

から構成される排気装置のことであり，その概念や基本的原理は遅くとも1930年代初頭には確立し，実用化されていた。公衆衛生局では1935年に作業環境の粉塵濃度や個人曝露量の測定法，粉塵対策の基本的な考え方，フードの設計（フード開口部の速度等高線や軸流速度曲線の計算等）やダクトの配置（ダクトの必要流量・直径・損失の計算等），集塵装置の種類・性能とメンテナンス方法，流速・流量の測定法，防塵マスクの種類と性能などについての理論と実例を具体的に記した技術書を出版している。そしてページ＆ブルームフィールド報告によれば，当時のアスベスト紡織工場の集塵装置としては重力沈降室，バグハウス（濾過式集塵機），サイクロン（遠心力集塵機）などが使用されており，バグハウスのフィルターには黄麻布が使用され，その粉塵の払い落としは手動式であったことが述べられている。

5 アメリカ公衆衛生局の1938年の「勧告」とその評価

ドレッセン（Dreessen, W. C.）らは以上の調査結果から「アスベスト産業における粉塵の危険を大きく減少させることが可能であることは明らかであり，必要な粉塵対策手段は発達しており，現に使用されていることは明白である」と結論づけている。公衆衛生局の1938年の勧告内容の概要は以下の通りである。

(1) 粉塵は労働者の呼吸域や作業環境全体を汚染しないよう適切に設計・操作された局所排気フードを用いて発生源で対策がなされるべきである。粉塵濃度を5 MPPCF未満に減少可能な集塵装置はアスベスト紡織工場の全工程において発達している。
(2) 多量の粉塵が発生する混綿工程の貯蔵室には排気装置が設置されるべきである。貯蔵室で作業する労働者は認証済みの呼吸保護具（防塵マスク）を着用しなければならない。混綿機の運転中は貯蔵室での搬送作業を禁止する。
(3) 集塵装置により除塵された排気は新鮮な空気と入れ換えるべきである。排気を再循環させる場合には外気と同等の粉塵濃度に維持される必要がある。

(4) 作業環境の粉塵濃度の定期測定は粉塵対策が常に適切かどうかを判断するために必要である。これには粉塵濃度をそれぞれの工程で決められることが不可欠であり，同様に流量測定も重要である。これらの測定作業は訓練を受けた測定者によりなされるべきである。

以上のように1930年代後半のアメリカのアスベスト粉塵対策の内容は，局所排気に重点を置きながらも全体換気，部分密閉，全体密閉，自動搬送装置，工程分離，湿式（防塵技術），防塵マスクなど，当時存在した技術を組み合わせた総合的な粉塵対策となっており，同時にその実効性を保証するため，訓練された測定者による作業環境の粉塵濃度や流量の定期測定に力を入れていたことがわかる。当時の対策の意義もこれらの点にあったと考えられる。

一方で，排気装置を設置していても大部分の工程で粉塵濃度を 2 MPPCF 未満にはできなかったこともわかる。この点についてキャッスルマンは「（最大流量である）2570CFM のファンでもわずか約 2 馬力の定格出力しかない。資本と操業コストは上がるがより高出力の排気ファンの使用が技術的に実行可能であったことは明白である」[27]と評しており，当時の自主的な規制の限界であったことを示唆している。

公衆衛生局は1938年のドレッセン報告のなかでアスベスト粉塵の暫定閾値「5 MPPCF」を勧告値として世界でいち早く設定した。しかし調査直前の労働者の大量解雇など本調査の内容自体が信頼性に欠けるとともに，前述のフルトン報告の内容（5 MPPCF 未満でも約 8 ％が罹患）とは明らかに矛盾しており，またランザ報告でも陽性者の大部分は 5 MPPCF 未満であったとされており[28]，当時の科学の水準から見ても不十分で緩い基準に設定されたことがわかる。この不十分な暫定閾値はその後も繰り返し批判がなされていたにもかかわらず，かつ紡織業以外に直接適用することはできないにもかかわらず，そのまま 9 州（カリフォルニア，オハイオ，オレゴン，コロラド，ミシガン，ノースカロライナ，オクラホマ，イリノイ，ペンシルバニア）の作業環境におけるアスベスト粉塵の勧告値として，さらに1946年のアメリカ産業衛生専門家会議（ACGIH）の勧告値として引き継がれ，その後1968年まで見直されずに継続していくことになる。なお，1947年のヘメオン（Hemeon, W. C. L.）の調査によるアスベスト紡織10工

場のうち 8 工場において，また1952〜54年の最大手のジョンズ・マンビル社工場の監視データにおいても日常的に 5 MPPCF を超えていたとされ，1950年代当時にこの不十分な暫定勧告値でさえも守られていなかった可能性がある。

6　ドイツにおけるアスベスト肺がんの医学的知見と職業病法

　1930年代のドイツにおけるアスベスト粉塵対策はナチス・ドイツ（1933〜45年）の労働者保護政策およびがん撲滅運動の一環として押し進められた。本節以降では，当時のドイツにおけるアスベストに起因する肺がんの医学的知見と職業病法の改正およびアスベスト粉塵対策に関する工学的知見を紹介した上で，1940年の「ガイドライン」によるアスベスト粉塵規制の内容について考察する。

　ドイツでは1914年にハンブルクで最初の石綿肺（35歳のアスベスト労働者の死亡例）が報告され，1931年には石綿肺に関する 9 本の医学論文が発表され，そのなかにはドレスデンとベルリンのアスベスト工場で10年以上曝露したすべての労働者が石綿肺に罹患したとの報告もあるなど，この頃には石綿肺の危険性は十分に認識されていたと考えられる。そのため1936年の「第三次職業病法」の改正により，石綿肺が職業病として認定されることになった。

　こうしたなかアスベスト肺がんについては1935年にアメリカでリンチ＆スミスにより最初の石綿肺と関連した肺がんの症例が報告されていたが，1938年にハノーファー大学のノルトマン（Nordmann, M.）は12人の石綿肺患者のうち 2 件（35歳女性と55歳男性のアスベスト繊維労働者）の肺がんの症例を報告し，全体の約17％を占めていると発表した。このことからノルトマンは「たとえ私が唯一の観察者であったとしても因果関係はここに存在しているに違いない。われわれは実際にアスベスト労働者を侵す職業がんに直面している」とその因果関係を結論づけた。また1939年に刊行されたヴェドラー（Wedler, H. W.）著の医学の教科書には「肺内のアスベストが肺がんを引き起こすことは少しの疑いもない」と世界で最初に記載された。そして1941年にノルトマン＆ゾルゲ（Sorge, A.）はアスベストが肺がんの原因になることをマウスの動物実験により証明した。粉塵箱の中でクリソタイル粉塵を吸入させた結果，生存したマウスのうち20％に肺がんが，42〜57％に前がん性腫瘍が確認された。さらに1943

年にはヴェドラーが肺がんと胸膜腫瘍との関係を証明し,アスベストが悪性中皮腫の原因になることを結論づけた。[36]

これら一連の医学的知見を踏まえ,1943年の「第四次職業病法」の改正により,アスベスト肺がん(肺がんを併発した石綿肺)を世界に先駆けて職業病として認定し,補償を行うことになった。[37]このことは1955年のイギリスのドール(Doll, R.)によるアスベスト肺がんの疫学的研究を契機として,1964年のニューヨーク科学アカデミー主催のアスベストの生物学的影響に関する国際会議においてようやく肺がんとの因果関係の合意を得るにいたったアメリカと比べると,ドイツはその立証で約20年先んじていたことになる。[38]

7 ドイツにおけるアスベスト粉塵対策に関する工学的知見

ドイツでは1937〜39年にかけて主にプロカート(Prockat, F.)とヴィンデル(Windel, T.)によりアスベスト粉塵対策に関する工学的研究がなされた。具体的な粉塵対策技術についてはその大部分が1940年公表の「ガイドライン」に結実しているため,ここではそれと重複しない範囲でそれぞれの報告の内容について紹介する。

(1) アスベスト粉塵対策運動

ドイツのアスベスト粉塵対策は他国と同様,石綿肺の職業病対策として着手された。1936年に粉塵対策研究の専門機関誌 *Staub*(『粉塵』)が創刊されるとともに,アスベスト粉塵対策運動が開始された。具体的には,①粉砕機の完全密閉,②織機への排気装置の設置,③梳綿機への排気装置の設置,④排気装置の改良,⑤可能な限りの工程分離の徹底,⑥粉塵を巻き上げるベルトなどの伝導装置から独立の原動機(工場ごとではなく機械ごとに原動機を備える)への交換などの粉塵対策が強化された。[39]

1937年に帝国労働省はドイツ労災保険組合と合同で「石綿症対策小委員会」を発足させた。職業病研究所長のバーダー(Baader, E. W.)を委員長として鉱物学,粉塵対策技術学,安全工学,臨床医学,病理学,生理学の各専門家から構成された委員会で,石綿肺の発症メカニズムや工学的な予防対策について研

究を行った。製造現場の視察の結果，アスベストの粉砕・切断・梳綿工程が最も粉塵濃度の高いことが確認された他，排気装置の推奨や労働者へのX線検診などの活動を行ったとされる。[40]

(2) プロカート報告

1937年にドイツ技術者協会のプロカートはアスベストセメント，アスベストペースト，アスベスト紡織業に関する詳細な粉塵対策技術の報告書を発表した。密閉と排気装置の設置によりすべての工程においてアスベスト粉塵の危険を除去することが可能であることを示している。アスベストセメントの前処理工程についても取り扱っており，最も多量の危険な粉塵が発生する工程は粉砕・混合工程であるとしている。問題点として，防塵マスクが供給されている作業場においても労働者たちはほとんどマスクを着用していないと指摘するなど，当時の労働者の危険意識の欠如が見てとれる。またアスベスト粉塵が充満した作業場での必要な換気量は1時間につき15回（室容積換算）にすべきことや，健康診断により石綿肺のわずかな兆候でも示す労働者は恒久的に作業から外すべきことなどを勧告している。[41]

(3) ヴィンデル報告

1938年に北ドイツ繊維労災保険組合の技術監督官であるヴィンデルはアスベスト粉塵の工学的対策についての問題点を指摘した小論を発表した。その勧告内容は，①集塵装置の設置，②最も粉塵の多い作業での防塵マスクの使用，③人手による運搬作業から自動搬送装置（機械式コンベヤ）への転換，④粉塵の飛散を防止するために独立した原動機への移行，⑤粉塵が堆積しないよう（角材・構造物・ケーブルの撤去・改善など）すべての出っ張りや突起物を除去した作業場での生産，⑥新設・改装の際には粉塵の清掃が容易になるよう滑らかな内壁・表面による工場の建設などとなっている。[42]

(4) プロカート＆ヴィンデル報告

1939年にはプロカート＆ヴィンデルにより粉塵対策技術に関する詳細な研究報告書が発表された。その対象はアスベスト鉱山からアスベストセメント，ア

スベスト紡織工場，ブレーキバンド，押出成形ボード，絶縁材，マットレス製造などのすべての機械的・手工業的なアスベスト加工業にまで及んでおり，調査の結果，「排気装置により今日ではほとんどすべての工程において粉塵を除去することが可能であると認識するにいたった[43]」と述べて，1940年の「ガイドライン」に直接つながる19項目にわたる詳細な粉塵対策（とりわけ集塵装置を含む局所排気装置の重要性）について勧告している。当時主流であった2種類の集塵装置の性能を見てみると，サイクロンで60〜70％，フィルターでは95〜98％の集塵率であったことがわかる。それゆえサイクロンからの排気は多量の粉塵を含み，かつ最も微小で危険な形状の粒子であるため，排気の再給気は決してなされるべきではなく，一方で，フィルターからの排気の再給気も望ましくはないが，最大出力を大幅に下回る負荷でかつ繊維フィルターに欠陥のない場合にのみ許されるとしている。なお，集塵装置の有効性の測定には吸着式粉塵計であるコニメーターが使用されていたと考えられる[44]。また局所排気装置を有効に機能させるためには流量測定が不可欠であるが，その圧力差はU字管マノメーターにより主管の上面において直径15〜20mmの孔を通して測定することや導管には固定マノメーターを常設すべきことなどが指摘されている。そして集塵装置のランニングコストについては，梳綿工程を例にとると，集塵のために必要な排気量は梳綿機1台あたり12000m³/時であるため，梳綿機2台を動かすのに必要な電力が7kWに対して，それらの集塵に必要な電力は36kWにもなり，かつ必要なフィルター面積はプレフィルターが33m²，本フィルターが200m²になるという。さらに集塵装置の設置コストは梳綿機8台用でモーターや集塵機を収納する建屋の建設も含めて10万RM（ライヒスマルク）程度であるという[45]。

8　ドイツの1940年の「ガイドライン」

以上のような医学的および工学的知見を背景として，帝国労働省は1940年に「アスベスト加工企業における粉塵の危険の撲滅のためのガイドライン」（全20条）を発表した[46]。以下にその概要を示す。

第4章 1930年代後半のアメリカ・ドイツにおけるアスベスト紡織工場の粉塵対策技術

アスベスト加工企業における粉塵の危険の撲滅のためのガイドライン

1940年8月1日より有効

適用範囲

第1条 本ガイドラインはアスベスト粉塵の危険にさらされた被保険者のいる企業・仕事・設備に適用される。

A 一般的対策

第2条 (1) 多量の粉塵を発生するすべての工程において効果的な集塵機を設置しなければならない。集塵排気は新鮮な空気と（寒い季節には必要なら暖めた上で）入れ換えなければならない。排気を再び作業部屋に戻してはいけない。

(2) 個々の機械の主配管には圧力差の測定装置を設置し，常時測定が可能でなければならない。さらに配管を容易に清掃できるように調整しなければならない。

(3) 粉塵の巻き上げを防止するために機械には可能な限り独立の原動機を備えなければならない。ベルト車，歯車，その他の動力部品は可能な限り密閉しなければならない。

(4) 排気は適切な集塵機により，粉塵に悩まされたり，健康上の被害を受ける人がいないように集塵して屋外へ排出しなければならない。

第3条 多量の粉塵が発生する場所では新設と改装の際に洗浄可能な内壁と隙間のない床面にしなければならない。壁の張り出しや直線的な窓台のような粉塵が堆積し得る構造物は可能な限り避けなければならない。作業場は就業時間外に掃除人の保護に注意しながら短い間隔で清掃しなければならない。

第4条 アスベストの運搬の際は空気コンベヤや他の密閉された搬送装置により粉塵曝露を避けなければならない。人手による運搬が避けられない場合には最短経路を密閉されたコンテナで運ばなければならない。

第5条 すぐに加工しない粉塵まみれの粗アスベストは特別に密閉された隔離部屋で貯蔵しなければならない。

第6条 粉塵の発生する作業（混綿，マットレス製造，集塵室・貯蔵庫からの搬出，袋詰め，機械・排気装置・貯蔵庫の修理・清掃作業など）においては適切な呼吸保護具（送気マスク，コロイドフィルターマスクなど）を使用しなければならない。使用後は呼吸保護具を特別な部屋または密閉されたコンテナに保

管しなければならない。

B　機械とその他の設備に関する個別的対策

第7条　アスベストセメント工場のエッジランナー（粉砕機）は密閉して排気しなければならない。

第8条　ライサー（引裂機）は密閉して排気装置を設置しなければならない。供給と排出部分は別々に集塵装置と接続しなければならない。

第9条　梳綿機と開綿機の排出部分は密閉して排気しなければならない。開綿したアスベストは隣接した集塵機を備えた部屋にある搬送容器に直接移さなければならない。

第10条　(1)　梳綿機は粉塵の発生部分にそれぞれ独立のフードを設置しなければならない。原料供給は密閉して供給バルブと集塵装置を備えなければならない。コンベヤ台はカバーをして計量器側に排気しなければならない。梳綿機のシリンダー・カバーは密接に接続し、可能な限り上部ドッファーコームにフードを連結しなければならない。両方のドッファーコームはドッファー側に集塵機を備えなければならない。プレカードとドッファーの下にある繊維屑側にも排気装置を設置しなければならない。それぞれの排気装置に欠陥がある場合には梳綿機を完全に密閉して排気しなければならない。密閉室内では十分な低圧に保たなければならない。

(2)　梳綿シリンダーの清掃は密閉された強力な排気装置の下で行わなければならない。

第11条　精紡機と撚糸機は可能な限り集塵機を設置しなければならない。

第12条　ふるい分け装置は密閉して排気しなければならない。

第13条　打綿機の供給部分は粉塵のない状態に維持しなければならない。

第14条　織機は集塵機を設置しなければならない。排気フードは杼道と胸木の下にあるべきである。

第15条　遠心ミルは合理的な換気装置と空気コンベヤの他、供給部分の上に排気装置を設置しなければならない。

第16条　アスベストセメントの乾式成型の仕上げ加工（裁断・研磨・旋盤・やすり掛けなど）は強力な集塵機の下でのみ許される。

第17条　全種類のアスベストマットレスの詰め込み作業において労働者は全就業時間

中に適切な呼吸保護具（送気マスク，コロイドフィルターマスクなど）を着用しなければならない。

C　集塵装置の有効性の検査

第18条　作業環境の粉塵濃度の測定および集塵装置の信頼性の確認は特別な測定器具と検査方法を必要とする。すべての重要な設備変更や新技術の導入前には技術的対策の有効性を証明するため，企業は労災保険組合と連絡を取らなければならない。場合により帝国労災保険組合連合の粉塵撲滅委員会を通して無料でコンサルタントを受けることが可能である。

D　年少者の雇用

第19条　18歳未満の年少者が粉塵の危険な作業に従事することは災害防止規定の「一般的規則」第1章第18条(1)の趣旨から判断して不適切である。

E　被保険者の行動

第20条　(1)　粉塵の危険のある作業部屋において食事および休憩時間中の滞在を禁止する。

(2)　脱衣した普段着は作業部屋に保管してはいけない。作業着に付着した粉塵は定期的に清掃しなければならない。

9　ドイツの「ガイドライン」による粉塵規制の評価

以上のように1930年代後半のドイツのアスベスト粉塵対策の内容は，密閉（部分・全体・完全），局所排気装置（集塵装置を含む），ベルトコンベヤ（図4-5）や空気コンベヤ（図4-6）などの自動搬送装置，工程分離，防塵マスク，作業場の清掃，工場のレイアウトの改善，作業環境の粉塵濃度や流量の定期測定，労働者への安全指導など，当時の知見や可能な技術を組み合わせた総合的な粉塵対策となっており，基本的にはイギリス・アメリカと同様であったと考えられる。

「ガイドライン」による粉塵規制の注目すべき点は，①アスベスト紡織だけでなく，アスベスト加工業全体を規制対象としていること，②工場外部の住民の健康被害（非職業性曝露）を考慮に入れ，単に排気の再給気を禁止しただけでなく，適切な集塵装置の設置を義務づけていること，③総合的対策とともに，同じ工程でも部分密閉，全体密閉（図4-7，図4-8），それらが困難であれば完

第Ⅰ部　アスベスト紡織産業における粉塵対策

図4-5　梳綿機のコンベヤ台の排気装置

(出所)　Prockat［1937］S. 146.

全密閉（図4-9，図4-10，図4-11）といった段階的な対策を提示していること，④粉塵が堆積せずかつ清掃が容易な作業場のレイアウトや構造の工夫など，工場の設計段階での対策にも重点を置いていること，⑤18歳以下の未成年者の雇用の禁止とともに，作業場での食事・休憩の禁止や作業着の管理など，技術面だけでなく労働者の行動面への規制も行っていることなどである。

　一方で，粉塵濃度規制や閾値の設定などは見られない。これはドイツ科学の臨床・病理学重視の傾向とともに，当時肺がんの危険性が明らかにされたことで早急な対応を迫られ，予防的な対策を先行させた結果とも考えられる。また粉塵対策として湿式の記述は見当たらない。これは当時のドイツの原料の不均一と粗悪さのためであったとされる(47)。

　本ガイドラインの法的位置づけは第二帝政期の1911年に成立した「ライヒ保険法」（疾病保険，労災保険，障害・遺族保険の3保険部門を集成した社会保険法）において与えられている。同法の関係部分は次の通りである。

第4章　1930年代後半のアメリカ・ドイツにおけるアスベスト紡織工場の粉塵対策技術

図4-6　梳綿機の地下の繊維屑回収用ホッパーと空気コンベヤ

（出所）　Prockat and Windel［1939］S. 276.

図4-7　排気装置付きの梳綿機の縦断図

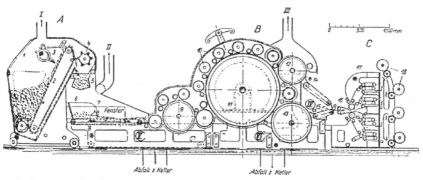

（出所）　Prockat［1937］S. 145.

ライヒ保険法

1911年7月19日

第3編　災害保険

第9章　災害防止，監督

第1節　災害防止規定

第848条　労災保険組合は下記各項に関して必要な規定を設ける義務を有する。

1．組合員の業務における災害を防止するために必要な設備および措置

2．業務上の災害を防止するために被保険者の遵守すべき行動

　　　個々の地域，業種および作業に対してもまた災害防止に関する規定を設けることができる。

図4-8 排気装置付きの梳綿機

（出所） Prockat [1937] S. 149.

図4-9 完全密閉された開綿機（開扉）

（出所） Prockat and Windel [1939] S. 272.

第4章 1930年代後半のアメリカ・ドイツにおけるアスベスト紡織工場の粉塵対策技術

図 4-10 完全密閉された梳綿機（開扉）

（出所）Prockat and Windel [1939] S. 274.

図 4-11 完全密閉された梳綿機（閉扉）

（出所）Prockat and Windel [1939] S. 274.

第851条 組合員の災害防止に関する規定の違反に対しては1000マルク以下の罰金刑に，被保険者の場合には6マルク以下の罰金刑に処する。

第864条 災害防止に関する規定はドイツ保険院の許可を受けることを要する。同院議決部はこれを決裁する。

第Ⅰ部　アスベスト紡織産業における粉塵対策

　本ガイドラインはライヒ保険法にもとづく災害防止規定（法的規制）であり，命令・指令にあたり，罰則（1930年改正ライヒ保険法では1万マルク以下の罰金刑）を伴う強制力を有していた。
　なお，当時の粉塵対策の実態について戦後の米軍戦闘地域技術情報局（FIAT）の報告によれば，ドイツのアスベスト紡織16工場の調査の結果，「すべての工場はサイクロンまたはクロス・ストッキング型集塵機を設置している。湿式システムは見られない。（集塵）装置はよく設計され，合理的で効果的であるように見えるが特に目新しいものではない。粉塵対策のためのオイルスプレーや加工剤は使用されていない」と報告されている。

10　1930年代後半のアスベスト粉塵対策の意義と限界

　以上の考察から，アスベスト紡織工場の基本的な粉塵対策は遅くとも1930年代後半（アメリカでは1930年代中頃）には技術的に有効であり，かつ一部の工場では実用化されていたことが確認できた。そして当時の医学的および工学的知見をもとにして，アメリカでは1938年に「勧告値」として暫定閾値の設定が，ドイツでは1940年に「ガイドライン」による公的規制がなされた。
　アメリカの暫定閾値の設定は法的拘束力を持たず，かつ当時の科学・技術の水準から見ても不十分な内容であったが，暫定値とはいえ世界でいち早く閾値を設定し，局所排気装置の設置などの具体的な粉塵対策を示し，その効果を測定していたことは評価し得るものである。一方で，当初から企業の直接の隠蔽工作とともに，企業資金に支えられた医学研究の非科学性，産業医の非中立性などの問題が指摘されている。またドイツのガイドラインによる公的規制は当時の最先端の研究によるアスベスト肺がんの医学的知見を踏まえ，閾値の設定よりも予防的対策を先行させた内容となっており，その規制範囲もアスベスト加工業全体を対象として包括的で具体的な粉塵対策を指示し，世界に先駆けてアスベストに起因する肺がんを職業病として認定・補償を行ったことは一定評価し得るものである。一方で，当時は戦時体制下であり，その対象はあくまでもドイツ人労働者のみで，かつ実際の労災補償には必ずしも積極的でなかったことが指摘されている。

第4章　1930年代後半のアメリカ・ドイツにおけるアスベスト紡織工場の粉塵対策技術

　1930年代後半のアメリカ・ドイツにおけるアスベスト粉塵対策の意義は，石綿肺の被害を防止するために，当時の可能な技術を組み合わせた総合的な粉塵対策の有効性およびその課題を提示し，かつ不十分ながらも公的規制に着手したことである。ここで確立された局所排気装置の基本構造・機能原理は現在でも変わるところはなく，そこでの具体的課題が後の測定技術や集塵技術の発展につながっていったと考えられる。

　本章で見てきたように，アスベスト粉塵対策に関する基本的な測定技術や集塵技術は当時既に存在していたのであり，医学的知見や工学的知見について世界的に大きな隔たりがあったわけではない。労働災害や公害問題に対する対策の遅れは決して技術そのものに起因する問題ではなく，この問題に対する国家の姿勢に大きく左右され，それらが対策の内容を規定し，逆にこうした社会的規制こそが粉塵対策技術の発達を促したことを示している。たとえ技術的に困難であったとしても，利潤を生まない粉塵対策技術が規制なしに発展しないのは自明のことであり，国の主張のように十分な性能を持った技術があまねく普及するまで規制できないとすれば，そのときにはもはや規制の必要性すらなく，労働者保護行政の役割を放棄したものと言わざるを得ない。

注
(1) 「現実は，公害問題としてとりあげられた後に，ようやく労働災害の実態が少しずつ世間に知られ，驚きをよんでいるのである」（加藤［1975b］）。
(2) 内務省保険院社会保険局［1940］2頁，Merewether and Price［1930］，Castleman［2005］p. 15，Cremers［2013］p. 10.
(3) そもそも「最高技術の設備をもってしてもなお人の生命，身体に危害が及ぶおそれがあるような場合には，企業の操業短縮はもちろん操業停止までが要請されることもある……住民の最も基本的な権利ともいうべき生命，健康を犠牲にしてまで企業の利益を保護しなければならない理由はない」（新潟地方裁判所［1971］161頁）。
(4) Dreessen, et al.［1938］pp. 1-2.
(5) 連邦政府の承認を得たため准公的な調査として位置づけられる。ランザ報告に対する企業側の圧力については上野［2006］249-250頁，Castleman［2005］pp. 147-151を参照されたい。
(6) Lanza, et al.［1935］pp. 4, 6-7.
(7) Lanza, et al.［1935］pp. 5-6, 11.
(8) Castleman［2005］pp. 233-234.

(9) Castleman [2005] p. 235, Page and Bloomfield [1937] pp. 1720-1726, Dreessen, et al. [1938] p. 33.
(10) Dreessen, et al. [1938] p. 42.
(11) Dreessen, et al. [1938] pp. 47, 90-94, 117.
(12) Castleman [2005] p. 236, Dreessen, et al. [1938] p. 47.
(13) Page and Bloomfield [1937] pp. 1714-1715.
(14) Walton [1982] p. 189.
(15) Ayer, et al. [1965] p. 275.
(16) この開発過程でターナーブラザーズアスベスト社は1961年に同法を試行している（Tweedale [2000] pp. 121-122, Ayer, et al. [1965] p. 274）。
(17) Dreessen, et al. [1938] pp. 23-24.
(18) なお，メンブランフィルター法においても長さ $5\,\mu$m 以上の繊維がすべてアスベスト繊維であるという保証はない（木村 [1976] 6, 25頁）。
(19) 例えばアスベスト紡織工場においては 1 MPPCF≒5.9本/cm^3（$5\,\mu$m 以上）となっている（Ayer, et al. [1965] p. 286）。
(20) Ayer, et al. [1965] p. 274.
(21) 大気中の浮遊粒子測定用のメンブランフィルター法はもともとアメリカのカリフォルニア工科大学で1950年代初頭に開発されたものである（Goetz [1953] pp. 150-151）。
(22) Page and Bloomfield [1937] pp. 1715-1726, Dreessen, et al. [1938] pp. 31-43.
(23) Page and Bloomfield [1937] pp. 1714-1720, Dreessen, et al. [1938] pp. 25-42.
(24) 「粉塵対策の主な方法としては，①粉塵を発生しない製造法または無害な物質への代替，②粉塵発生工程の隔離，③湿式（防塵技術），④局所排気装置があり，これらすべての方法が使用されており，多くの事例において顕著な成功を収めている」（Bloomfield and Dallavalle [1935] pp. 73-74）。
(25) Page and Bloomfield [1937] p. 1719.
(26) Dreessen, et al. [1938] pp. 43-44.
(27) Castleman [2005] p. 239.
(28) Castleman [2005] p. 235.
(29) Castleman [2005] pp. 253, 294-297.
(30) Castleman [2005] pp. 4, 21.
(31) Reichsarbeitsministerium [1936].
(32) Nordmann [1938] S. 295-296.
(33) Nordmann [1938] S. 302.
(34) Proctor [1999] p. 111.
(35) Nordmann and Sorge [1941] S. 182.
(36) Wedler [1943] S. 209.
(37) Reichsarbeitsministerium [1943].

(38) Enterline [1991] pp. 692-693.
(39) Böhme [1942] S. 433.
(40) Proctor [1999] p. 109.
(41) Prockat [1937] S. 138, 144, 160-162.
(42) Windel [1938] S. 309-310.
(43) Prockat and Windel [1939] S. 265.
(44) Prockat [1937] S. 159, Prockat and Windel [1939] S. 271.
(45) Prockat and Windel [1939] S. 266-267, 274.
(46) Reichsarbeitsministerium [1940].
(47) Cryor [1945] p. 2.
(48) ガイドライン（Richtlinie）とは「特定の具体的なケースや状況，仕事などにおける人の行動に関して上級機関（官庁）から出される命令」(Deutsches Universalwörterbuch DUDEN) のことである。
(49) 戦後の1963年改正ライヒ保険法においてはガイドラインは準則としての位置づけであるが，「近年では，災害予防規則自体が一般条項的に設定される傾向が強まっており，その結果これら補完準則（ガイドライン：引用者注）のもつ意義が相対的に高まってきている。……当事者がこの準則を知り，あるいは知るべきであった場合，これを遵守しないことは民刑事手続上過失と評価されることがある。また，十分な災害保護の実施のために準則の遵守が必要とみなされるようなケースにおいては，事業主がこれを拒んだ場合，災害保険組合からそれを遵守するよう個別的指図がなされ，……この指図は秩序罰の裏付けを伴う」(三柴［2000］230-231頁）ことから，準則としてのガイドラインも強制力を有するものである。
(50) Cryor [1945] p. 6.
(51) 上野［2006］250-261頁。
(52) Proctor [1999] pp. 78-83.

第Ⅱ部

建設アスベスト問題における課題と論点

第5章
建築産業の生産システムとアスベスト問題

澤田鉄平

1 建築産業のアスベスト問題

　第Ⅰ部では，アスベスト産業におけるアスベスト被害，大阪府泉南地域や他国のアスベスト紡織業とそこで生じた被害を主な分析対象にした。ただし，アスベスト産業の生産品目は最終製品を生産するための材料・部品であり，被害の広がりはアスベスト材料・部品を用いて最終製品を生産する諸産業の労働現場において生じている。なかでも建築産業のアスベスト問題は被害者の多さ・広域性で特徴づけられ，アスベスト問題の特徴の1つが端的に現れている。そこで第Ⅱ部では建築産業におけるアスベスト問題を取り扱う。

　建築産業では他の生産活動を行う諸産業にはあまり見られない労働力需給システムが存在している。そして，このシステムの存在が建築産業のアスベスト問題，特に被害と加害の関係を見えづらいものにしている。そこで本章では，建築産業の労働力需給システムの一般的特徴を捉え，現場労働者のアスベスト被害が甚大なものとなった背景を考察したい。

　現場労働者におけるアスベスト被害の拡大は，作業時のアスベスト粉塵対策の脆弱性および建築物へのアスベスト大量消費が要因である。被害の事前防止の観点から見れば，アスベスト粉塵対策が適切に行われていなかったことが問題になる。この点，多くの民事訴訟に見られるように，アスベスト産業ではメーカーが粉塵対策の主体になるべきであり，被害と加害の関係は見えやすいが，建築産業の場合には，生産システムおよび現場労働者の就労方法が複雑・多様であり，被害との関係で見た加害＝責任の所在は見えづらい。本章は建築産業の生産システムおよび就労形態を分析し，同産業におけるアスベスト被害の特徴を明らかにする。

第Ⅱ部　建設アスベスト問題における課題と論点

　本章の分析時期だが，アスベスト被害はアスベストの曝露から疾病の発症までの潜伏期間の長さを考慮しなければならない。今日のアスベストに起因する被害の多くは1970年代に原因が形成されたと推察される。それは，肺がんは20～40年，中皮腫は30～50年，アスベスト曝露から発症までの潜伏期間が存在するためである。そこで，本章は1970年代の建築生産システムを検討対象にする。ただし，その検討対象も地域差や同時期の建築産業が有する特殊事情が存在しているため，これらの特殊性を除いた一般的な要素から導き出せる特徴を抽出する。

2　建築労働者に広がるアスベスト被害

（1）　建築労働者アスベスト被害の全産業中での位置づけ

　まずは建築産業のアスベスト被害実態の深刻さを見ていこう。ここでは厚生労働省［2013］に示されたデータを用いてアスベスト労災の状況を確認する。当該データは労災保険や「石綿による健康被害の救済に関する法律」（以下，アスベスト新法という）による救済の認定を受けた者のみの値になっている点で限界があるものの，当該データに登録される全産業のアスベスト労災認定者数は2012年までの1万659人に上る国内最大のデータである点，およびデータに記載の労働実態から丁寧に産業分類を行えば産業ごとの特徴を浮き彫りにできる点で貴重な情報である。なお，本章では，本データを労働別に集約し，Microsoft Excelのピボットテーブルにて集計を行っている。

　そこで，**表5-1**を用いて作業別に見たアスベスト労災の現状を確認する。表5-1には，作業別に見たアスベスト労災の認定者数を集約して示してある。なお，本章では，紙幅の関係から労災のうち中皮腫および肺がんの者のみを抜き出して集計しているため，表5-1中のアスベスト労災者数は計9976人になる。

　表5-1にて確認できる建築生産システムに関連する労災を確認すると，「建築現場の作業」は，2012年現在で2888人がアスベスト労災の認定を受けており，アスベスト労災認定者数全体の約29％と最多である。

　その他，表5-1では別表記にしてある「アスベストやアスベスト含有岩綿等の吹き付け・貼り付け作業」は建築物への吹き付けが中心であり，「エレベー

第5章　建築産業の生産システムとアスベスト問題

表 5-1　2012年現在の作業別アスベスト労災累計者数

(単位：人)

作業名	肺がん	中皮腫	作業名	肺がん	中皮腫
1　アスベスト鉱石の採掘	7	5	4　アスベストが含まれる機械や装置の使用による労働過程	163	244
アスベスト鉱山に関わる作業	7	5	ガラス製品製造に関わる作業	40	38
2　アスベスト製品の生産過程	619	517	ゴム・タイヤの製造に関わる作業	9	17
ボイラーの被覆，船舶用隔壁のライニング，内燃機関のジョイントシーリング，ガスケット（パッキング）等に用いられる耐熱性アスベスト製品製造工程における作業	27	50	ランドリー・クリーニングに関わる作業	1	5
自動車，捲揚機等のブレーキライニング等の耐摩耗性アスベスト製品の製造工程における作業	56	41	レンガ・陶磁器・セメント製品製造に関わる作業	5	19
アスベストセメント，アスベストスレート，アスベスト高圧管，アスベスト円筒等のセメント製品の製造工程における作業	404	311	歯科技工に関わる作業	1	7
			酒類製造に関わる作業	0	5
			耐熱（耐火）服や耐熱手袋等を使用する作業	14	23
アスベスト糸，アスベスト布等のアスベスト紡織製品の製造工程における作業	81	54	鉄鋼所又は鉄鋼製品製造に関わる作業	93	130
			5　流通過程	114	138
			港湾での荷役作業	55	42
電気絶縁性，保温性，耐酸性等の性質を有するアスベスト紙，アスベストフェルト等のアスベスト製品又は電解隔膜，タイル，プラスター等の充填剤，塗料等のアスベストを含有する製品の製造工程における作業	47	59	アスベスト原綿又はアスベスト製品の運搬・倉庫内作業	58	89
			流通	1	7
			6　消費過程	51	113
			映画放送舞台に関わる作業	1	3
			吹付けのある部屋・建物・倉庫等での作業	33	78
その他アスベスト製品製造	4	2	清掃工場または廃棄物の収集・運搬・中間処理・処分の作業	10	14
3　アスベスト製品を材料・部品として用いる生産過程	2,877	4,043	船に乗り込んで行う作業（船員その他）	6	14
エレベーター製造または保守に関わる作業	6	10	鉄道等の運行に関わる作業	1	4
金庫の製造・解体に関わる作業	1	4	7　建築物の解体	165	173
建築現場の作業（建築現場における事務職を含めた全職種）	1,144	1,744	解体作業（建築物・構造物・アスベスト含有製品等）	165	173
自動車・鉄道車両等を製造・整備・修理・解体する作業	104	383	8　その他の作業	215	532
上下水道に関わる作業	18	41	その他のアスベストに関連する作業	70	161
アスベストやアスベスト含有岩綿等の吹き付け・貼り付け作業	109	97	タルク等アスベスト含有物を使用する作業	1	19
石油精製，化学工場内の精製・製造作業や配管修理等の作業	137	108	研究開発	0	3
造船所内の作業（造船所における事務職を含めた全職種）	784	864	アスベストばく露作業の周辺において間接的なばく露を受ける作業	144	349
電気製品・産業用機械の製造・修理に関わる作業	85	236	総計	4,211	5,765
道路建設，補修等に関わる作業	3	3			
配管・断熱・保温・ボイラー・築炉関連作業	424	467			
発電所，変電所，その他電気設備での作業	62	86			

(注)　厚生労働省 [2013] では表記にばらつきが見られるため（例えば「はつり及びボードの切断作業」「コンクリート壁のせん孔作業」「建材の切断加工」などは「建築現場の作業」に含まれる），同一作業については作業名を集約している。また，厚生労働省 [2013] では複数の作業が1つの欄内に記入されている場合があり，この場合は欄内を代表すると考えられる最初に記載された作業を原則的に採用し，本表「8 その他の作業」に記載される作業が最初に書かれている場合は次に書かれた作業を採用している。

(出所)　厚生労働省 [2013] より筆者作成。

ター製造または保守に関わる作業」は建築物の建築・保守での作業である[8]。また「石油精製，化学工場内の精製・製造作業や配管修理等の作業」，「配管・断熱・保温・ボイラー・築炉関連作業」，「発電所，変電所，その他電気設備での作業」には建築物の工事も含まれる[9]。そこで，これらの作業がすべて建築現場における労働であると仮定すれば，建築関連のアスベスト労災は合計で4394人に上ることになる。建築現場での作業から生じるアスベスト粉塵がいかに多いかがわかるだろう。

なお，アスベスト建材の出荷量から見て，今後も建築産業でのアスベスト労災はしばらく拡大し続けると思われる。また，忘れてならないのは，表5-1中の「7　建築物の解体」からもわかるように，既に建築物の解体工事にてアスベスト労災が少なからず認定されていることである。以上から類推すれば，今後本格化する建築物の解体工事において適切な粉塵対策が求められている。

（2）　地域別で見た場合の建築アスベスト被害の特徴

（1）では建築生産システムのなかでも実際の現場作業に携わる労働者には，アスベスト労災が深刻化していることが確認できたが，被害発生が全国に広がっている点も特徴である[10]。というのも，被害発生の全国化という特徴は建築産業に固有の生産システムを反映しているのである。そこで，表5-1で用いたデータを都道府県別に集計し直し，被害の状況を地域別に捉えることにする。

表5-2は，先の表5-1のデータを用い，建築生産システムとの関係の深い作業のアスベスト労災認定状況について都道府県別に再集計したものである。なお，同表は肺がんと中皮腫でのアスベスト労災認定者数を合計している。

表5-2を確認すれば，「建築現場での作業」はすべての都道府県でアスベスト労災認定を受けていることが第1の特徴である。第2に，そうは言っても都道府県ごとのアスベスト労災認定者数の多寡の差は大きい。また，表中の「建築現場での作業」以外の労災は全国で発生しているわけではないが，合計値では「建築現場での作業」のみの傾向と類似の傾向を示している[11]。

建築産業ではアスベスト労災認定者数が多く，その認定者も全国に分散していることは，他の産業には見られないものであり，建築生産システムの構造的特殊性を色濃く反映している。労災認定者が全国に分散するのは，他産業の生

第5章 建築産業の生産システムとアスベスト問題

表5-2 都道府県別に見た建築アスベスト労災の特徴

(単位:人,%)

都道府県	合 計	建築関連労働						(参考)アスベスト製品の生産過程
		建築現場の作業(建築現場における事務職を含めた全職種)	配管・断熱・保温・ボイラー・築炉関連作業	石油精製,化学工場内の精製・製造作業や配管修理等の作業	発電所,変電所,その他電気設備での作業	アスベストやアスベスト含有岩綿等の吹き付け・貼り付け作業	エレベーター製造又は保守に関わる作業	
北海道	318	228	72	2	8	7	1	12
青森県	14	8	6	0	0	0	0	1
岩手県	5	1	4	0	0	0	0	0
宮城県	82	73	3	0	2	4	0	4
秋田県	12	12	0	0	0	0	0	0
山形県	33	31	2	0	0	0	0	0
福島県	59	38	21	0	0	0	0	7
茨城県	23	16	4	1	2	0	0	25
栃木県	8	8	0	0	0	0	0	1
群馬県	19	16	3	0	0	0	0	11
埼玉県	129	101	23	0	0	2	3	83
千葉県	118	73	25	10	6	4	0	22
東京都	671	488	88	7	13	71	4	62
神奈川県	310	199	73	15	11	10	2	88
新潟県	116	57	22	21	3	13	0	7
富山県	89	49	15	18	0	7	0	0
石川県	36	32	4	0	0	0	0	0
福井県	12	8	2	0	2	0	0	1
山梨県	7	7	0	0	0	0	0	2
長野県	55	36	9	0	2	8	0	23
岐阜県	29	20	6	1	0	2	0	73
静岡県	73	56	8	6	0	3	0	54
愛知県	205	131	42	13	7	11	1	15
三重県	31	21	5	4	1	0	0	0
滋賀県	33	8	25	0	0	0	0	10
京都府	54	40	13	0	0	1	0	12
大阪府	473	353	89	6	6	17	2	177
兵庫県	227	142	46	16	19	4	0	157
奈良県	9	5	4	0	0	0	0	101
和歌山県	41	13	19	6	3	0	0	4
鳥取県	9	8	1	0	0	0	0	0
島根県	19	18	1	0	0	0	0	0
岡山県	158	79	27	27	23	2	0	28
広島県	158	123	27	1	4	1	2	10
山口県	113	18	58	29	8	0	0	13
徳島県	17	10	6	0	1	0	0	2
香川県	33	22	8	2	0	0	1	58
愛媛県	101	15	39	44	3	0	0	0
高知県	9	8	1	0	0	0	0	0
福岡県	250	154	46	9	14	27	0	30
佐賀県	13	11	2	0	0	0	0	25
長崎県	56	42	7	0	6	1	0	6
熊本県	42	30	11	0	0	1	0	4
大分県	39	29	9	1	0	0	0	7
宮崎県	19	9	2	6	2	0	0	0
鹿児島県	35	34	1	0	0	0	0	0
沖縄県	24	4	9	0	0	2	9	0
不 明	8	4	3	0	0	1	0	1
合 計	4,394	2,888	891	245	148	206	16	1,136

(注) 認定都道府県は各事業者の事業所の所在地を基本にしている。
(出所) 厚生労働省[2013]より筆者作成。

産物が完成後に輸送可能なのに対して，建築産業の生産物である建築物は土地に固着しており，建築物の生産が建築物の所在地で行われるからである。また，表5-2のデータは労災認定の現場別に都道府県を振り分けているのではなく，労災認定者の属する事業所の所在地で振り分けている。つまり，アスベスト労災を生じさせた建築産業の事業所は全国に広がっていることを示している。この点に留意しつつ，第3節以降では建築生産システムの特徴とアスベスト労災多発の要因を検討していく。

　なお，建築産業は就労者数が多く，その分だけアスベストに曝露した者が多いと推察される。次にこのことを確認したい。ただし，建築と土木の分離があるにもかかわらず，統計上は建築と土木の合計である建設でしか労働者数を把握することができない[12]。この限界から現実の建築労働者数を把握することは不可能である。この限界を踏まえて，ここでは建設就労者の統計資料を用いる。**表5-3**は国勢調査各年版から得られた全産業就労者数と建設就労者数を比較したものである。

　これを見ると，建設業の労働者数は1970年に約394万人であったものが，1980年には約538万人に増加する。そして構成比率は，1970年の7.0％であったものが1980年には8.8％と大きく増加する。この間，第一次産業と第二次産業全体では構成比率を減少させており，1980年頃には国内労働における建設業の重要性が高まっていたことがわかる。

　建築就労者に限った統計は上述の理由により統計資料では確認できないため，参考までに建設投資の規模を建築と土木に分けて捉えた推計資料を**表5-4**に示しておく。これを見れば，建築の方が年々の投資額は大きく，土木は少ない。表中では，1970年から80年までは建築が建設業全体の6割前後を推移している。就労者数が投資額をそのまま反映しているとすれば，1970年の建築就労者数は約262万人，80年では約318万人になる[13]。

（3）アスベスト被害の拡大が持つ2つの意味

　以上のように，建築産業のアスベスト労災は全産業のなかでも労災の認定が最も多い。もちろん就労者数の多さは建築産業のアスベスト労災者数を底上げする要素かもしれないが，最も問題なのは，被害の事前防止の考え方が建築産

表5-3 日本の総就労者数と建設就労者の割合

(単位:千人)

	1970年		1975年		1980年	
	実 数	割 合	実 数	割 合	実 数	割 合
第一次産業	10,087.2	18.0%	7,353.9	12.7%	6,111.0	10.0%
第二次産業	17,705.9	31.6%	18,097.6	31.3%	18,737.4	30.6%
内建設業	3,943.2	7.0%	4,729.4	8.2%	5,383.3	8.8%
第三次産業	24,317.1	43.4%	27,689.4	47.8%	30,962.9	50.6%
合 計	56,053.4	100.0%	57,870.2	100.0%	61,194.6	100.0%

(出所) 総務省統計局『国勢調査』各年版より筆者作成。

表5-4 建設投資の推移

(単位:億円)

	1970年		1975年		1980年	
建 築	97,179	66.4%	197,598	62.5%	292,189	59.1%
土 木	49,162	33.6%	118,643	37.5%	202,564	40.9%
総 計	146,341	100.0%	316,241	100.0%	494,753	100.0%

(出所) 国土交通省[2013]『建設投資見通し』より筆者作成。

業に浸透していなかったことである。また,認定者数の多さに加えて,全都道府県に被害が広がっている点も建築産業のアスベスト労災が持つ特徴である。

建築産業におけるアスベスト被害拡大の要因は,建築生産システムの特徴によっていると考えられる。そこで,第3節では建築生産システムの一般的な特徴を見つつ,労務下請の構造および下請の零細性を明らかにし,第4節では粉塵対策の困難を下請の零細性と結びつけつつ考察する。

3 建築生産システム

建築生産システムは,建築物の需要者たる発注者に対する受注者たるゼネコンによって統括される生産システムである。しかし,ゼネコンは生産システムそのものを自社に構えておらず,多くを外部調達によって成立させており,ゼネコンにとって経済合理性を有する形態である。そして,ゼネコンの外部調達方針に対応するように,下請業者もフレキシブルな供給システムを構築している。

この建築生産システムが有する特徴は生産物（商品）である建築物の特徴に規定される。そこで，本節ではまず建築物の特徴を捉え，これを基礎にして建築生産システムの持つ経済合理性を考察していこう。

（1） 商品としての建築物の特徴

まずは建築物によって規定される建築生産システムの特徴について，建設業の生産システムを対象とした先行研究の到達点である内山・木内［1983］を用いて確認する。以下に引用しておく。

内山・木内［1983］によれば「建設生産は，生産物が地上に固定し，その消費時間がきわめて長く，その施設の用途，容量が消費主体によって異なるために，現実には商品生産でありながら，商品としてこれを生産してのちに消費者に販売するという意味での商品生産ではなくて，ほとんどすべてが顧客の注文を受けてのち生産する注文生産にならざるをえない。しかも生産物が土地に固定していることから，生産の場が限定されるという点で一般の注文生産とも異なる」[14]とされる。建設は建築と土木の総合概念であり，内山譽治・木内尚三の指摘は建築にも該当する。

内山・木内の指摘を建築物について端的にまとめると，その土地固定性および単品性が特徴である。ただし，これに加えて，第1に建築物は人類が生産するもののなかでも最も巨大な部類であること，第2に投資額が巨額になることも加えておく必要があるだろう[15]。

生産物が巨大であり，かつ投資額が巨大になること，そして土地固定性，単品性といった建築物の特徴は，需要者の投資意思決定事項として重要なものであり，それゆえに景気変動によって需要の増減が著しいものになる。したがって，その需要の増減に柔軟に対応する生産システムが求められてきた。次にこの建築生産システムの特徴を見ていくことにする。

（2） 建築生産システムの一般的特徴

建築生産システムに対する後の議論の理解を促すために，まずは建築産業の下請構造の一般的な形態を**図5-1**（野帳場の場合）[16]に示しておく。

特徴をまとめておくと，工事全体つまり建築生産システムを統括するのは元

第5章 建築産業の生産システムとアスベスト問題

図5-1 建築産業の労務下請構造（野帳場の場合）

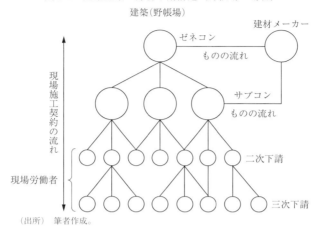

（出所）筆者作成。

請＝ゼネコンであり，その下に専門工事を統括するサブコンが入る。ところが，現場で施工を行う者はゼネコン・サブコンが雇用する従業員ではなく，下請業者の従業員，あるいは一人親方と呼ばれるグループである。建材についても専門のメーカーが存在しており，これが供給を行うが，それはゼネコン，サブコンなどを対象にしたものである。そこで，これらの点を以下で確認しつつ，建築生産システムの特徴を検討する。なお，理解しやすいように，ゼネコンが請け負う工事（これを野帳場といい，比較的大型の工事になる）を中心として以下，検討を行う。

①建築生産のフロー

まずは，表5-5を見ながら建築生産のフローを概観しよう。これによれば，建築工事は仮設工事→準備工事→基礎工事→躯体工事→外装仕上工事・内装仕上工事→設備工事へと，順を追って進められる。躯体工事が終了しないと内外装仕上工事は行えず，躯体工事は基礎工事が，基礎工事は準備工事が終わらないと始められないので，必然的にこの順で工事が進められることになる。工事が大規模な場合は上層階の躯体工事中に低層階の内外装仕上工事も入るが，それも低層階は躯体工事が完了していることが条件である。それゆえに，建築物が大型化するほど，1つの建築工事に要する期間は長期化していくことになる。

そして，表5-5に示した工事は，それぞれが専門の工事業者によって担われ

表 5-5　建築工事の各段階

仮設工事	共通仮設工事／直接仮設工事
準備工事	現地調査／地盤調査／測量（遣方（やりかた）・墨出し）
基礎工事	土工事（根切り工事・山留め工事）／地業（地盤改良工事）／杭工事／基礎工事
躯体工事	型枠工事／鉄筋工事／コンクリート工事／鉄骨工事／組積工事（コンクリートブロック工事・レンガ工事）／ALCパネル工事／プレキャストコンクリート工事／木造軸組工事／枠組壁工事
外装仕上工事	防水工事／石工事／タイル工事／屋根工事／カーテンウォール工事／建具工事／ガラス工事／塗装工事／吹付工事
内装仕上工事	間仕切壁工事／壁仕上工事／天井仕上工事／床仕上工事／木工事／左官工事
設備工事	電気設備工事／空調設備工事／給排水衛生設備工事／防災設備工事

（出所）　松村編［2004］202頁より転載。

るのが基本であり，細かく分業されている。例えば，天井工事は軽天下地工と軽天工に分かれ，柱は鉄筋コンクリート造の場合なら型枠大工，鉄筋工，セメント工，トビなどに分かれる。担当する工程の専門工事業者が工事の段階に応じて入れ替わりつつ，全体としての建築物が生産されていくのである。

　この特徴は，機械工業との比較を見ればわかりやすいだろう。通常の機械工業では，材料—部品（加工）—完成部品（組立）—完成品（組立）といったように，ものの流れの各段階で商品取引が介在し，さらにそれが下請構造と一定の対応関係を持っている。これに対して建築工事現場での作業は下請業者が施工を行う体制をとっているとともに，加工と組立（摺り合わせを含む）の多くが常に同時進行する。材料が工事現場に運ばれ，工事現場で下請労働者が材料を部品へと加工しつつ組立を進めるのが通常である。例えば，内外装や軒天，軽天などでは，JIS規格にしたがった寸法（3尺×6尺など）のフレキシブル板，吸音板などの材料が現場に運ばれ，それを労働者が取り付け箇所に適した寸法に裁断し，所定の場所に穴を開けるなどして加工した板を下地に釘やネジなどでとめていく。つまり，一品受注生産が基本の建築生産システムにおいては，機械工業のような互換性部品を前提とした大量生産システムを構築するよりも，現場での加工と組み付けの方が効率的なのである。そして，この労働の担い手をも外部から調達するのが建築生産システムの特徴である。労働の担い手の調達については，本節（3）にて検討する。

②建築生産における建材選択方法

建築生産システムでは使用建材が設計段階で決められている。そして，具体的にどのメーカーの建材を用いるかはゼネコンやサブコンが決定しており，建築現場で実際に働く者には建材の選択権限がなかった。そして現場労働者は与えられた建材が何であれ，加工し，組み付けを行うのである。問題はその建材が有害だったときの現場労働者の対処方法であるが，これについては第4節で検討する。

(3) 現場労働力の調達方法

①下請構造の一般的特徴

建築物は大型の一品受注生産が基本である。建築事業者はひとたび受注が入れば数ヶ月間の仕事が得られるが，受注が全くない場合，受注が重なった場合などがしばしば見受けられ，安定的な生産の維持が困難である。こうした受注の変動の下で，ゼネコンが受注状況によって要求される労働力，設備などの生産能力は大きく変動する。それゆえに労働力も設備も極小化し，生産能力は下請によって調達する誘因が存在し，また実際にそうしているのである。つまり，下請に生産機能を持たせることで，需要の変動にフレキシブルな対応を行うのが，ゼネコンから見た建築生産システムである。このことを以下で確認する。

現場で施工を行うのは下請業者であり，それは，木村［1969］による重層的な親方制的雇用構造の指摘にあるように，労務下請と言うべき下請構造である。重層化の程度については差異があり，野帳場では「下請企業―世話役―棒芯―職人―見習い」と労務下請の重層構造を見て取ることができ，町場では重層構造を確認する記述がないものの，事業規模が小さい事業者ほど現場作業に従事していたという。

②労働力外部調達の実態

そこで，上記のことを見ていくために，まずは建設労働者の雇用形態について考えてみる。ただし，実態をわずかに探れるのは，表5-6に示す国勢調査の雇用形態調査である。

表5-6を見ると，建設就労者のうち最も大きな割合を占めるのは「雇用者」（労働者）であり，1970年には実数で約288万人，全体の73.1%になった。次に

表5-6　建設就労者の雇用状態別雇用者数

(単位：人)

	1970年		1975年		1980年	
	実　数	割　合	実　数	割　合	実　数	割　合
雇用者	2,878,880	73.1%	3,384,680	71.2%	3,817,816	70.5%
役　員	184,120	4.7%	287,780	6.1%	360,268	6.7%
雇人のある業主	256,565	6.5%	336,035	7.1%	412,752	7.6%
雇人のない業主	452,405	11.5%	516,550	10.9%	529,531	9.8%
家族従業者	168,265	4.3%	226,570	4.8%	292,869	5.4%
総　　数	3,940,235	100.0%	4,751,615	100.0%	5,413,236	100.0%

(出所)　総務省統計局『国勢調査』各年版より筆者作成。

多いのは一人親方が多く含まれる「雇人のない業主」であり，同年には約45万人であった。これが10年後の1980年には「雇用者」が約382万人（70.5％）に，「雇人のない業主」は約53万人にいずれも増加している。そして，「雇用者」や「雇人のない業主」に分類される建設就労者は現場作業に従事する職人である。

　次に，雇用形態について内容規定するために，聞き取り調査を行った。その内容は以下の通りである。

　ある大工は，昭和20年代から工務店などを転々としつつ腕を磨き，最後に務めた工務店を昭和30年代に退職，その後は「一人親方として住宅改修業務，左官工事，撤去工事，大工，解体など建築にかかわる一切のことをやってきた」という。また，ある消防設備工は腕に覚えがあるものの「12年間K社にいた。やめたのは金銭面でのトラブルが続いたから」と言い，その後一人親方として独立した。半面，別の大工は30年以上職人を続けているが，「一人親方や親方（事業主：引用者注）にならないで，常用（法的な労働者：引用者注）でずっとやるメリットは気が楽だということだ。与えられた仕事をこなしているだけでいいから。もちろん責任はあるからしっかりやるけれども。親方になると，儲かるときは儲かるけど，自分で請けると段取りしなければならなかったりするので儲けが出ない，むしろ赤字なんていうこともある」と言い，熟練が進んでも常用のままでいる場合がある。なお，この大工は時に一人親方の立場になることもあるという。

　つまり，常用と一人親方の相違は現場労働の質ではなく契約関係の相違であり，人によって常用で働くか一人親方になるかは時と場合によるということで

ある。また、建築工事の就労は契約書類を交わすわけでなく、口約束で行われるのが通常であるから、建築工事の請負を一般的な請負と正確に分類することも難しいのである。全建設労働組合総連合［1995］において、「見習期間が終れば、一人前の職人です。そのまま親方に雇われている人もいれば、他の工務店・事業所に移る人もいます。さらに2～3年、ウデをみがいて一人親方へ。一人親方の一部の人達は親方（事業主：引用者注）になっていきます」と言われるように、そもそも事業主や一人親方は建築職人の一職階として出世の一階梯である。そして、建築職人の就労は、ある現場では二次下請、別の現場では三次下請あるいは常用で働くといったように、個々人でも現場ごとに立場が異なるのであり、建築産業の二次下請以下は極めて流動的なものと捉えられる。

建築産業の現場生産は下請労働者によって担われており、これが建築産業の生産システムを他産業と分かつポイントであった。また、木村［1969］の記述によれば、下請業者になればなるほど零細性が強まることになる。そこで1975年と1980年の建築業者の経営指標を用いて下請構造を事業規模との関係から確認し、その上で労務下請構造の経済的合理性を検討する。

表5-7は、建設業大手ゼネコン4社の1975年と1980年の経営成績を見たものである。なお、対象時期を1975年と1980年にしているのは、後に見る零細事業者の資料的制約のためである。

下請の活用を確認できるのは完成工事高外注費率である。外注費について、大手ゼネコン4社はそれぞれ特徴を有しているが、最低でも完成工事高のうち約40％は外注費を計上している。各社、各時期とも材料費、経費を合わせると70％以上になり、工事原価の労務費（直接雇用に該当）が完成工事高に占める割合は9.6～17.5％とさほど高くない。

次に、**表5-8**を用いて、中小事業者の経営成績を見ていこう。表5-8の「建築工事業」には中小ゼネコンが多いものと推測され、また「電気工事業」は一次下請業者程度と思われる。

以上の前提を置いて表5-8を見ると、「建築工事業」の場合、完成工事高外注費率は47.8～67.3％と、大手ゼネコンと同等かそれ以上の外注費率になっている。売上高労務費率にいたっては1.6～6.7％となり、自社施工がほとんど行われていないことがわかる。これに対して「電気工事業」は完成工事高外注費

表 5-7　大手ゼネコン4社の経営成績

(単位：百万円)

		鹿島建設				清水建設			
		1975年		1980年		1975年		1980年	
完成工事高		546,979	100.0%	676,676	100.0%	460,201	100.0%	645,536	100.0%
完成工事原価		482,759	88.3%	606,717	89.7%	404,646	87.9%	584,368	90.5%
	材料費	106,087	19.4%	116,038	17.1%	68,400	14.9%	86,375	13.4%
	労務費	90,263	16.5%	118,517	17.5%	62,022	13.5%	78,285	12.1%
	外注費	218,280	39.9%	282,561	41.8%	211,213	45.9%	331,326	51.3%
	経　費	68,129	12.5%	89,601	13.2%	63,011	13.7%	88,382	13.7%
総利益		64,220	11.7%	69,959	10.3%	55,555	12.1%	61,168	9.5%
営業利益		37,440	6.8%	32,087	4.7%	27,099	5.9%	27,998	4.3%
経常利益		32,603	6.0%	28,043	4.1%	21,647	4.7%	25,674	4.0%
税引後当期利益		15,105	2.8%	14,340	2.1%	10,337	2.2%	10,828	1.7%
		大林組				大成建設			
		1975年		1980年		1975年		1980年	
完成工事高		412,402	100.0%	633,788	100.0%	533,736	100.0%	772,736	100.0%
完成工事原価		362,207	87.8%	570,879	90.1%	469,457	88.0%	684,463	88.6%
	材料費	58,624	14.2%	87,883	13.9%	102,585	19.2%	146,544	19.0%
	労務費	42,070	10.2%	60,628	9.6%	83,432	15.6%	124,173	16.1%
	外注費	210,311	51.0%	341,686	53.9%	219,347	41.1%	324,453	42.0%
	経　費	51,202	12.4%	80,687	12.7%	63,395	11.9%	87,824	11.4%
総利益		50,195	12.2%	62,909	9.9%	64,279	12.0%	88,273	11.4%
営業利益		23,975	5.8%	33,156	5.2%	28,675	5.4%	25,731	3.3%
経常利益		12,834	3.1%	18,320	2.9%	25,877	4.8%	24,429	3.2%
税引後当期利益		6,332	1.5%	7,861	1.2%	13,028	2.4%	10,362	1.3%

(注)　％で示す割合は完成工事高を分母としたときの各項目の割合である。なお，本表に示す数値は建設のものである。大林組の1980年完成工事原価は百万円以下の四捨五入の関係で，大成建設の1975年および80年完成工事原価は他のゼネコンにはない付帯工事原価が75年：698百万円，80年：1469百万円存在している関係で，内訳の合計値と一致しない。
(出所)　各社有価証券報告書より筆者作成。

率が概ね25.6～36.6％の範囲で，売上高労務費率は4.7～9.8％であるから，「建築工事業」よりも自社施工する場合が存在していることがうかがえる。

　最後に**表5-9**を見よう。表5-9は先の表5-7，表5-8に比べて小規模の事業者の経営成績を示している。表5-9の「建築工事業（木造を除く）」を見ると，

第5章 建築産業の生産システムとアスベスト問題

表5-8 中小事業者の業種別規模別経営成績

(単位：社，％)

		事業規模（総資本）							
		A		B		C		D	E
		6,000万円以上 2億円未満	2,000万円以上 3億円未満	2億円以上 4億円未満	3億円以上 7億円未満	5億円以上 9億円未満	7億円以上 13億円未満	9億円以上 19億円未満	13億円以上	19億円以上
		1975年	1980年	1975年	1980年	1975年	1980年	1975年	1980年	1975年
建築工事業	調査対象数	4	13	6	5	9	8	4	10	7
	完成工事高総利益率	12.5	13.2	10.5	11.5	11.2	8.5	12.5	11.6	10.5
	売上高営業利益率	3.9	1.7	2.5	2.3	3.2	1.4	4.1	2.8	1.6
	完成工事高外注費率	59.3	47.8	50.3	57.3	51.9	67.3	50.1	50.4	54.2
	売上高労務費率	5.6	3.8	5.9	1.6	6.7	3.7	4.2	5.1	6.7
	売上高一般管理費率	8.6	11.5	8.0	9.2	8.0	7.1	8.4	8.8	8.9
		3,000万円以上 9,000万円未満	3,000万円以上 3億円未満	9,000万円以上 2億円未満	3億円以上 7億円未満	2億円以上 7億円未満	7億円以上 13億円未満	7億円以上 14億円未満	13億円以上	14億円以上
		1975年	1980年	1975年	1980年	1975年	1980年	1975年	1980年	1975年
電気工事業	調査対象数	7	23	17	23	17	12	14	17	17
	完成工事高総利益率	25.8	20.1	19.2	17.9	16.2	15.4	14.8	15.0	13.9
	売上高営業利益率	5.5	2.5	4.8	2.5	5.1	4.4	3.1	2.4	3.7
	完成工事高外注費率	26.5	31.8	25.6	28.9	30.6	36.6	30.3	33.3	27.9
	売上高労務費率	6.1	7.9	8.2	4.7	5.5	7.7	8.8	9.8	7.1
	売上高一般管理費率	20.3	17.6	14.4	15.4	11.1	11.0	11.7	12.6	10.2

(注) 資料のうち建築産業のアスベスト労災に関連する業務のうち両資料で比較できるものは「建築工事業」と「電気工事業」のみであった。経営成績を示す各項目は原文の用語を本章のために書き換えている。例えば「完成工事高対外注費率」は「完成工事高外注費率」に変更している。また、表中に示す完成工事高は建設工事による売上高で、売上高は完成工事高以外の売上も含んだものである。
(出所) 中小企業庁編［1976；1981］より筆者作成。

完成工事高が小さくなるほど完成工事高外注費率が低下傾向にあることがわかる。この傾向は「電気工事業」や町場の主力である「木造建築業」でも同様に見られる傾向である。反面、売上高人件費率は事業規模が小さくなるほど高くなる傾向が見られる。零細事業者では自社施工が多く行われていることがわかる。また、零細事業者の自社施工が多いといっても、外注費が一定程度存在している以上、零細事業者の下請に入る者がいることになる。そして、この零細事業者の外注費は一人親方などが現場作業に請負で従事する場合を多く含んでいると思われる。

表 5-9　1975・80年零細事業者の業種別規模別経営成績

(単位：社，%)

		事業規模（完成工事高）							
		5,000万円未満		5,000万円以上1億円未満		1億円以上2億円未満		2億円以上	
		1976年	1980年	1976年	1980年	1976年	1980年	1976年	1980年
建築工事業（木造を除く）	調査対象数	40	12	80	37	80	73	55	92
	完成工事高総利益率	20.0	21.5	15.7	18.5	14.4	13.9	12.3	11.4
	売上高営業利益率	−1.4	0.0	0.4	1.8	1.7	1.4	2.2	1.4
	完成工事高原材料費率	29.4	25.2	29.3	24.9	24.3	24.1	21.8	22.6
	完成工事高外注費率	28.4	40.6	35.5	33.8	47.0	46.5	54.0	52.1
	売上高人件費率	25.7	18.6	20.2	23.5	15.9	14.6	12.5	12.7
	売上高諸経費率	16.2	13.0	12.2	13.2	9.4	8.9	7.4	8.1
木造建築業	調査対象数	148	84	245	139	191	158	78	158
	完成工事高総利益率	19.0	19.5	14.9	14.8	13.2	13.8	11.8	10.6
	売上高営業利益率	−0.9	−0.8	1.1	1.0	1.8	1.6	3.1	1.8
	完成工事高原材料費率	26.0	25.0	26.3	26.8	28.2	26.9	26.7	26.1
	完成工事高外注費率	37.4	36.5	42.8	41.5	44.1	46.5	47.2	51.1
	売上高人件費率	22.6	24.6	17.3	18.1	15.8	14.0	12.5	11.4
	売上高諸経費率	11.9	10.7	9.2	9.0	7.9	8.0	7.9	7.4
電気工事業	調査対象数	242	147	142	151	89	105	23	58
	完成工事高総利益率	28.0	30.9	24.3	23.5	20.0	20.2	18.4	17.8
	売上高営業利益率	−0.9	1.7	3.0	2.6	2.4	2.5	3.5	2.6
	完成工事高原材料費率	28.5	29.0	31.9	33.4	31.1	34.1	30.6	32.2
	完成工事高外注費率	13.9	12.0	19.8	18.2	27.6	24.1	34.0	32.3
	売上高人件費率	37.3	36.0	27.5	28.3	23.5	23.2	16.9	18.2
	売上高諸経費率	18.0	17.3	15.2	13.8	12.8	12.8	10.5	11.3

（注）　国民金融公庫調査部による零細建設業調査は1967年から不定期で行われ，1970年と1974年にも調査結果が出版されているが，これらの調査結果には規模階層別の結果が示されておらず，本章では記載していない。また，1975年には調査が行われていないため，1976年のもので代えている。なお，本表の経営成績各項目も表5-8と同様に書き換えている。
（出所）　国民金融公庫調査部編［1977；1981］より筆者作成。

　以上のことに木村［1969］の指摘を合わせると，建築工事業の場合，零細規模になるほど自社施工を行うことがわかる。建築産業の重層下請は労務下請であり，零細規模の業者が施工を受け持つ形態なのである。そして，表5-9に見られる完成工事高5000万円未満の零細業者は営業損益段階で赤字になっていることから，零細事業者の経営は非常に厳しいものであったことが確認できる。
　以上に下請業者の基盤を経営指標から見てきたが，実態は以下の通りである。

まず，下請業者は工事現場を渡り歩く。1つの工事現場は先に述べたように数ヶ月から数年の単位で工事が続くが，それぞれの工事現場で行われる専門工事は数日から数ヶ月程度である。そこで，下請業者は切れ間なく仕事を受注するために，現場を転々とするのである。受注がなければ収入は途絶えるので，同業他者との競争では受注価格の引き下げが生じやすい。受注価格の問題は好景気時には潤沢な需要が存在しているので生じないが，不況時には深刻化する。無収入か赤字覚悟の低価格受注か，いずれにせよ経営基盤は不安定になりやすい。

（4） 労務下請の零細性とアスベスト問題

建築生産システムはゼネコンによる統括と現場労働の下請によって成立するシステムである。その下請は零細企業の事業主・従業員か一人親方であり，その事業主・従業員・一人親方は出世の一形態に過ぎず，労働の質は現場労働に限っては差異がなかった。そして，下請の経営は極めて不安定な基盤の上で成立しており，そのことは営業利益に端的に表れていた通りである。

また，建材の選定は設計段階にて行われ，かつ，現場労働者にとってはそれが組み付けにとって必要な加工労働の対象であった。アスベストであっても加工してから組み付けるのは他の建材と変わらぬ日常的業務である。

第2節で示した建築労働者に広がるアスベスト被害はまさに建築産業に固有の生産システムによって規定されており，その対策はアスベスト粉塵の抑制によってしか達成できなかったろう。しかし，被害実態が示す通り，現実には対策が不適切だったのである。

それは，下請業者の零細性と，そのために投入できる経営資源の脆弱性，そして粉塵対策の現実的主体の不在性といった建築生産システムによって生じる労務下請構造の害である。

そこで第4節では，第3節を踏まえつつ，アスベスト粉塵に対する対策主体が，現実的には誰であったのか，そして，いかなる対策がとり得たのか，この点を検討する。

4　アスベスト粉塵と建築労働

　建築生産は労務下請によって担われており，下請労働者にアスベスト被害が多く生じるのは，下請労働者がアスベスト粉塵に高濃度曝露してきたからである。それは，アスベスト建材の普及とアスベスト粉塵対策の現実的主体の両面に要因を求められる問題である。
　本節は，まずアスベスト建材の普及の足跡をたどり，普及方法の特徴を考察する。その上で，第3節の結果を踏まえつつ，アスベスト粉塵対策の現実的主体および対策の不可能性を考察する。アスベスト建材の普及が下請労働者のアスベスト粉塵曝露の条件を形成していった一方で，下請労働者にとっては建材の変更が従来の加工方法と変わらなければ，その粉塵に何らかの問題を見い出せない限り，対策の対象にはなり得なかっただろうことを示す。

（1）　アスベスト建材の普及

　アスベスト建材は決して順調に普及してきたのではない。競争の結果として他の建材を淘汰してきたのである。そこで，アスベスト被害の原因となるアスベスト建材の出荷量を見よう。アスベスト建材として代表的なものはアスベストスレートなどのボード類，吹き付けアスベスト，アスベスト紙などである。[41] また，これらアスベスト建材の用途は，屋根，天井，外壁や内壁，床材，耐火被覆材などであり，[42] 建築物のあらゆる部分にアスベスト建材が用いられてきた。[43] そして，この用途の多様性は1970年代に形成されたものである。
　表5-10には代表的なアスベスト建材の1971年から80年の出荷量の推移が掲載されている。特に指数に着目すると，工場の屋根などに用いられる「波形アスベストスレート」は同期間中1973年にピークがきたあと，出荷量が低位に推移している。「アスベストスレートボード」は1973年の出荷量が突出するものの，増減しながら概ね横ばい推移する。これに対して「ケイ酸カルシウム板」「サイディング」「住宅屋根用化粧スレート」の出荷量は1971年に比べて急増する。それに伴い，構成比は，1971年に59.3％の割合だった「波形アスベストスレート」が1980年には38.7％に低下する一方で，「ケイ酸カルシウム板」「サイ

第5章 建築産業の生産システムとアスベスト問題

表5-10 アスベスト建材出荷量の推移

(単位：千平方メートル)

着工年	波形アスベストスレート 実数	指数	構成比	アスベストスレートボード 実数	指数	構成比	ケイ酸カルシウム板 実数	指数	構成比	サイディング 実数	指数	構成比	住宅屋根用化粧スレート 実数	指数	構成比	ロックウール吸音天井板 実数	指数	構成比
1971年	73,323	100.0	59.3%	31,580	100.0	25.5%	1,424	100.0	1.2%	70	100.0	0.1%	5,700	100.0	4.6%	11,551	100.0	9.3%
1972年	71,449	97.4	52.0%	38,204	121.0	27.8%	3,213	225.6	2.3%	1,100	1,571.4	0.8%	8,500	149.1	6.2%	15,012	130.0	10.9%
1973年	88,280	120.4	50.1%	50,342	159.4	28.6%	4,604	323.3	2.6%	2,900	4,142.9	1.6%	12,200	214.0	6.9%	17,802	154.1	10.1%
1974年	64,575	88.1	47.1%	39,794	126.0	29.0%	4,620	324.4	3.4%	2,200	3,142.9	1.6%	11,900	208.8	8.7%	14,074	121.8	10.3%
1975年	53,121	72.4	44.6%	34,890	110.5	29.3%	6,662	467.8	5.6%	1,700	2,428.6	1.4%	10,900	191.2	9.1%	11,926	103.2	10.0%
1976年	56,478	77.0	42.8%	37,717	119.4	28.6%	9,959	699.4	7.5%	1,900	2,714.3	1.4%	13,700	240.4	10.4%	12,185	105.5	9.2%
1977年	59,342	80.9	44.2%	34,302	108.6	25.5%	10,616	745.5	7.9%	2,700	3,857.1	2.0%	13,900	243.9	10.3%	13,541	117.2	10.1%
1978年	53,004	72.3	39.5%	35,521	112.5	26.5%	11,981	841.4	8.9%	3,500	5,000.0	2.6%	15,100	264.9	11.3%	14,968	129.6	11.2%
1979年	60,725	82.8	39.9%	36,813	116.6	24.2%	14,397	1011.0	9.5%	5,200	7,428.6	3.4%	18,600	326.3	12.2%	16,607	143.8	10.9%
1980年	56,879	77.6	38.7%	35,506	112.4	24.2%	16,126	1132.4	11.0%	4,500	6,428.6	3.1%	17,000	298.2	11.6%	16,791	145.4	11.4%

(注) 指数は1971年を100とした場合の各年の比率である。構成比は表中の各建材出荷量の各年合計値に対する割合である。
(出所) 日本石綿協会 [2003] より筆者作成。

表5-11 建築着工の推移

(単位：千平方メートル)

着工年	居住専用 実数	指数	構成比	居住産業併用 実数	指数	構成比	鉱工業用 実数	指数	構成比	商業・サービス業用 実数	指数	構成比	公務・文教用 実数	指数	構成比	その他 実数	指数	構成比	合計 実数	指数	構成比
1971年	93,720	100.0	47.2%	18,280	100.0	9.2%	27,656	100.0	13.9%	32,381	100	16.3%	15,815	100.0	8.0%	9,884	100.0	5.0%	198,531	100.0	100.0
1972年	116,643	124.5	47.9%	23,807	130.2	9.8%	31,000	112.1	12.7%	41,266	127.4	17.0%	18,434	116.6	7.6%	11,158	112.9	4.6%	243,267	122.5
1973年	132,804	141.7	47.0%	28,262	154.6	10.0%	42,997	155.5	15.2%	44,745	138.2	15.8%	20,324	128.5	7.2%	12,619	127.7	4.5%	282,835	142.5
1974年	102,807	109.7	51.6%	15,695	85.9	7.9%	27,501	99.4	13.8%	24,259	74.92	12.2%	16,840	106.5	8.4%	11,455	115.9	5.7%	199,317	100.4
1975年	106,538	113.7	54.1%	18,374	100.5	9.3%	18,800	68.0	9.5%	25,108	77.54	12.7%	16,904	106.9	8.6%	10,568	106.9	5.4%	197,039	99.2
1976年	117,171	125.0	54.2%	21,300	116.5	9.8%	19,975	72.2	9.2%	28,119	86.84	13.0%	16,665	105.4	7.7%	12,243	123.9	5.7%	216,303	109.0
1977年	118,029	125.9	53.8%	22,791	124.7	10.4%	16,930	61.2	7.7%	27,889	86.13	12.7%	19,610	124.0	8.9%	13,260	134.2	6.0%	219,381	110.5
1978年	124,797	133.2	53.6%	24,954	136.5	10.7%	16,340	59.1	7.0%	28,157	86.96	12.1%	24,018	151.9	10.3%	13,730	138.9	5.9%	232,923	117.3
1979年	123,945	132.3	50.3%	26,673	145.9	10.8%	21,878	79.1	8.9%	33,533	103.6	13.6%	24,780	156.7	10.1%	14,489	146.6	5.9%	246,305	124.1
1980年	109,807	117.2	49.5%	22,467	122.9	10.1%	22,687	82.0	10.2%	29,738	91.84	13.4%	23,170	146.5	10.4%	13,103	132.6	5.9%	221,883	111.8

(出所) 建設省計画局監修 [1981] より筆者作成。

第Ⅱ部　建設アスベスト問題における課題と論点

ディング」「住宅屋根用化粧スレート」の割合が高まっていくのである。
　つまり，表5-10が示すのは，アスベスト建材の主力製品が時代とともに移り変わったということである。そして，主力製品の変化が示すのは，アスベスト建材の建築物における使途の多様化である。「波形アスベストスレート」は波状の板であり，主に屋根材として工場，倉庫，駅などに用いられた。これに対して，「アスベストスレートボード」「ケイ酸カルシウム板」「サイディング」「住宅屋根用化粧スレート」は内壁材，外壁材，天井材，軒天，耐火被覆材など，建築物のあらゆる箇所に用いられた。特に1960年以降，建築材料，特にボード類の普及により，木造住宅の壁仕事が左官から大工，タイル張工，内張工の仕事に転換するなど，建築工事が大きく変容してきた。その流れのなかでアスベスト建材の使途も使用量も拡大していったのである。そして，アスベスト建材の使途多様化はすなわち被害発生場面の多様化なのであった。
　なお，アスベスト建材供給は建築着工の影響を受けている。そこで，建築着工について統計を用いて概観する。**表5-11**は建築物の着工件数を延べ床面積で示したものである。
　表5-11の実数は床面積を，指数は1971年を100とした場合の各年の数値である。1970年代の建築着工の傾向を見れば，割合が最も大きい「居住専用」は，増減があるものの「鉱工業用」のように減少傾向を示すことなく，比較的安定している（割合は他に比べて大きく増減しているが，これは他の建築物の増減が影響しているためである）。
　工場が多く含まれる「鉱工業用」建築物の着工は表中の期間では1973年が最も多く，以降は大きく下落しており，表5-10の波形アスベストスレートが生産量を縮小させ，同時に割合も低下していく傾向に類似している。「商業・サービス業用」の建築着工は増減しつつ，割合を下げた。表5-10と比較すれば，アスベストスレートボードの1970年代を通じた底堅い需要が「居住専用」と対応しているものの，ケイ酸カルシウム板，サイディング，住宅屋根用化粧スレートは供給拡大しているのであり，この供給拡大は建築物におけるアスベスト建材使用箇所の拡大を意味している。
　アスベスト建材使用箇所の増大は，いわゆる新建材という文脈のなかで整理するのがわかりやすい。もちろん，耐火被覆など特殊な性能を付与される場合

もあるが，主目的は労働生産性の向上である。
　ここに，当時の大工へのヒアリングを行った木村［1969］の例をあげておこう。

　建材が出廻っているから以前よりも仕事は楽ですが，それだけ工期は短くなりました。建材は収縮が生木より少なくて乾燥させる必要もない。もちろんカンナがけなどの切り込みは不必要です。それですぐに建材を寸法通りに切ってクギやのりで取りつけることができるのです（木村［1969］162頁）。

　建築生産システムが近代化していく過程において，アスベスト建材を含む新建材が，生産システムの技術革新を伴って普及していったこと，そして，現場労働に著しい変革をもたらしたことがわかるだろう。それは，一貫して労働生産性の向上に結びついていく。このことは次に見る工具の問題にも該当する。

（2）　アスベスト建材の加工に伴う粉塵発生の実態
①工具の所有
　建築産業では多くの場面で電動工具による材料の加工が見られるが，加工に用いる工具の労働者による所有も機械工業には見られない建築産業の特徴の1つである。
　既に第3節で見たように，ゼネコンは統括機能のみを受け持ち，生産システムを構成する要素は基本的に外部調達を活用してきた。そのなかで，現場施工に用いる道具は現場労働者が調達するのが原則であり，現場労働者にとってみれば，職人としての自負と建築生産システムの経済合理性による不可避的な理由によってそうせざるを得ないのである。
　こうして，建築労働者は原則として自前で工具を調達する[47]。また，アスベスト建材の普及に相まって，電動工具の普及が進み始めた。電動工具は，従来のノコギリやカンナなどに比べて切断速度が早く，下請業者にとっても労働生産性を向上させるために有用なものだったことから，徐々に浸透してきたものである[48]。
　それゆえ事の是非は別にして，電動工具への粉塵対策も電動工具の所有者で

ある建築職人がみずから行わざるを得ない，というのが実態である。このことの是非を検討する前に，アスベスト建材の加工による粉塵の発生がいかなるものであるか，次に確認しよう。

②アスベスト粉塵の状況

本章第2節に示した労災の認定状況からもわかるように，建築産業のアスベスト粉塵量はかなりのものであったと思われる。このことを筆者の聞き取り調査を交えて検討する。

第3節（3）に示した常用職人によれば，現在，建築現場で丸鋸などの電動工具に集塵機を取り付けているのは，建築現場での電動工具使用による粉塵の多さから，近隣住民によるクレームが生じたためである。例えば，フレキシブル板などのアスベストスレートの切断では，その硬さに丸鋸の刃が摩擦熱で赤くなるほどであり，その分だけ刃が先に進みづらい。結果，アスベストスレートなどを切断するときの粉塵は非常に細かい粒子となり，容易に近隣へと飛散するようである。そこで，近隣住民からのクレームに対応するため，やむを得ず集塵機を取り付けたところ，粉塵量は大幅に軽減されたという。

同じく第3節（3）で紹介した大工は，肺がんでアスベスト労災の認定を受けた際の検査で乾燥肺1グラム中に7万5344本のアスベスト繊維が見つかったという。同氏は1963年以降，一人親方として住宅改修業務を生業としてきた。サイディング，石膏，フレキシブル板，スレートといった石綿混入建材を多く使用しており，それを丸鋸で切断加工して使用してきたところ，アスベスト粉塵に曝露したのである。

また，1954年に日本で用いられ始めたアスベスト吹き付けは非常に粉塵量が多く，1960年のじん肺法で早くも粉塵規制の対象になるほどであった。アスベスト吹き付けを日本で初めて導入した日本アスベスト株式会社（現ニチアス株式会社）の社史にさえ，あまりの粉塵量から他の建築職人からクレームを受けたことが記されている。

以上をまとめれば，建築現場のアスベスト粉塵は極めて多量だったと推察される。建築産業が機械工業と異なるのは，機械工業では粉塵発生源である機械を企業が保有するのに対して，建築産業では（電動）工具を一人ひとりの職人が所有していることである。そして，施工に従事する下請業者の零細性から粉

塵対策に投じる費用は限られていた。

　さらに言えば、アスベスト粉塵作業に従事する建築労働者のすべてが電動工具に粉塵対策を施し、また工事現場に携わる労働者すべてが防塵マスクなどの着用を徹底しなければ被害の抑制を達成することはできなかった。このことは、周辺曝露で被害を受けたゼネコンの現場監督の存在からも理解できよう。[57]

　以上から、建築産業でのアスベスト粉塵対策は、その生産システム上、非常に厳しい条件が存在していたと言えよう。それゆえに、建築産業のアスベスト災害を抑制するためには適切な、それも実効性のある規制が必要だったのである。

（3）　建築生産システムの構造的問題とアスベスト問題

　本章では、まずアスベスト被害認定の現状から建築産業の被害を特徴づけ、その特徴が建築生産システムに起因する問題であることを明らかにすると同時に、建築産業内部からはアスベスト被害を抑制する仕組みを構築することが困難であることを明らかにした。

　建築産業の労務下請構造は、電動工具の所有と相まって建築職人にアスベスト粉塵対策をとらせなければならない状況を作り出したが、多数の建築職人のすべてにアスベスト粉塵対策をとらせることは、適切な規制がない限り不可能である。さらには一人親方、事業主には労働法の規制が及ばないことからアスベストの周辺曝露が生じ、建築現場がアスベスト被害の温床になったのである。

　本章の課題に立ち返れば、建築生産システムと労務下請構造は、現実的な粉塵対策主体を現場労働者に落とし込むことによって責任関係を曖昧にするものであった。しかし、それは現場労働の下請化という極めて後進的な生産システムによって生じたものであり、かつこの後進性の上に成り立つゆがんだ経済合理性の結果である。労働安全衛生を度外視した安値受注競争をあおっているゼネコン・サブコンによって下請業者に粉塵対策の実行能力が失われているのであり、この競争構造を是正するための罰則はいくらでも制度化が可能だったろう。

　さらに問題なのは、アスベスト建材を使用しなければ建築物が建てられないということはなかった、ということである。そもそもアスベスト建材の多くは

他の建材を駆逐するなかで市場を拡大してきたものである。また，建築基準法に定める耐火被覆に関しても，澤田［2015］に示したように，アスベスト建材は多様な耐火被覆材のうちの1つである。建築にかかるコストを節約するためにアスベスト建材が多用されてきたのであり，その低コストは建築職人の命（労災）によって支えられてきた。隘路があるとすれば代替品の生産能力の有無だろうが，生産能力の増強を見つつ段階的にアスベスト使用禁止にすることは不可能なことではなかっただろう。しかし，現実にはこうした対応がとられることはなかったのである。

　本来ならば国の責任のみならず，建材メーカーやゼネコンなどの建築産業および建築関連産業全体が有する固有の特徴を問題と捉え，全体的な構造改革が求められていたのではないだろうか。そして，この構造改革は今もなお求められていることである。

注

(1) いわゆる建設業には建築と土木があり，建築と土木には以下の違いがある。第1に，建築は生産物が社会生活あるいは私生活に用いられるビルや戸建て住宅であるのに対して，土木は土地の改質に関わるもの，例えば道路や治水などを生産物にする。第2に，発注者としては，建築物では官民いずれも存在するが，土木は官営事業が中心で発注者による生産システムへの規制がある。この相違から，本章では建築，土木，そして両者の統一概念としての建設を区別している。

(2) 澤田［2011］114-116頁。

(3) アスベスト建築資材（以下，建材という）のアスベスト消費量は15万2200トン（1982年）と最も多く（機械電子検査検定協会［1984］144頁。なお1982年のアスベスト輸入量は22万3800トンである），また日本石綿協会の推計でも，例えば1975年は約18万5000トンがアスベスト建材向けのアスベスト消費量だと推計している（日本石綿協会［2003］表5-14）。

(4) 澤田［2011］107-108頁。

(5) 例えば，元請（ゼネコン）に対する一次下請（専門工事業者：サブコン）の相対的地位が異なる。また，農業従事者による冬期の出稼ぎの多さがある，など。

(6) なお，より高度な分析のために，産業別にアスベスト被害を捉えた統計は存在していないほか，アスベスト起因の肺がんについても統計が存在しないので，整備が求められる。

(7) ここで，データの限界についての理由を詳述すると，①認定基準や労働者性との関係から労災やアスベスト新法の認定を受けることができなかった者が存在する点，②労災

第5章　建築産業の生産システムとアスベスト問題

認定の取得に積極的な労働組合の存在の有無などにより産業ごとのデータに均一性が担保しづらい点，③作業分類を産業別の分類に置き換えることが困難な場合がある点である。このうち，①についてはアスベスト被害認定の一定の基準があるため，アスベスト被害の絶対数は小さくなるが，分布としてのデータの偏りは少ないものと思われる。②については澤田［2011］に示したように，厚生労働省［2009］のアスベスト被害データ（本章の厚生労働省［2013］の旧バージョン）は厚生労働省の『人口動態統計年報』各年版の「中皮腫」との相関係数が0.97と極めて高く出ていることから，産業ごとの偏りはやはり少ないものと思われる。③については，厚生労働省ウェブサイト（http://www.mhlw.go.jp/new-info/kobetu/roudou/sekimen/sagyo.html　2014年5月8日最終確認）に記載の作業分類の中身に当たることで，産業別の状況を類推する。

(8)　エレベーターの作業内容は，建築物への据え付け，保守である。厚生労働省ウェブサイト（2014年5月8日最終確認）を参照のこと。

(9)　これらの作業内容には，建築物の配線工事，ボイラーや機械室などでの作業が含まれる。厚生労働省ウェブサイト（2014年5月8日最終確認）を参照のこと。

(10)　澤田［2011］では，用いた資料が厚生労働省［2009］であることから情報が古いことと，建築産業を抜き出した分析を行っていなかったことから，厚生労働省［2013］を用いて，新たに表5-2を作成した。

(11)　なお，アスベスト製品の生産過程での労災認定者数が0人の県が存在するのは，アスベスト製品を生産する事業所が存在しない県とあっても少ない県が存在するためである。詳しくは澤田［2011］114-115頁を参照のこと。

(12)　土木と建築は構造物の構造が異なる一方で労働は土木と建築をまたぐものもあり，労働実態の分類としては明確に仕分けることが難しい。

(13)　各年の建設業の就労者に各年の建設投資額の構成比を掛けている。

(14)　内山・木内［1983］11頁。

(15)　例えば，日本初の超高層ビルとして有名な霞が関ビルディング（地下3階，地上36階，塔屋3階）の場合，1965年3月着工，1968年4月竣工であり，投資額は当時で150億円であったという（鹿島建設社史編纂委員会編［1971］879-891頁）。

(16)　野帳場とは，建設工事のうち，ゼネコンが元請に入る仕事をいう。土木と建築を明確に分けて使わない。対義語は町場である。町場については後述する。

(17)　渡辺［1997］や浅沼［1997］を参照のこと。

(18)　澤田［2014］を参照のこと。

(19)　プレハブやプレカットではこのことは当てはまらないが，プレハブ住宅の供給が日本で開始されたのは1959年のことであり（松村［1998］66頁），本格化はさらにその後のことになる。また，平野［2010］では1970年代にプレカットが拡大途上にあることがわかる（1135頁）。

(20)　常用職人（大工）筆者聞き取り調査（2014年2月27日実施）による。この聞き取り調査では建築現場で常用の労働者として働く職人に聞き取りを行った。戸建て住宅が専門

第Ⅱ部　建設アスベスト問題における課題と論点

で野帳場にはあまり出たことが無いという。
(21)　プレハブ工法はこの例外である。ただし日本ではプレハブ住宅が普及しているものの，工場での生産は「量産・プレハブが生産者側から一方的に言われていた時代には，日本のプレハブが一軒一軒違う家を造っているということで，生産性の面から批判されることがありました。しかし最近は，プレハブ住宅会社ほど多品種というよりは一品生産に近いことをしている製造業はない，ということで注目されるようになりました」（内田［1993］121-122頁）と言われるほどであり，高付加価値製品にならざるを得ない（水田［1970］88-90頁）。事実，日本のプレハブ住宅は統計が取られ始めた1975年時点で1014万6703m^2と，同期の住宅向け建築1億1242万2149m^2の10%にも満たなかった。この時点で支配的な工法は在来工法（戸建て・長屋）による9162万9028m^2，鉄筋コンクリート造・軽鉄骨造（共同住宅）の2079万3121m^2である（建設省計画局監修［1981］35頁）。
(22)　松村編［2004］162-163頁。
(23)　筆者聞き取り調査（2014年2月1日，2月26日および2月27日実施）によれば，いずれの方々も一次下請（サブコン）の業者がメーカーを選定するとコメントした。ただし，アスベスト建材の取引関係について考察した澤田［2014］での調査によれば，建材メーカーは元請との直接取引も行っていたことが確認されている。
(24)　木村［1969］166頁。
(25)　木村［1969］166頁。なお，棒芯とは各専門工事工の統率を行う者のことである。
(26)　町場とは，建設工事のうち，戸建て住宅を扱う工務店の仕事を指している。
(27)　木村［1969］172-174頁。木村による札幌市内での親方アンケート調査の結果である。
(28)　筆者聞き取り調査（2014年1月20日実施）による。この聞き取り調査では住宅の改修工事を手がける一人親方に聞き取りを行った。
(29)　一人親方に対する筆者聞き取り調査（2014年2月1日実施）による。
(30)　常用職人（大工）に対する筆者聞き取り調査（2014年2月27日実施）による。
(31)　作業内容の質的相違を見い出すことが困難なことは現場監督，労働基準監督官への筆者聞き取り調査からもわかる。元現場監督は，「一人親方だとか常用だとかいった区別は現場でみていてもわからない」といい（筆者聞き取り調査，2013年10月25日実施），労働基準監督官からも「現実的な問題として，数十人から数百人が混在する現場において，労働者，一人親方，事業主なんてマークなんてないからまずわからない」との声が聞かれた（筆者聞き取り調査，2013年9月12日実施）。
(32)　事業主に対する筆者聞き取り調査（2014年2月26日実施）によれば，「ゼネコンから一次，二次までのところは書面で契約を結ぶ。収入印紙貼ってしっかりとしたもの。ただ，二次から三次，それ以下は口約束でいい加減なもの。知ったところだからという感覚でそのままやっちゃう。ただ，応援の場合は常用証明書という用紙がある。ちゃんと働いていますよ，という作業証明的なものを監督に書いてもらう」とのことであった。
(33)　この点，首都圏建設アスベスト訴訟では一人親方に対する国の責任が認められなかったが，労働の同質性から見て，一人親方と常用を就労形態で線引きするのは不当だろう。

㉞　全建設労働組合総連合［1995］31頁。
㉟　なお，今日的な一人親方の形態には別の要因が関わっているようである。全建設労働組合総連合［2010］によれば「『一人親方』になった契機は，近年になるに従い，『自由に仕事をしたいから』といった積極的な理由は低下し（同時に『収入を増やすため』『好きな仕事を選びたいから』も僅かであるが低下），『雇ってくれるところがないから』『人を雇えなくなりやむなく』という消極的な理由の割合が高まっている」という（14頁）。長期的な建設不況により事業主が常用で抱えることのできる職人が少なくなったこと，また事業主が一人親方になったことなど，種々の理由により一人親方化する例が多くなっている。
㊱　一人親方といっても現場によっては常用として働くこともあり，また他の一人親方等と共同して，事業主として受注を行うこともあるという（労働基準監督官に対する筆者聞き取り調査，2013年9月12日実施より）。
㊲　事業主に対する筆者聞き取り調査（2014年2月26日実施）による。
㊳　工事に関わる経費で，例えば電気代，工事事務所などの費用が計上される。
㊴　さらには，下請に入る事業主や一人親方がみずからの屋号でなく，一次下請の屋号を用いて現場に出ることも常態的に行われているという（事業主に対する筆者聞き取り調査，2014年2月26日実施）。したがって外注費に含まれない下請が行われている可能性もある。
㊵　筆宝［1992］29-39頁。
㊶　日本石綿協会［2003］表5-1。なお，吹き付けアスベストに関する統計は存在していない。
㊷　国土交通省ウェブサイト（http://www.mlit.go.jp/kisha/kisha08/01/010425_3/01.pdf　2014年5月23日最終確認）。
㊸　新規に着工される建築物については2004年以降アスベスト建材の使用が原則として禁止されているが，2004年以前に建てられた建築物のうち，現存するものについては未だにアスベスト建材が用いられたままである。
㊹　国土交通省ウェブサイト（2014年5月23日最終確認）。
㊺　国土交通省ウェブサイト（2014年5月23日最終確認）。また，日本石綿協会［1971］によれば，「建築基準法，令の改正はこの一月一日から実施に入ったが，かねてから話題の住宅の内装制限も，材料は不燃材料，準不燃材料，また，耐火建築物は除くことになったが，不燃第一号石綿スレートにとっては朗報である。

　法文によれば二階建以上の建築物（除耐火建築物）は，台所，浴室など火器取扱いの，室の内装（壁・天井）は（除最上階）不燃材料若しくは準不燃材料を使用しなければならないことになっている」（第301号，三面）としており，「昭和四十四年五月から，旅館・ホテル等の内装制限が施行されると石綿スレートボード類の売行は忽ち上昇したという実例がある。今回も同等の期待が持てると見て差支えないであろう」とまとめている。

⑷6　木村［1969］162頁。
⑷7　木村［1969］169頁。なお，工具の所有に見られるような建築産業の下請施工は建築産業の後進性に規定されている側面がある（内山・木内［1983］45，48-49頁）。労働基準法が念頭に置く雇用関係が，建築産業では十分に成立していないのである。
⑷8　木村［1969］160-162頁。
⑷9　常用職人（大工）に対する筆者聞き取り調査（2014年2月27日実施）によれば，常用職人は「例えば確定申告，自分でやる。道具は基本自分で揃える。集塵機ももちろん自前だ。車，作業着，何でも自分持ちになる。マスクなんかは簡単なやつは現場でも用意されるが，大体自分で持っていく」と認識している。
⑸0　常用職人（大工）に対する筆者聞き取り調査（2014年2月27日実施）による。公害の可能性が示唆されるコメントである。
⑸1　常用職人（大工）に対する筆者聞き取り調査（2014年2月27日実施）による。
⑸2　常用職人（大工）に対する筆者聞き取り調査（2014年2月27日実施）では，「セメントの粉塵は小麦粉で，木くずの方は塩や砂糖みたいなイメージ。セメントを切ると髪がカサカサになるぐらいすごい」と聞かれた。
⑸3　常用職人（大工）に対する筆者聞き取り調査（2014年2月27日実施）による。
⑸4　同氏は一人親方労災の特別加入制度を利用していたために労災認定を受けた。
⑸5　一人親方に対する筆者聞き取り調査（2014年1月20日実施）による。調査対象は消防設備の設置を行う一人親方であった。
⑸6　小野寺［1973］110頁。
⑸7　常用職人（大工）に対する筆者聞き取り調査（2014年2月27日実施）によれば，「アスベストの難しいところは，自分が使っていなくても，気をつけていても，他の人が使っていると曝露してしまうことだろう。A氏（元現場監督）がいい例だ」という。

第6章
建設アスベスト問題における粉塵対策の基本原則と粉塵対策技術

田口直樹

---

1 建築現場における粉塵対策の特殊性

　2005年6月29日にクボタがアスベスト被害者への見舞金支払いを公表したことによって周辺住民へのアスベスト被害が明るみに出た。いわゆるクボタショックである。このことによりアスベスト被害が顕在化し、アスベストの危険性が一般的に知られるようになったのは記憶に新しい。アスベスト被害をめぐっては、国を相手取り、アスベスト紡織の産地であった大阪府の泉南地域の被害者を中心として「泉南アスベスト国賠訴訟」や建設現場の被害者を中心に「首都圏建設アスベスト国賠訴訟」と「関西建設アスベスト国賠訴訟」等が行われた。これらの訴訟の主な焦点はアスベスト粉塵対策として局所排気装置の義務づけ等を怠ったとする国の「規制権限の不行使」である。[1]

　アスベストは前章までに示されてきたように工業製品素材としての有用性が極めて高く、3000種類を超える製品に使われてきた。[2]工業的有用性が高い一方で、アスベスト関連製品の製造工程で発生するアスベスト粉塵を長年にわたり曝露しつづけることで石綿肺、中皮腫、良性石綿胸水、びまん性胸膜肥厚等を発症する労働災害の危険性があることも既に示した通りである。[3]

　1930年代にはアスベスト粉塵の危険性について認識されていたにもかかわらず、これほどまでに対策が遅れたのはなぜか。粉塵対策の基本的技術は局所排気装置およびその効果を測定するための粉塵濃度測定の技術である。この基本的技術に対する工学的知見が確立していたか否かという点が上述の国賠訴訟の大きな争点であった。局所排気装置の構成技術としての集塵装置については1930年代には既に技術的に確立しており、遅くとも1950年代には局所排気装置の設置の工学的知見は確立していたことは本書の第Ⅰ部において明らかにした。[4]

局所排気装置は工場において粉塵発生源から局所的に粉塵を捕集し排気することに他ならないが，泉南地域のようなアスベスト紡織工場においては，この局所排気装置の設置によって相当程度被害を防げることが明らかになった。しかし，同じアスベスト粉塵を発生させる建築現場は，紡織工場と少し事情が異なる。建築現場というのは工場ではなく屋外作業が基本となるため，固定式の局所排気装置を設置するということは事実上不可能だからである。すなわち，粉塵対策がしにくい作業現場構造になっており，それゆえに，建設産業が最もアスベスト被害が発生している産業となっている。

そこで本章では，建築現場における粉塵対策の考え方について検証することで，アスベスト粉塵に対する対策がいかにあるべきであったかについて検討していく。

2　建設アスベスト問題を考える上での根本的問題点

（1）アスベスト被害の現状

序章，図序-1で示した通り，戦後高度成長とともにアスベストの輸入量は増加の一途をたどり，1990年代の前半までは大量のアスベストが輸入されつづけてきた。輸入がゼロになるのは2006年である。厚生労働省の人口動態統計では1995年には500人であった中皮腫の死亡者数は2007年には1156人と2倍以上に増えており，増加傾向は鮮明になっている[5]。

アスベストに関わる労働災害に関する被害の実態については，澤田［2011］が詳細に分析している。アスベスト材料・部品を用いた完成品の製造・建設過程における曝露労働の実態を肺がんと中皮腫に着目してみると**表6-1**のようになる。これを見ると建設労働者における被害が多いことがわかる。肺がんによる認定者は568人，中皮腫による認定者は953人であり，合計1521名は全体の半数近い41.3％を占めている。これに吹き付け作業を含めると，45.3％を占めるにいたる。このようにアスベスト関連作業に伴う労働災害の実態を見ると，建設作業における被害の大きさがわかる。

第6章　建設アスベスト問題における粉塵対策の基本原則と粉塵対策技術

表6-1　アスベスト材料・部品を用いた完成品の製造・建築過程における労働災害者の累計値

作業名	疾患の種類		合　計	割　合
	肺がん	中皮腫		
建築（吹き付け以外）	568	953	1,521	41.3%
造　船	468	523	991	26.9%
配管・断熱・保温・ボイラー・築炉関連作業	251	302	553	15.0%
自動車・鉄道車両等を製造・整備・修理・解体する作業	43	170	213	5.8%
電気製品・産業用機械の製造・修理に関わる作業	39	140	179	4.9%
建築（吹き付け）	75	72	147	4.0%
上下水道に関わる作業	13	26	39	1.1%
その他アスベスト材料加工作業	2	17	19	0.5%
ゴム・タイヤの製造に関わる作業	3	8	11	0.3%
土　木	3	5	8	0.2%
金庫の製造・解体に関わる作業	0	3	3	0.1%
総　計	1,465	2,219	3,684	100%

（注）　資料は厚生労働省。
（出所）　澤田［2011］112頁表3を一部加筆。

（2）　建設作業における被害拡大の背景

　本章冒頭でも述べたように，アスベストは工業材料の使用価値としての有用性は様々な面で非常に高いものとして認識されていた。それゆえに，建設産業においては有用性の高い材料として政策的に公認されてきた歴史があり，結果として建築作業現場において甚大な労働災害をもたらす結果となっている。では，上述したようにこれほどまでに建築現場において被害が拡大したその政策的背景を簡単に見ておく。

　主に建設産業を対象としてアスベスト問題を分析している澤田［2013］が，建築材料としてアスベストが選択された理由を政策的背景とそれを利用する建設産業側の経済的理由も含めて分析しているのでその概要を以下に示す。

　1950年の建築基準法制定時には，石綿板が不燃材料として規定されていたのみであったが，品質・性能の改善，新製品開発と並行した業界の精力的な働きかけの結果，国が多くのアスベスト含有建材を防火・耐火材等として公認し，普及を促進してきたという経緯がある。高度成長期以降のビル建設，住宅建設の大幅な伸張と，石綿含有吹き付け材（1955年），パーライト板（1957年），石綿含有屋根材（化粧スレート）（1961年），窯業系サイディング（1967年），押出

成形セメント板（1970年）等，新たな建材の製造が始まっていく。建設産業におけるアスベスト利用の歴史は，危険性が指摘されているにもかかわらず，防火性能・耐火性能を建前に国が公認した形で2006年に禁止されるまで使用され続け，健康被害を拡大させ続けてきたという歴史である。

　建築物のなかでアスベストセメント製品が用いられるのは，主に屋根と内壁（柱，はり，床，天井）である。アスベストセメント製品は，その最初期こそ屋根材としてのみ用いられてきたが，戦後，耐火性能が認められてからは，耐火被覆材としての用途を急速に広げてきた。一定規模以上の建築物は，防災の観点から耐火性能を持たせることが義務づけられており，アスベストセメント製品は耐火被覆材として指定を受けたのである。

　例えば，耐火時間が3時間と最も厳しい条件が設定される場合のある柱とはりについて見てみる。この耐火構造については1964年に建設省告示1675号が設定されている。1675号に指定される耐火構造は一般指定と言われ，「どの施工業者が施工しても耐火構造として認められるもの」となっている。1675号を見ると，3時間耐火構造指定を受ける材料は，鉄筋コンクリート造，鉄骨鉄筋コンクリート造，鉄骨コンクリート造，または鉄骨の被覆として鉄網モルタルやコンクリートブロック，れんが，石，もしくは吹き付けアスベスト（はりのみ）となっている。ここで問題となるのは，1964年段階ではアスベストセメント製品のうちで指定を受けるものは吹き付けアスベストのみであるということである。つまり，少なくともアスベストセメント製品のみが耐火構造の要件を満たすということではない。

　他の耐火性物質と比較して健康被害に対する安全性という観点から見たとき，優位性のないアスベスト建材が使用される理由はどこにあるのか。

　建設産業は一般に労働集約型産業である。建設産業の生産物である建築物は，一品生産に近い多品種少量生産であり，大型であることから，工場での組立には不向きである。また，建築現場によって採用される工法も様々である。材料の裁断や塗布といった加工は主に工事現場で行われる。建築生産においては材料と対応する工法にしたがい，耐火性能が同等であれば労働生産性（単位面積あたりの施工時間）の高いものを，そして，労働生産性が同等であるならば材料コストの安いものを選択することが求められる。労働集約型産業である建設

産業は，建築物のトータルコストを引き下げるために，労働生産性と材料費の関係を勘案しながら設計・施工が進められる。建設産業では，技術的に困難の伴う耐火構造指定はアスベストセメント製品以外の製品によっても要求される耐火性能は達成できた。しかし，アスベストセメント製品が使用されるのは，耐火構造を要求される建築物の構造上，特定の施工箇所においてはアスベストセメント製品のコストパフォーマンスが，単に材料価格だけでなく労働生産性という観点から見ても優れていたからである。吹き付け工法による施工は，吹付け材を吹き付けるという作業であるがゆえに，複雑な施工対象に対しても自由度が高く，効率的に被覆できるからである。

　アスベスト製品に代替する繊維物質としてはロックウールがあるが，ロックウールについて見ても1938年に日東紡績株式会社が既に製造開始している[6]。また上述したように耐火性能を有するのはアスベストだけではない。建設産業の場合，アスベストの代替化に必要な技術的条件は存在していたが，それでもアスベストセメント製品が用いられ続けたのは，アスベストセメント製品を用いることによるコスト低減が本質的な問題としてあることを指摘しておきたい。

　建築素材としてのアスベストを考える場合，建築物に要求される耐火性といった性能面に着目すれば代替材は既に存在しているわけであり，アスベストを使用しなければならない機能的必然性は1つもない。そこには企業のコスト低減という経済的必然性があるのみである。ゆえに，危険性が取りざたされていたアスベストを使用禁止にせず，むしろ逆に公認したという事実は，建築作業現場において粉塵対策を義務づけたか否かという責任以前の問題として責任が問われる根本的な問題であることを指摘しておきたい。

3　建築現場におけるアスベスト粉塵対策

（1）　アスベスト粉塵発生と被害拡大に関する本質的視点

　1975年の特定化学物質障害予防規則改正において吹き付けアスベストの使用が禁止された。戦後，アスベストが耐火性能を認められ，耐火被覆材として吹き付けアスベストが指定を受けて以降は，複雑な被覆形状の部分には「吹き付け」工法によりアスベストで被覆する方法が普及していく。アスベストの「ス

レート」⁽⁷⁾等を使用するのではなく「吹き付け」工法を使用することで生産性は高まるが、この工法はアスベストを吹き付けることで甚大なアスベスト被害をもたらす。そして1970年代にアスベストのがん原性が指摘されるにいたり、1975年の特化則改正において使用が禁止される。生産性を重視した「吹き付け」工法という技術の選択が結果として必要以上に被害を拡大したという問題がある。

　同様の問題が「スレート」を使用する場合にもある。「スレート」を使用する場合、基本的施工箇所に合わせた切断、サンダーによる研磨、ドリルによる穿孔等の作業が行われる。1950年代以降、この作業で使われる技術は電動工具である。電動工具は年々技術的進化を遂げているがその技術進歩の核心部分は切削速度、研磨速度、切削速度の向上や工具部分の材質の向上である。この技術部分の向上が労働生産性を飛躍的に高める。しかし、特に前者、工具の回転速度の上昇という部分は、同時に旋削した切粉に大きな運動エネルギーを与えることになる。構造物に耐火被覆材を施工する場合、「スレート」を使用する場合と「吹き付け」の場合を比較すれば、被覆するという観点だけから見れば「吹き付け」の方が危険である。しかし「スレート」を取り付ける前工程も含めて見れば、電動工具を使用することにより甚大な被害が発生していることを決して見落としてはならない。電動工具の使用状況とスレートの出荷枚数の関係を示すと、**図6-1**のような関係になる。

　このグラフからも明らかなように1970年代から75年にかけてスレートの出荷枚数は第1のピークを迎える。それに伴い電動工具の販売額も増加を示し、1990年代の前半までは増加の一途をたどっていることがわかる。電動工具の増加は、加工対象である石綿スレートの出荷量の増加と相俟って、建築現場において大量の石綿粉塵が発生する主要な原因となっている。

　繰り返すが、「スレート」を使用する場合でも、電動工具という新しい技術選択により、それを使う以前とは比較にならないほどの粉塵の飛散エネルギーが発生し、甚大な被害を発生させてきた。この事実に鑑みれば、「吹き付け」と同様に電動工具を使用する作業に対しても規制をしなければならなかったというのが論理的・必然的帰結である。

第6章　建設アスベスト問題における粉塵対策の基本原則と粉塵対策技術

図6-1　電動工具の販売額とスレートの出荷枚数

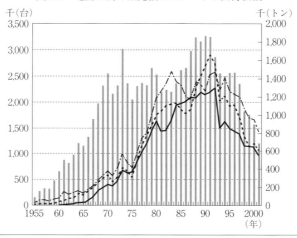

（出所）　電動工具に関しては『機械統計』、スレートに関しては日本石綿協会［2003］のデータをもとにして筆者作成。

（2）　粉塵対策の基本

　アスベスト繊維工場や様々なアスベスト製品を加工する工場におけるアスベスト粉塵対策の基本は、発塵源においてアスベスト粉塵を捕捉する局所排気装置を設置することである（完全に密閉できる工程であれば密閉が望ましい）。局所排気の定義は沼野［2012］によれば、「有害物質の発散源のそばに空気の吸い込み口を設けて、局所的かつ定常的な吸引気流をつくり、その気流にのせて有害物質がまわりに拡散する前に、なるべく発散したときのままの高濃度の状態で吸い込み、作業者が汚染気流に曝露されないようにする」となる。[8] 具体的なイメージは第1章図1-1に示した通り、フード、吸引ダクト、空気清浄装置、ファン、排気ダクトからなる一連の技術体系が局所排気装置ということになる。これでも100％捕捉することは無理であるため工場を湿式化、作業者にマスクを着用させる、あるいは長時間粉塵濃度の高い場所での作業をさけるために職場ローテーションを行うなどの総合的な粉塵対策を行うことにより、初めてアスベスト粉塵からの被害を最少化できる。

　一方で、建設産業の場合、作業場所は工場ではなく建築現場で行われること

が多いため、作業立地環境、建築構造も多様であり、一時的な作業場という性格を常にまとうため局所排気装置を設置するというような通常、工場で行うような粉塵対策は困難である。

しかし、工場での機械の稼働場所で粉塵が発生するのと同様に、建築現場において粉塵が発生する場所は工具を使用して作業する場所そのものである。ゆえに、例えばスレートを切断するために使用する工具の稼働場所で粉塵を捕捉することが粉塵対策の基本となる。そして工具の稼働場所で捕捉しきれない粉塵が当然発生するため、マスク等の着用による補助的な対策をすることがアスベスト粉塵からの被害を最少にする合理的手順である。

建築現場の作業箇所の発塵源において粉塵を捕捉するという観点から見たときに有効な技術的手段は集塵装置付き電動工具ということになる。集塵装置付き電動工具は電動工具の駆動する工具を被うカバー（フード）部分からダクトを通じて発生する粉塵を吸引する一連の技術体系である。簡単に言えば電動工具に掃除機をつなぎ合わせたような構造になっている。いわゆる集塵装置と同様にサイクロンの原理で吸引するかバグフィルターを使用して捕捉するかの違いはあるにせよ、小型の可動式集塵装置を電動工具につないだものが集塵装置付き電動工具である。

（3） 集塵装置付き電動工具の開発起点

電動工具自身については日本で見れば1935年に芝浦製作所（現在の東芝）が国産第1号の電気ドリルを開発・販売したのをはじめとして、その後様々な電動工具が各メーカーにより開発されており新しい技術ではない。集塵装置部分についても集塵する原理は1880年代から既に技術的には確立しており、工業的に利用されている。すなわち、吸引・捕捉するという集塵装置の構造・原理は1880年代当時から今日にいたるまで基本的な変化はない。[9]電動工具に使用される集塵装置は基本的原理として電気掃除機と同じである。電気掃除機の歴史を見ても、真空掃除機の最初は1901年イギリスのブース（Booth, C. B.）によるものであり、容量は5馬力の巨大なもので、外に置いて長く自由に動くホースを窓から入れて2人で操作した。この掃除機でイギリス水晶宮を2週間がかりで掃除し、ここに宿営していた海軍兵の斑点熱を一掃した話がある。家庭用小型

掃除機の草分けは1907年にフーバー（Hoover, W. H.）が特許をスパングラー（Spangler, J. M.）から買い事業化したことから始まる。日本での最初は1930年代であるが、1950年代には普及しはじめ急激に増加していく。

以上のように電動工具、集塵装置それぞれを見た場合、基本原理は古くから存在しており、集塵装置付き電動工具を製造することの技術的要件それ自身は決してハードルの高いものではない。実際に、電気サンダーの主要メーカーであるドイツのFESTOOL社は、1931年、建築業で大工等が使用するディスク・サンダー（円盤状の砥石、砂紙、ワイヤブラシ、ウールボンネットなどの研磨材を装着して研削・研磨作業を行う工具）に集塵装置を装着した製品の製造販売を開始している。

図6-2　真空式集塵機

（出所）　労働省労働基準局労働衛生課監修［1957］9-40頁より転載。

日本においては、電動工具に装着することを意図したものではないが、労働省労働基準局労働衛生課監修［1957］において㈱新技術社の「ポータブル真空式集塵器」（図6-2）が紹介されている。ここには、

> 本器はサイクロンとバグフィルターの混血児のようなもので、真空装置によって吸塵するものである。1馬力で毎分 $5\,\mathrm{m}^3$ という性能を持ち、従来は工場の床上や梁上の掃除機として用いられたが、例えば、局所排気装置をとりつけられてないところ、または臨時に局所排気装置として使用したい場合、どこでも移動可能であるから便利である

と説明されている。ここで掲載されている写真からも明らかなように、吸引ホースとノズルで集塵する掃除機そのものである。集塵装置付き電動工具は、こうした集塵装置をアタッチメントを介して電動工具に接続するだけの構造であるから、可動式の集塵装置という意味での技術的条件は既にこの時期には確立

している。ただ，目的との関係で電動工具に接続するという発想がないだけである。電動工具に装着することを意図したものとしての集塵装置付き電動工具の製造・販売は遅くとも1970年代には実際に始まっていたことが確認できる。実際，前述のFESTOOL社のパンフレットには「1965年，すべてのサンダーを集塵式にして発売」とあり[14]，また，米国の電動工具メーカーであるSKIL社[15]の日本代理店のカタログ[16]には，「スキルベルトサンダー」の品番に「吸塵装置付」と記載されており，日本国内でも1957（昭和32）年の時点で，電動工具に集塵装置をとりつけた製品が販売されている。日本製という点では，1974（昭和49）年の日立工機の電動工具のパンフレットを確認すると，「防塵丸鋸」，「集塵装置つきグラインダー」などが掲載されている[17]。日本製となると本格的に普及するのは1970年代からということになるが，輸入製品であれば，1950年代から取り扱われており，建築現場における導入の技術的条件は1950年代から十分にあったと言える。

　ここで重要なのは，1970年代に日本で開発された集塵装置付き電動工具も1930年代にドイツで開発された集塵装置付き電動工具も，現在，広く使用されている集塵装置付き電動工具も，構造原理，機能原理は基本的に同じであるということである。集塵装置単体で見れば，上述した1957年の真空式集塵装置もしかりである。性能面で１つの指標となる「吸い込み仕事率（風量×真空圧）」が高出力化とともに上昇しているのが異なる点である。問題は1970年代に開発された集塵装置における集塵性能がどれほどであったかという問題である。

（４）　集塵装置付き電動工具の効果

　「石綿による健康障害に関する専門家会議」が作成した「石綿による健康障害に関する専門家会議報告書」(1978) には，1976年に，木村菊二が電動鋸および電動丸鋸を使用して石綿板を切断した際の石綿粉塵濃度について，「吸塵装置」を作動した場合と休止した場合とを測定して比較した結果がまとめられている[18]。測定結果によれば，電動丸鋸を使用した際の石綿粉塵濃度が，吸塵装置を使用しない場合，濃度範囲が147.03～391.50（f/cm^3）であったのに対し，吸塵装置を使用した場合，濃度範囲は2.89～25.08（同）となっており，吸塵装置の使用によって石綿粉塵飛散量を著しく低減させることが可能であること

表6-2 各種建築材の切削加工時の質量粉塵濃度の測定値の幾何平均と防塵効果

(単位：mg/m³)

		作業点吸入性粉塵濃度幾何平均（n＝2）	周辺吸入性粉塵濃度幾何平均（n＝4）	防塵効果（③／①）（⑤／④）
ケイ酸カルシウム板	③吸塵マット＋集塵装置付き電動丸鋸 ②集塵装置付き電動丸鋸 ①集塵装置のない電動丸鋸	0.140 0.133 0.646	0.123 0.11 0.206	0.22
スレート板	③吸塵マット＋集塵装置付き電動丸鋸 ②集塵装置付き電動丸鋸 ①集塵装置のない電動丸鋸	0.185 0.183 0.646	0.141 0.158 0.289	0.29
サイディング	③吸塵マット＋集塵装置付き電動丸鋸 ②集塵装置付き電動丸鋸 ①集塵装置のない電動丸鋸	0.198 0.368 1.329	0.197 0.268 0.1564	0.15
屋根スレート	⑤集塵装置付きサンダー ④集塵装置のないサンダー	0.968 5.204	0.192 1.603	0.19

（注）　2015年4月28日に首都圏建設アスベスト国賠訴訟弁護団の依頼により東京建築カレッジ江東実習所において東京労働安全センターの外山尚紀氏が行った測定結果。
（出所）　外山尚紀氏提供。

がわかる。以上から，1970年代に存在した集塵性能においても，十分な効果があったことは明らかである[19]。

また，『せきめん』（日本石綿協会）の1999年12月号では，電動丸鋸でスレート板を切断した際に集塵装置付き電動工具を使用した場合の粉塵濃度を計測し，日立工機製のR30Y 小型集塵機専用フィルターの性能評価をしている。この性能評価を見ると粉塵抑制率は99％以上を示している[20]。この実験はフィルターの性能評価であるが，ここで使用されているR30Yという集塵装置の性能を見ると，消費電力450W，最大真空度5.39kPa，最大風速2.7m³/min となっている。1992年時点で使用されている集塵装置の性能と1974年に開発された日立の集塵装置付き電動工具の性能（消費電力400Wで風速12.5～13m³），あるいは1957年の真空式集塵器（1馬力＝735.5Wで5m³）と比較しても，吸い込むという能力だけをとれば1975年時点でも集塵装置の能力としては特に問題はないと考えられる。

表6-2は，2015年の4月28日に東京労働安全センターの外山尚紀氏が集塵装置付き電動工具の効果を測定した結果である[21]。ケイ酸カルシウム板，スレート

板，サイディング，屋根スレートと建築現場で主に使用する材料を電動丸鋸およびサンダーという基本的な電動工具を使用して，吸塵マット，集塵装置を付属した場合としない場合に分けて粉塵濃度を測定した結果である。ケイ酸カルシウム板とスレート板に関しては，吸塵マットの効果は見られないが，集塵装置を付けない場合は5倍弱の粉塵量であることがわかる。一方，サイディングに関しては，吸塵マットの効果が顕著であり，吸塵マットがない場合は2倍弱の粉塵量であり，加えて集塵装置をつけない場合は，7倍弱の粉塵量であることがわかる。屋根スレートについても，工具としてはサンダーを使うが，これも集塵装置ありとなしでは5倍強の粉塵濃度の違いが生じている。

直近のデータと比較しても上述した過去の測定結果は遜色のあるものではなく，集塵装置付きの電動工具が粉塵対策として有効であることを物語っている。

(5) 海外の事例

建設産業におけるアスベスト対策の具体的な事例は早期にアスベストが問題となったイギリスにおいても見られる。1970年の英国工場監督年報には，

> 面取り盤，ルーター，バンドソー，帯鋸，研磨ディスク，グラインダー，旋盤，穿孔（ドリル），ドラム研磨盤といった機械を使ってアスベスト製品を加工する際の粉塵抑制について，調査と勧告がなされている。この分野についての研究が続けられており，従来型の排気装置の設置だけでなく，新たなものが開発されている。低容量高速型のものが，旋盤，ドリル，帯鋸から生じるアスベスト屑と粉塵の抑制に，特に効果的であることがわかってきている。抑制方法について様々な成功例を掲載したテクニカルデータノートが残されることになっている[22]

とあるように，電動工具を使用した際の粉塵抑制について示されている。

また，1972年の英国工場監督年報には建設業の安全衛生に関する専門合同委員会が開催され，アスベスト使用における予防措置についての小委員会を立ち上げることに合意したことが紹介されているが，この年報のなかには，アスベスト板をドラムサンダーで加工している工程および携帯型の電気ドリルをアス

ベスト板に使用している事例が紹介されており，それぞれ集塵装置がない場合と集塵装置がつけられている場合の粉塵抑制の事例が写真つきでより具体的に紹介されている[23]。

このようにイギリスにおいても電動工具の使用により発生する粉塵については深刻な問題と捉えられており，集塵装置付き電動工具を基本として対策がとられていることがわかる[24]。

（6） 1970年代の集塵装置付き電動工具の性能としかるべき粉塵対策とは

集塵装置付き電動工具は，電動工具にアタッチメントを介して集塵装置を接続するだけの構造である。建築作業で電動工具を用いる典型的な作業態様は電動鋸によるスレート板の切断，サンダーによる研磨，ドリルによる穿孔等があるが，違いは発生する粉塵を効率的に捕捉するためのアタッチメントの形状だけである。吸塵性能は吸引するファンの能力に規定されるため，効率的に捕捉できるかどうかはアタッチメントの形状を工具の形状に合わせて工夫するということになる。工学的知見という観点から見れば既に技術が確立している電動工具と集塵装置を接続するだけのものであるから1970年代において技術的に困難かという観点で見れば既に確立した技術の集合体でしかない。集塵装置の性能の目安は「吸い込み仕事率（風量×真空圧）」で示されるが，1960年代後半にはこの「吸い込み仕事率」が集塵装置に表記されるようになる[25]。ゆえに集塵装置の性能評価の基準も1970年代には標準化されており，1970年代には集塵装置付き電動工具の構造原理，性能原理に関する工学的知見は既に存在していたと言える。実際に粉塵が吸引できるかどうかの性能については，先述した木村菊二の電動丸鋸による実験結果が示すように当時の吸引性能においても一定の成果を見てとることができるし，イギリスの工場監督年報に示されているように，集塵装置を着脱した際の発生する粉塵量の差は明らかである。工学的知見の確立，実験結果，海外での事例に鑑み，1975年時点で集塵装置付きの電動工具を義務づけることは十分に可能であったと言える。

国が最初に集塵装置付き電動工具を推奨したのは1992年のいわゆる平成4年通達においてである。この旧労働省（現厚労省）が示した通達について，東京地方裁判所平成24年12月5日判決・平成20年(ワ)第13069号，平成22年(ワ)第15292

号損害賠償請求事件（以下「原判決」という）は，「平成4年通達もまた，全体として，石綿粉塵曝露防止のための工学的検討を適切に経た上で発出されたものか疑わしい面があるといわざるを得ない」という判断を下している。しかし，1990年に富田雅行が「アスベスト板の切断加工時の粉塵評価」を発表している。この実験では平成4年通達で示されている防塵切断マットの使用の有無も含めて実験している。結論としても集塵装置ありでマットありの場合，なしの場合に比べてアスベスト濃度は低く，粉塵濃度も半分以下になっているという結果が示されている。また，フィルター枚数が2枚以上ある集塵装置の場合は排出口におけるアスベスト飛散は少ないという結論を測定結果とともに示している。ゆえに，工学的に根拠のない通達という原判決の上記判断は，根拠のない判断と言わざるを得ない。平成4年通達は，集塵装置付き電動工具を推奨しているだけであり，義務づけたものでないので規制権限を持つ行政の判断としては不十分なものである。ここで示されている集塵装置付き電動工具や防塵マットの使用の推奨という技術的な粉塵対策について焦点を当てれば，1970年代においても技術的には可能な手段である。違いは集塵装置の吸引能力の違いだけである。しかし，1970年代の吸引能力をもってしても効果があったことは先に示した通りである。

当然のことであるが集塵装置付き電動工具を使用すれば作業過程で生じる粉塵が100％捕捉できるわけではない。それは現在の集塵装置付き電動工具の能力をもってしても同じである。それゆえに，取り得るあらゆる手段を用いて粉塵曝露を防ぐ必要がある。実際，イギリスの *Health & Safety at Work, 1970* には，

> 電動ノコギリや携帯型の高速の研磨工具は，もうもうたる粉塵を発生させ，非常に大きな危険を生じさせることになる。したがって，この作業が行われるときは，現場の船内で行われている他の作業と必ず分離しなければならないし，粉塵作業のための排気装置の設置を行わなければならない。優れた対策としては，この作業専用の建屋を設けるということもある。丸鋸や研磨機のように粉塵を発生させる装置には，効果的な排気装置を取り付け，アスベスト製品が機械で加工される間は，アスベスト製品を取り扱う作業者のみが，

第6章　建設アスベスト問題における粉塵対策の基本原則と粉塵対策技術

その場にいるようにする。労働者が，危険な濃度のアスベスト粉塵に曝露するような場合は，アスベスト製品を取り扱うか否かにかかわらず，改良型の呼吸保護具と防護服を支給されなければならない。

とされている。[26]すなわち，電動工具に集塵装置を付けるだけでは不十分であり，作業者を限定する，呼吸保護具，防護服を身に付けるなどの二次的，補助的対策も含めた総合的な粉塵対策の必要性を指摘している。

まず粉塵発生源において粉塵を捕捉することが基本であり，それでも不十分な場合はマスク等の二次的，補助的手段で粉塵曝露を最小限に抑えるのが粉塵対策の基本である。

集塵装置を設置する場合には，二次発塵の発生が問題となる場合がある。二次発塵とは，集塵装置からの排気による堆積粉塵や作業者・建材・機械装置等に付着した粉塵の再飛散，集塵装置から捕集した粉塵を取り出して廃棄する際の発塵を意味する。しかし，これも現場での，工具に合わせた試行錯誤で対策できる問題である。この二次発塵の対策の基本は，集塵装置付き電動工具を使用する前の，現場の床，作業着・建材・機械装置の清掃，集塵装置のフィルターを二重にする，集塵装置に捕集した粉塵を廃棄処理する際の密閉措置，廃棄場所の隔離，作業者以外の人を近づけない，呼吸保護具の着用，作業ごとのこまめな清掃等が考えられる。また，電動工具を使用すること自身が発塵の原因であるため，工具の切削スピードを抑える，防塵マットを引く，ボードにシール材をかけて作業を行うなどの工夫を含めて対策を行うことが必要である。ここにあげた対策は，どれも難しいことではなく，現場で実際に作業を行う上で対処できる問題であり本質的な問題でない。

1983年のILOによる『石綿を安全に使用するための実施要領』の「13．石綿セメント」の「13.3．工場内部での仕上げ作業」「13.4．現場での作業」において，電動工具に吸引装置を付けることから始まり上述した様々な対策が示されている。[27]ここにあげられている対策はどれも困難なものではなく，手間さえいとわなければ1975年段階でもすべて可能なものである。こうした一つひとつの対策を実施することの教育を含めて，徹底することが粉塵対策の基本である。

189

4 粉塵対策の基本原則と粉塵対策において集塵装置付き電動工具の持つ意味

　有害物質に対する考え方の基本は，①当該有害物質に代わる素材があるか検討する。これが無い場合は②有害物質が発生しないように工程を工夫する。それでも不十分な場合は③有害物質の発生源において局所的に有害物質を捕捉する。これでも不十分である場合，④マスク等の二次的・補助的手段を通じて対策を講ずるという手順である。

　第2節（2）にも述べたが，①の問題については，建築材料としてのアスベストだけが唯一性能要件を満たす素材ではなく代替素材は既に存在していた。その意味では粉塵対策の最も根本的な部分で問題があり，指導の誤りがある。②の問題についても，アスベスト素材を扱う建築現場の工程の基本的生産手段は工具である。第3節（1）で述べたように，電動工具を使用するというのは粉塵を抑えるどころか，逆に粉塵を発生増加させる手段である。ゆえにアスベストの使用を前提にした建築現場における被害拡大の本質的な問題は電動工具の使用そのものにあり，根本的にはこの電動工具の使用それ自身を抑制することが必要である。電動工具を使用する場合でも③の原則を内包するものであるが，集塵装置付き電動工具を使用することが粉塵を発生させない工程を工夫することと同義になる。工具と集塵装置が一体となったものが生産手段そのものであるからである。ゆえに，②の意味でも③の意味でも集塵装置付き電動工具を義務づけることは優先的な指導理念となってしかるべきである。その上で④の補助的・二次的手段が必要となる。

　1970年代には集塵装置付きの電動工具については技術的には確立している。ましてや1972年にはILOやWHOがアスベストについてのがん原性について指摘しており，医学的知見が明確に示されている。医学的知見，工学的知見，また上述の粉塵対策の原則から見ても，行政は基本的生産手段である集塵装置付きの電動工具の使用を義務づけるべきであったと言える。もちろん，それ以前の問題として責任があることは第2節（2）に述べた通りである。

　規制することにより，電動工具向けの集塵装置の開発も進み，性能も改善し

ていくことは公害防止技術に関する技術発展の法則である。

注
(1) アスベスト粉塵に対する粉塵対策技術は，アスベスト製品生産工場においては局所排気装置の設置，建築現場においては集塵装置付き電動工具の使用が基本となる。これらの国賠訴訟における1つの論点は，これらの技術がいつの時点で確立，すなわち工学的知見がいつ確立し，これらの技術の使用を義務づけることができたかという点にある。
(2) 一例をあげれば，石油や化学プラントでのバルブやポンプ，タンクや機器の接合部分の隙間を埋めるシール材（パッキンやガスケット），自動車や鉄道車輛等におけるブレーキやクラッチの摩擦材，ボイラー類の保温材，建築材料としては，スレートとして壁に施工され，耐火被覆として吹き付けアスベストも多用されてきた。
(3) 上野 [2006] は，アスベストが最初機械類の安全性や性能を高める部材として使用されてきた歴史を指摘し，アスベストが資本主義の資源循環のなかに取り込まれ重要な位置を占めるようになり，アスベストによる労働災害がある意味「意図せざる結果」であったことを経営史的に分析し，アスベストの持つ問題（悲劇性）を指摘している。この指摘は，産業的に有用でも今後労働災害・健康被害を引き起こす物質の存在が否定できない可能性があるかぎり，対策のあり方を考える上で重要な指摘である。
(4) 詳細は，田口 [2007]。また，日本における粉塵対策に関しては，当時は局所排気装置とは呼んでいなかったが，局所的に粉塵を捕捉し，排気するシステムが既に存在し，多くの粉塵発生工場において実践されていた。こうした事実を実証した研究として中村 [2012] があるので参照されたい。
(5) 村山・他 [2002] によると，悪性胸膜中皮腫による死亡者の予測として，2000年からの40年間に10万人が亡くなると指摘している。
(6) 若林 [1966]。
(7) セメントに石綿（アスベスト）を混ぜて圧縮成型した板状の材料。屋根材や外壁材として用いたが，石綿は2004年より使用が禁止されている。
(8) 局所排気に対して，「排気または吸気によって屋外のきれいな空気を室内に取り入れ，室内の汚れた空気と混合して有害物質の濃度を低くしながら少しずつ出す」ことを全体換気という。
(9) 集塵装置の歴史については田口 [2007] において詳述しているのでこちらを参照されたい。
(10) 掃除機の歴史については，ウイリアムズ [1981]，永野 [1997] を参照。
(11) 1925年にアルバート・フェザー（Albert Fezer）とゴットリーブ・ストール（Gottlieb Stoll）により設立された電動工具メーカー。ブランド名は，2人の名前からきている。1929年に世界最初の電動ポータブル・チェーンソーの発売を開始，1931年には集塵式ディスク・サンダーとキックバック防止装置付きポータブル丸鋸を世界で初め

第Ⅱ部　建設アスベスト問題における課題と論点

　　　て発売。1951年に世界で初のオービタルサンダーを発売した電動工具メーカーである。
⑿　FESTOOL社の日本代理店が発行しているパンフレットには「1931年には集塵式ディスク・サンダーとキックバック防止装置付きポータブル丸鋸を世界で初めて発売」と記されている。
⒀　労働省労働基準局労働衛生課監修［1957］9-40頁。
⒁　FESTOOL社の輸入代理店㈱ハーフェレジャパンが発行元となっているFESTOOL社のパンフレット（ハーフェレジャパン［n.d]）。
⒂　1923年にエドモンド・ミシェル（Edmond Michel）が世界初の手持電動丸鋸を発明し，ジョセフ・サリバン（Joseph Sullivan）と1924年にMichel Electric HandSaw Companyを設立，1年後Skilsaw Inc.に社名を変更している。1992年からはロバート・ボッシュGmbHの傘下となっている電動工具メーカーである。
⒃　SKIL Corporation［1957］。
⒄　日立工機株式会社［1974］。
⒅　石綿による健康障害に関する専門家会議［1978］12頁。
⒆　その他，集塵装置付き電動工具がアスベスト粉塵対策として有効であることを示した論文等として，富田［1990］，労働省労働基準局［1992］，建設作業労働災害防止協会［1992］等多数ある。
⒇　日本石綿協会［1999］。
㉑　2015年4月28日に東京建築カレッジ江東実習所で首都圏建設アスベスト国賠訴訟弁護団が行った測定であるが，筆者もこの測定には立ち会った。
㉒　Secretary of State for Employment［1970］。
㉓　Secretary of State for Employment［1972］。
㉔　イギリスは，1930年代から既にアスベストに関する産業規制をしている。この1931年規制は法律としては産業界との妥協の産物であり，不十分なものであるが，アスベストに関する医学的知見が明らかになるなかで早期に対策を講じたという事実そのものは重要である。この問題の分析については中村［2008］が詳しい。また，ドイツやアメリカなどでも医学的な知見にもとづき工学的対策のガイドラインの策定などが行われている。ドイツやアメリカの工学的対策の動きについては杉本［2008；2011a］が詳しい。
㉕　1955年から定格消費電力と吸い込み仕事率の関係は日本工業規格（JIS）によって規格化されている。
㉖　Department of Employment and Productivity and the Central Office of Information［1970］。
㉗　ILO［1984］。
㉘　沼野［2012］によると，労働衛生工学は，医学，生物学，化学，機械工学，建築学，他の工学にいたる広い学問分野と関連のある学際的な学問で，①健康阻害因子の発見，認識，②健康阻害因子の影響評価，③健康阻害因子の除去，④健康阻害因子に対する曝露防止技術の確立などを研究の対象とするとし，その上で有害化学物質に対する工学的

対策を以下のように整理する。①有害性の少ない原材料への転換，②有害化学物質と作業者の隔離，③工法・工程の改良による発散防止，④発散源の囲い込みによる発散防止，⑤局所排気による拡散防止，⑥全体換気による希釈，⑦排気処理による一般環境への放出防止。

第7章
イギリスにおける建設アスベストの粉塵対策と代替化の展開

杉本通百則

1　建設アスベスト問題の所在

　アスベストに起因する健康被害は世界中で深刻な問題となっている。アスベストは耐熱・耐摩擦性，高張力・柔軟性，耐薬品・耐食性，断熱・防音・絶縁性などの特性から様々な用途に広く使用されてきたが，その消費量の大部分は建設アスベストとしての利用（イギリスで60％以上，ドイツ・日本で70％以上）であり，今後さらに建設作業員を中心とした被害の拡大が懸念されている。

　1935年のリンチ（Lynch, K. M.）＆スミス（Smith, W. A.）による最初のアスベスト肺がんの報告から，1939年刊行の医学の教科書へのアスベスト肺がんの記載，1943年のヴェドラー（Wedler, H. W.）による最初の中皮腫の報告，戦後は1955年のドール（Doll, R.）によるアスベスト肺がんの疫学的研究，1960年のワグナー（Wagner, J. C.）らによる非職業性曝露による中皮腫の報告，さらには1964年のニューヨーク科学アカデミー主催の「アスベストの生物学的影響に関する国際会議」などを通して，遅くとも1970年代初頭にはアスベストの発がん性と低濃度（環境）曝露の危険性は国際的に広く認識されていたと考えられる。それゆえ各国ではアスベストの粉塵規制の強化と使用禁止政策への転換が図られることになる。アスベストの輸入量は図7-1の通り，イギリスでは1973年の19万8000トン（消費量は19万5000トン）をピークに，ドイツでは1977年の39万9000トン（消費量は1980年の36万6000トン）をピークに急減していることがわかる。ところが日本ではアスベストの輸入量が10万トンを下回るのは2000年以降（イギリスでは1980年，ドイツでは1984年）であり，使用禁止がなされたのはようやく2006年のことである。

　これらの事実はイギリス・ドイツは日本より10～20年もアスベストの使用禁

図 7-1 イギリス・ドイツ・日本のアスベスト輸入量の推移（1920～2005年）

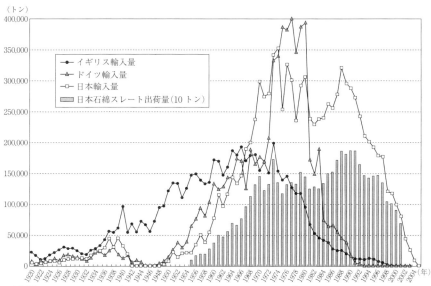

(出所) Imperial Institute ［1925；1927；1930；1933；1936；1938；1948］，Institute of Geological Sciences ［1953；1959；1965；1971］，British Geological Survey ［1978；1980；1984；1989；1994；1999；2004］，Virta ［2006］，「財務省貿易統計」より筆者作成。

止・代替化が早かったことを意味するが，同じ先進資本主義国のなかでなぜこれほどまでに対策の相違が生まれたのであろうか。本章および次章の課題は，この要因について，イギリス・ドイツにおける建設アスベストを対象とした法的規制，危険性の認識，粉塵対策・規制の実態，代替化の展開という観点からそれぞれ明らかにすることである。

2　建設アスベストを対象とした法的規制

イギリスにおける建設アスベストを対象とした法的規制は，1931年の「アスベスト産業規則」でアスベストセメント産業が規制され，1948年の「建築規則」で建設現場における一般的な粉塵対策の規制がなされ，1969年の「アスベスト規則」により濃度規制を伴う粉塵対策が建設現場にも導入され，その後1983年，1984年と濃度規制が強化され，1985年に吹き付けアスベスト，断熱材，

195

クロシドライト・アモサイトが禁止され，1999年にはクリソタイルの全面禁止がなされた。法的な使用禁止時期は遅いが，メーカーの自主的禁止等により1973年をピークにアスベスト消費量は急減しており，1980年以降は使用実態が少ない水準で推移したこと，また1983年のライセンス制度の導入により建築物の解体規制が厳格であることなどが特徴である。[3]

（1）　1931年のアスベスト粉塵規制の成立

　1930年のミアウェザー（Merewether, E. R. A.）&プライス（Price, C. W.）による報告書を契機として，1901年工場・作業場法にもとづいて，1931年に「アスベスト産業規則」が成立し，1932年3月に施行された。本規則はアスベストの粉砕，分解，開綿，研削，混綿工程，紡織品製造の全工程，断熱板・マットレス製造工程など，アスベストセメント産業を含むアスベスト含有製品の製造業を適用対象として，作業工程ごとの局所排気装置の設置・保守（第1条）を中心に，密閉，機械化，湿潤化，作業場の隔離，呼吸保護具，若年労働者の作業制限，違反に対する刑事罰など，アスベスト粉塵に対する総合的対策を世界で初めて具体的に義務づけたものである。

　ついで1937年成立（1938年7月施行）の「工場法」において，一般的な粉塵対策として，実行可能な範囲で無害にするための十分な換気（第4条）や，粉塵やガスを除去するために局所排気装置（粉塵やガスが作業場の空気に入るのを防ぐために発生源の可能な限り近くに供給される排気装置）の設置（第47条第1項）を要求している。これにより工場の定義に含まれる建物内での建設作業には一般的な保護義務が適用されることになった。

　そして1948年10月の「建築（衛生・安全・福利）規則」により，建築物の建設，改築，修繕・維持，解体，基礎工事を適用範囲として，研削，清掃，吹き付け，取り扱いの場における粉塵やガスの吸入を防ぐために十分な換気の保証や適切なマスクの供給・使用などのすべての合理的・実用的手段（第82条）をとることを求めている。また1961年成立（1962年3月施行）の「建設（総則）規則」では，適用範囲がすべての建築工事と土木建設作業に拡大され，粉塵・ガスの吸入の防止のために1948年建築規則の第82条と同様の措置および掘削等の換気においても実効性のある手段（第20・第21条）をとることが課されている。

さらに1966年8月の「建設（現場）規則」において、保護範囲が作業場で働くすべての人の安全の確保（第6条第2項）へと拡大された。

（2） 1969年以降のアスベスト粉塵濃度規制の展開

1961年工場法にもとづく規則として、1969年に「アスベスト規則」が制定され、1970年5月に施行された。本規則は全20条から構成され、アスベストまたはアスベストの一部ないし全部を含む製品に関連するすべての工程を適用対象（第3条第1項）として、クロシドライトの作業（断熱被覆材の除去を含む）の工場監督官への事前通告（第6条）、局所排気装置（作業場所の空気中へのアスベスト粉塵の侵入を防ぐ排気装置）の設置・保守・検査（第7条）、認可呼吸保護具・防護服の着用・保管（第8・第18条）、粉塵を発生させない方法による清掃と真空掃除機の使用（第10・第12条）、アスベスト粉塵が堆積・飛散しないような建築物の設計（第13条）、容器への表示（第17条）、若者の雇用制限（第20条）などの総合的な粉塵対策が義務づけられた。これによりアスベストを取り扱う建設・解体作業を含むすべての工場、建造物、作業場所が粉塵濃度規制の適用対象となり、違反に対しては刑事罰が科され、かつ建設現場における事業者はみずからが雇用しているかどうかにかかわらず、危険を被るすべての労働者に対して規制を遵守する責務（第5条第2項）を負うことになった。

そして1974年の「労働安全衛生法」の成立により、「すべての事業者は合理的に実行可能な範囲において、すべての被用者およびその企業により影響を受ける雇用外の者の安全衛生に危険が及ばないようにその企業を運営する義務を負う」（第3条第1項）ことになり、使用者の一般的義務として、被用者だけでなく、自営業者、個人事業主（一人親方）、訪問者、周辺住民など、企業活動が第三者に与える危険に対する包括的な管理責任（情報提供を含む）が広く課されるようになり、かつ「労働に用いられる物品を設計、製造、輸入または供給する者」もその原材料・製品や道具・機械などの使用が安全衛生に危険が及ばないように同様の義務を負う（第6条第1項）ことになった。ついで1983年成立の「アスベスト（ライセンス）規則」により、アスベストの断熱・被覆に関わる事業者に対して安全衛生庁（HSE）によるライセンス制度が導入された。また1985年成立（1986年1月施行）の「アスベスト（禁止）規則」により、吹き

第Ⅱ部　建設アスベスト問題における課題と論点

付けアスベスト・断熱材，クロシドライト・アモサイトの使用が禁止され，1985年成立の「アスベスト製品安全規則」により，クロシドライト・アモサイト含有製品が禁止されるとともに，他のアスベスト含有製品に対しても警告表示が義務づけられた。

　次に1974年労働安全衛生法にもとづく規則として，1987年に「作業場のアスベスト管理規則」が成立し，1988年3月に施行された。これにより適用範囲がすべての被用者と作業により影響を受けるすべての人々に拡大され，かつ濃度規制の強化の一環として，管理限界（CL）とは別に，当該濃度に達した場合に一定の予防措置が義務づけられるアクションレベル（AL）が導入された。すなわちクリソタイルのCLが0.5本/cm^3（4時間平均濃度）および1.5本/cm^3（10分間平均濃度），ALが120本・時間/cm^3（12週間累積曝露量）に，クロシドライト・アモサイトのCLが0.2本および0.6本（短時間），ALが48本・時間に設定された。加えて1987年の「アスベスト製品安全（修正）規則」では，ガス触媒ヒーター，触媒パネル，断熱機器，玩具，吹き付け製品，粉末状製品，紙巻きタバコ，葉巻パイプ，塗料など，アクチノライト，アンソフィライト，クリソタイル，トレモライト含有製品の一部が禁止された。さらに1990年成立の「大気中のアスベスト管理規則」において，大気中へのアスベスト排出限界が0.1mg/m^{3}に設定された。

　その後1992年成立（1993年施行）の「作業場のアスベスト管理（修正）規則」では，管理限界・アクションレベルがそれぞれ引き下げられ，クリソタイルのALが96本・時間に，クリソタイル以外のCLが0.2本および0.6本（短時間），ALが48本・時間に設定された。同時に1992年成立の「アスベスト（禁止）規則」では，すべての角閃石アスベストの輸入が禁止され，クリソタイル含有製品の一部（塗料，低密度断熱・防音材，床・壁面の下張り，モルタル，保護被覆，充填剤，シーリング材，接合剤，接着剤，装飾用品，屋根用フェルトなど）の使用が禁止された。続いて1998年成立（1999年施行）の「作業場のアスベスト管理（修正）規則」により，クリソタイルのCLが0.3本および0.9本（短時間），ALが72本・時間に引き下げられた。最後に1999年の「アスベスト（禁止）（修正）規則」において，アスベストセメント製品を含むすべてのクリソタイルの使用が全面的に禁止された。なお，2006年の「アスベスト管理規則」では，「アス

ベストライセンス規則」「アスベスト禁止規則」「作業場のアスベスト管理規則」の３つの規則が統合され，全アスベストのCLがEU基準の0.1本，承認実施準則として0.6本（短時間）に引き下げられ，同時にアクションレベルが廃止された。

3　建設アスベストの危険性の認識

　建設アスベスト問題については，既に1930年のミアウェザー＆プライス報告のなかで，アスベストセメント製品の製造・加工過程や断熱作業の危険性が指摘されていた。その後1950年代初めには造船・建設・鉄道業における吹き付けアスベストの危険性が特に問題になっており，またアスベストの発がん性の知見の確立とともに，1960年代半ばには1931年アスベスト産業規則の規制対象外であった断熱工の危険性がますます明らかになったことにより，1969年アスベスト規則の成立につながっていくのである。

（1）　アスベストの発がん性と低濃度曝露の危険性

　アスベストの発がん性については1930年代半ばから報告が相次ぎ，1938年工場監督年報においても，「石綿肺の103の死亡例のうち，肺がんを合併していたのは12件（11.6％）であった」[4]と報告されている。その後1950年代半ばには肺がんとの因果関係が，1960年代半ばには中皮腫との因果関係がおおむね確立された[5]。そして1965年7月に設置された「アスベスト使用に起因する諸問題に関する審議会」のなかで，イギリスでアスベスト産業に従事（直接曝露）する労働者数を1万9600人（1963年）と推計した上で，石綿肺の新症例が増加しており，アスベスト曝露と中皮腫の発症には強い因果関係が存在し，環境汚染の証拠（アスベスト小体）も見られ，クロシドライトと中皮腫には特別の有意性があるとして，中皮腫登録制度の設立，クロシドライトの代替化とそれが不可能な場合の特別の予防措置，暫定基準の設定などが勧告されている[6]。実際に1967年に「中皮腫登録制度」が確立された。

第Ⅱ部　建設アスベスト問題における課題と論点

表 7-1　造船業におけるアスベスト吹き付け作業の粉塵濃度（1950年）

クリソタイル粉塵濃度（mg/m³）	
吹き付け機から2～3フィート地点 作業員の頭高	480 640
吹き付け機から5～8フィート地点 床から4フィート地点	190 185
吹き付け機から10～12フィート地点 床から4フィート地点	200 155

（出所）　Lawrence［1950］より筆者作成。

表 7-2　造船・鉄道業におけるアスベスト吹き付け作業の粉塵濃度（1950～51年）

	［個/cm³］	クリソタイル	クロシドライト
造船	作業員の胸高	332 277	436 298
	吹き付け面から3m地点	246 173	230 189
鉄道	作業員の胸高	—	142 193 219
	作業員から6～8フィート地点	—	112 154 202

（出所）　Evans and Addington［1950］，Anonymous［1951］より筆者作成。

（2）　吹き付けアスベスト，断熱材の危険性

　吹き付けアスベストは1931年にロバーツ社のドルビー（Dolbey, N.）によって発明され，「リンペット」として商品化された[7]。早くも1949年工場監督年報では，造船や建設業などにおけるアスベスト粉塵の防止に監視の目が向けられており，とりわけ断熱用途での携帯型アスベスト吹き付け機の広範な使用の際の予防措置や研修の必要性について指摘されていた[8]。続いて1950年には吹き付けアスベストの粉塵評価が実施されており，造船・鉄道業におけるアスベスト吹き付け作業の粉塵濃度は**表 7-1**，**表 7-2**の通りである。前者の測定法は不明であるが，一般的な粉塵濃度の汚染基準として5～20mg/m³で「埃っぽい」，40mgで「非常に埃っぽい」，100～200mgで「高濃度塵埃」であるため，非常

に高濃度であったことがうかがえる。後者の測定法はサーマルプレシピテーターであり，当時のアスベスト曝露限界として 5 MPPCF（百万個／立方フィート）≒176.6個/cm^{3}をあげていることから，やはり高濃度であったことがわかる。また造船業ではクロシドライトはクリソタイルより濃度が少し高く，粒子が小さいため，より危険性が高いと指摘されている。なお，ターナー＆ニューウォール社は1956年にインドでアスベスト吹き付け作業に従事する労働者の健康調査を実施した結果，数名の労働者が肺疾患と診断され，その後1965年には吹き付けアスベスト（施工）事業から撤退した。したがって遅くともこの時期には吹き付けアスベストの危険性は十分に認識されていたと考えられる。

そしてアスベスト断熱材や被覆材の取り付けと除去の危険性についても，1956年工場監督年報において，「断熱被覆材の除去は1931年アスベスト産業規則が適用されない非常に有害な工程の１つ」として認識されており，アスベスト断熱作業に従事する労働者数は約8500人であり，相当曝露しているに違いないと指摘している。実際に1955～63年の石綿肺の新たな症例247件のうち，41％がアスベスト産業規則の規制対象外の断熱工であり，67％がアスベスト産業規則の完全施行以降の曝露であることが判明しており，さらに1967年工場監督年報でも，「断熱工に多くの石綿肺の診断が下されている」と報告されている。このように石綿肺をはじめとするアスベスト関連疾患が工場外の断熱作業員のなかで増加したことが1969年アスベスト規則制定の１つの背景であったと考えられる。

（3） 建設現場におけるアスベスト建材の加工作業の危険性

1964年時点において輸入クリソタイルの44.9％（６万9000トン），クロシドライトの46.7％（3500トン）がアスベストセメント用であり，アモサイトの60.1％（１万3500トン）が耐火断熱板用であり，1973年時点では輸入アスベストの約60％（10万7300トン）が建設アスベストとしての利用であった。既に建設現場において断熱工の被害が発生しており，かつ同じ現場において大量のアスベスト建材を電動工具で加工していた作業員の危険性に監視の目が向けられていくのは当然の流れであった。1976年のジョンズ・マンビル社の報告によると，電動工具によるアスベストセメント板の加工は250本/cm^{3}以上の曝露を引

き起こすという[16]。またフレッチャー（Fletcher, D. E.）の調査によると，造船・建設業の大工177名のうち，62名（35％）が胸膜プラークであり，これは造船業の断熱工の約2倍の有症率であり，おそらく断熱材の間接吸入の可能性もあると指摘しており，少ないサンプル数ながら建設現場の大工の約18％が胸膜プラークであると結論づけている[17]。

建設現場においてアスベスト建材を取り扱う作業員の危険性については，①アスベストセメント製品製造業における乾式加工作業の危険性，②造船・建設業における断熱被覆材の取り付けや除去作業の危険性および間接曝露の危険性，③アスベストの発がん性と低濃度曝露の危険性がそれぞれ明らかになったこと，④原料アスベストの大部分が建設アスベストとして使用され，かつ建設現場において電動工具が普及したことなどにより，建設作業員の危険性が認識されるようになったと考えられ，後に建設現場においても発塵調査が実施されることになる。

4　建設アスベストの粉塵対策・規制の実態

建設現場におけるアスベスト粉塵対策としては，主に1969年アスベスト規則の粉塵濃度規制の具体化として，「承認実施準則」や「ガイダンス」[18]，工場監督官向けの「技術データ注釈（TDN）」，および「石綿症調査委員会（ARC）」による「安全対策ガイド（CSG）」においてその内容が詳細に規定されている。特に危険性の高い吹き付けアスベストや断熱材の取り扱いを中心に，代替化，プレカット，移動式局所排気装置，集塵装置付き電動工具，湿式化，作業場の隔離，防塵マスク・防護服の着用などの総合的対策となっていた。

（1）　1969年以前の建設アスベストの粉塵対策

①アスベストセメント製品の製造業の粉塵対策

アスベストセメント製造業の粉塵抑制対策については既に1930年のミアウェザー＆プライス報告のなかで指摘されており，具体的には破砕・開綿工程における密閉，湿式化，乾式での切断・研削・穴あけ・研磨などの仕上げ工程における局所排気装置の設置などが勧告されている[19]。1931年工場監督年報によると，

第7章　イギリスにおける建設アスベストの粉塵対策と代替化の展開

1931年アスベスト産業規則が多くの工場で成果をあげており,「アスベストセメント産業においてもその危険性はほぼ克服されている」としており, とりわけ多量の粉塵が発生するエッジランナー（粉砕機）やパイプのやすり掛け（研磨）工程における対策として局所排気装置の設置, 密閉, 機械化, 空気コンベヤによる搬送, 湿式化などがなされており, 湿式での加工法の開発により粉塵の危険が克服された事例が報告されている[20]。

②建設現場におけるアスベスト断熱材の粉塵対策

建設現場でのアスベスト粉塵対策は雇用省（1974年以降はHSE）およびARCによって主に推進されてきた。1957年にアスベスト建材メーカー3社により設立されたARCは,「推奨実施準則」や「安全対策ガイド」を作成・配布して建設アスベストの粉塵対策の普及に努めた。ARCは1966年12月に「アスベスト断熱材の取り扱いに関する推奨実施準則」を発表した[21]。

「アスベスト断熱材の取り扱いに関する推奨実施準則」

1　可能な限り現地での混合ではなく予め成形された材料を使用する。
2　飛散性断熱材の作業は可能な限り湿式で行うべきである。
3　乾式混合の際は適切な排気装置がない限り保護マスクを着用する。移動式局所排気装置は既にいくつかの造船所で使用されており, この手段を拡大すべきである。
4　アスベスト含有材の切断は空気循環のある隔離した場所で行うべきである。作業が継続する場合は落下廃棄物の集塵用に移動式ホッパーを使用する。
5　吹き付けアスベストの取り扱いの際はアスベスト繊維の防塵袋からの移動を禁止する。
　a　前処理装置付き吹き付け機の場合, 操作員は吹き付け作業中は認可保護マスクを着用する。
　b　自動通気吹き付け機（前処理装置なし）の場合, 操作員は吹き付け作業中と作業後30分間は認可保護マスクを着用する。開窓による一般換気が許される。
　c　無通気の吹き付け機（前処理装置なし）の場合, 操作員と50フィート以内の作業員は吹き付け作業中と作業後15分間は認可保護マスクを着用する。開窓による一般換気が許される。
6　アスベスト含有物質の除去

第Ⅱ部　建設アスベスト問題における課題と論点

7　認可保護マスクの使用とメンテナンス

　一方，1966年工場監督年報において，「アスベスト断熱材の使用と除去には適切な呼吸保護具（陽圧エアライン型）の使用が不可欠であり，この防護措置は当該作業者だけでなく作業空間にいるすべての者に施す必要がある」と指摘されており，また1967年工場監督年報では，被覆材の除去作業においては「断熱材を完全に湿潤化した上で小型機械を用いることで粉塵の発生を10分の１に減少可能である」ことや「作業空間をビニル・シートで隔離する」こと，さらに「アスベストフリーの断熱材が近年開発され，使用されている」ことなどが報告されている。このように1960年代のアスベスト断熱材の粉塵対策としては，湿式化，移動式局所排気装置，作業場の隔離，呼吸保護具（陽圧エアライン型），代替化などの他，間接曝露の防止にも注意が払われていたことがわかる。

　③建設現場におけるアスベストセメント製品の加工作業の粉塵対策

　アスベストセメント製品の現場の加工作業に対しても粉塵対策の措置がとられるようになり，ARCは1967年４月に「建築・建設産業におけるアスベストおよびアスベストセメント製品の取り扱い，作業，修理に関する推奨実施準則」を発表した。それによると，(a)現場での切断よりもプレカットを優先すべきである，(b)プレカットが不可能であれば機械的（電動工具による）切断の場合は移動式集塵装置を使用すべきであり，それも不可能であれば認可保護マスクを着用すべきである，(c)プレカットも移動式集塵装置も不可能であれば手動切断の場合は認可保護マスクを着用し，水滴注入等を用いた湿式化により防塵すべきである，(d)工業用真空掃除機により床面を清掃すべきであり，それが不可能であれば清掃前に湿式にすべきであることなどが規定されている。

　一方，1966年工場監督年報においても，アスベストを含む産業粉塵問題について，「ほとんどの工具から生じる粉塵を抑制するための大きな技術的問題は残っていないが，局所排気装置の取り付けや新たな工具使用方法の開発に伴う変化を受け入れることに関してはある程度の抵抗感があるかもしれない」と言及されており，また工場監督庁により「低容量・高速度排気装置付きのフレキシブル・ディスク・サンダーの開発に成功」したことが報告されている。このように1960年代のアスベストセメント製品の加工作業の粉塵対策としては，プ

レカット，集塵装置付き電動工具，湿式化のうえ手動工具による加工，認可保護マスクの着用の他，床面の清掃による二次曝露の防止にも注意が払われていたことがわかる。

（2） 1969年以降の建設現場におけるアスベスト粉塵対策

　1969年アスベスト規則の制定以降の建設アスベストの粉塵対策としては，それ以前と基本的には同様であるが，粉塵濃度規制の導入・強化に伴い，さらに徹底した対策となっていたところに特徴がある。

　①建設現場におけるアスベスト粉塵濃度規制の強化

　1969年アスベスト規則の成立により，建設現場においても粉塵濃度規制が導入された。イギリスにおけるアスベスト粉塵の曝露限界は，まず1960年に産業衛生諮問委員会がアメリカ産業衛生専門家会議の勧告値である5 MPPCF（≒29.5本/cm^3）を暫定基準として採用し，1964年に労働安全省が同基準を暫定勧告値とした。ついで1966年の「アスベスト粉塵対策手段の有効性および保護基準に関する工場（技術・化学）監督官による全国調査」の実施を経て，1968年にイギリス労働衛生協会が2本/cm^3を勧告し，これが1969年アスベスト規則の粉塵濃度基準となったのである。雇用省はアスベスト規則における粉塵の危険基準の解釈を与えるとして，「1969年アスベスト規則と併用すべきアスベスト粉塵濃度基準」（TDN 13）を公表した。測定法はメンブランフィルター法であり，光学顕微鏡（約500倍）を用いて繊維（長さ5～100μm，長さと幅の比率が3対1以上）を計数するもので，アスベストの曝露限界としてクリソタイル・アモサイトが2本/cm^3（4時間平均濃度）および12本（10分間），クロシドライトが0.2本（10分間）に設定された。イギリスにおけるアスベスト粉塵の管理限界（許容濃度）の変遷は表7-3の通りである。1983年にクリソタイルが1本，アモサイトが0.5本，クロシドライトが0.2本に，1984年にはクリソタイルが0.5本，クロシドライト・アモサイトが0.2本に強化された。また雇用省はアスベスト規則にもとづく粉塵濃度別の呼吸保護具について，「1969年アスベスト規則：呼吸保護具」（TDN 24）を公表した（表7-4）。これに合わせて使用法を詳細に規定するものとして，ARCは1970年に「アスベスト産業における保護具：呼吸保護具・防護服」（CSG 1）を刊行した。なお，この小冊子の付録には

表7-3　イギリスにおけるアスベスト粉塵の管理限界（許容濃度）の変遷

【本/cm³】	1969	1983	1984	1987	1992	1998	2006
クリソタイル	2	1	0.5	0.5 [0.25]	[0.2]	0.3 [0.15]	0.1
アモサイト		0.5	0.2	0.2	[0.1]		0.1
クロシドライト		0.2		0.2	[0.1]		0.1

（注）　［　］内はアクションレベル。
（出所）　HSE資料より筆者作成。

表7-4　アスベスト粉塵濃度別の呼吸保護具（1969年アスベスト規則）

粉塵濃度（本/cm³）		呼吸用保護具の種類
クリソタイル アモサイト	クロシドライト	
〜40	〜4*	防塵マスク（ハーフ）
〜200	〜20	電動陽圧防塵マスク
〜800	〜80	高性能防塵マスク（フルフェイス） 高性能電動陽圧防塵マスク
800超	80超	自給式呼吸器 圧縮送気呼吸装置 外気ホース呼吸具

（注）　＊　建設作業を除く。
（出所）　Department of Employment（DE）［n.d.a］より筆者作成。

認可保護マスクのリスト（1975年版で27種類）がタイプ別に掲載されていた。

　そして雇用省はアスベスト規則にもとづく具体的な粉塵対策の詳細について示すため、1970年の施行に合わせて「労働の安全と衛生」シリーズの一環として、『アスベスト――産業衛生上の予防措置』と題するブックレットを公刊した。建設現場においては作業が一時的であり、かつ周囲の状況も変化しやすいため、工場のように各工程に合わせた予防措置をとることが困難な場合が多いという特有の問題点を指摘した上で、次のような予防措置を指示していた。

　(a)　被覆作業
　断熱部門で石綿肺の発症率が高いため、注意深く予防措置を講じる必要がある。被

覆作業では作業区域をビニル・シートで密閉し，移動式局所排気装置を設置し，呼吸保護具を着用する。被覆除去作業では開発された湿式化装置を使用し，完全浸潤が困難な場合は水噴霧器を用い，移動式局所排気装置を併用する。乾式の場合は開発された集塵装置付き除去工具を使用し，エアライン呼吸器具と完全防護服を着用する。両作業とも廃棄被覆材は非透過性容器に入れ，防護区域の掲示を行い，作業終了後は徹底的に清掃し，クロシドライトを扱う際には工場監督官へ事前通告する。

(b) 吹き付けアスベスト

アスベストを吹き付け機に充填する事前の給湿化により濃度が劇的に減少する。風の影響による粉塵飛散を防止するため，作業区域をビニル・シートで密閉・隔離し，改良型呼吸保護具・防護服を着用する。アスベストは非透過性容器に封入して運搬し，廃棄物は湿式化のうえ清掃する。防護措置の遵守のために労働者への教育・監督・訓練を継続する。

(c) 建設業におけるアスベスト製品の取り付け

アスベスト製品（シート，板，壁板，タイル，パイプなど）の現場での切断，成型，穿孔，研磨作業において，多量の粉塵が発生する電動のこぎりや携帯型高速研磨工具の使用の際は作業場を隔離し，排気装置を使用し，改良型呼吸保護具・防護服を着用する。可能であれば排気装置を設置した専用の作業ブースを設ける。現場の除塵は湿式または真空掃除機で行い，非透過性容器を用いて運搬する。

このようにアスベスト規則の規制対象として，とりわけ建設業が念頭に置かれていたことがわかる。さらに雇用省は建設現場での危険性の認識や適切な粉塵対策を徹底するため，典型的な建設作業におけるアスベスト粉塵推定濃度の情報（TDN 42）を1973年に公表した（**表7-5**）。これによると，電動ドリルや電動のこぎり切断によるアスベスト粉塵濃度は粉塵抑制装置の使用により2～4本に減少可能であり，それゆえ予防対策としては第1に，排気装置によるアスベスト粉塵の除去であり，これが不可能な場合には認可呼吸保護具と防護服の着用が残された唯一の手段であるとしている。HSEは1989年にTDN 42の改訂版としてEH 35を公表した（**表7-6**）。

②アスベストの吹き付け，断熱作業の粉塵対策

1969年以降のアスベストの吹き付け，断熱作業の粉塵対策についてはより徹

表7-5 建設作業におけるアスベスト粉塵の推定濃度（1973年）

アスベスト製品	作　業		［本/cm^3］
吹き付けアスベスト	推奨事前給湿装置を使用した場合		5〜10
	事前給湿装置なしの場合		100以上
	施工場所から6.1〜9.2m地点		上記の約10分の1
解体（断熱材の除去）	完全浸水の場合		1〜5
	散水スプレーを使用した場合		5〜40
	乾式の場合		20以上
アスベストセメント板・パイプの使用	電動穴あけ		2未満
	手動のこぎり		2〜4
	電動のこぎり（局所排気装置なし）	糸　鋸	2〜10
		丸　鋸	10〜20
	電動のこぎり（局所排気装置あり）		2未満
アスベスト耐火板の使用（アスベストラックス・ターナースベスト・ターナルLDR・マリナイトなど）	垂直構造物の穴あけ		2〜5
	頭上の穴あけ		4〜10
	研磨・やすり掛け		6〜20
	溝切り・割断		1〜5
	手動のこぎり		5〜12
	電動のこぎり（局所排気装置なし）	糸　鋸	5〜20
		丸　鋸	20以上
	アスベスト納品板の荷下ろし（短時間測定）	切断状態	5〜15
		メーカー通常板	1〜5

（出所）　DE［1973b］より筆者作成。

底した対策となっており，とりわけアスベスト断熱材の除去作業に伴うリスク評価と防護措置がより厳格になっており，事業者だけでなく建物の所有者にもリスクに応じた予防措置を要求している。1971年工場監督年報によると，「建設業では18ヶ月前から吹き付け作業の事前湿潤化方式への転換によりアスベスト粉塵を約100分の1に減少可能であり，これにより認可保護マスクの着用だけで作業員を保護できる」ようになった一方で，「解体作業の予防措置では徹底的な湿潤化と樹脂製密閉容器による現場での廃棄物の除去や高性能の呼吸保護具が必要である」と指摘されており，環境省も安全予防措置として事前給湿や防護区域の警告表示などを求めていた。

表7-6 建設作業におけるアスベスト粉塵の推定濃度（1989年）

作　業		濃度［本/cm³］	
アスベスト除去作業			
	断熱材の除去		
	乾式除去（クロシドライト）	100〜1000	
	乾式除去（クロシドライト以外）	20以上	
	水スプレーによる除去	5〜40	
	湿式除去（断熱材の完全浸水）	1〜5	
	断熱ボード・タイルの除去		
	破断・はぎ取り	5〜20	
	ねじ抜き・丁寧な除去（局所排気装置あり）	2未満	
アスベストセメント板・パイプ（クリソタイル）			
	電動のこぎり（集塵装置なし）		
	研磨ディスク切断	15〜25	
	丸　鋸	10〜20	
	糸　鋸	2〜10	
	電動のこぎり（集塵装置あり）	2未満	
	往復のこぎり	1未満	
	手動のこぎり	1未満	
	電動穴あけ	1未満	
	アスベストセメント板の除去	0.5未満	
	除去後のアスベストセメント板の積み重ね	0.5未満	
	アスベストセメント建造物の遠隔解体	0.1未満	
	アスベストセメントの洗浄	屋根材	外壁材
	乾式ブラシ掛け	3	5〜8
	湿式ブラシ掛け	1〜3	1〜2
	水噴流	0〜0.5	1〜2
アスベスト断熱ボード・タイル（アモサイト，クリソタイル）			
	研磨・やすり掛け	6〜20	
	電動のこぎり（集塵装置なし）		
	丸　鋸	20以上	
	糸　鋸	5〜20	
	糸　鋸（集塵装置あり）	1〜5	
	頭上の穴あけ	5〜10	
	垂直柱の穴あけ	2〜5	
	手動のこぎり	5〜10	
	溝切り・割断	1〜5	
	断熱ボードの雑な取り扱い・破片の除去	15以上	
	ボード全体の丁寧な除去	〜5	
化粧石膏ボード			
	塗装石膏の削り取り	0.1〜0.2	
	非塗装面の軽いやすり掛け	0.3以上	

（出所）　HSE［Rev. 1989］より筆者作成。

雇用省はアスベスト断熱材の除去作業において，建物所有者に対して解体作業前に専門請負業者による断熱材の除去の手配を要求し，工事請負業者に対しては断熱材の除去前にアスベストの種類の同定とそれに応じた作業員の保護を求めている。また HSE は1976年に建物の所有者と使用者に向けて，「建物の吹き付けアスベスト被覆からの健康リスク」（TDN 52）を公刊しており，吹き付けアスベスト被覆の位置と種類を確認・識別し，リスク評価した上で適切な処置をとることを勧告している。例えば吹き付けアスベストの損傷部位は ARC の「吹き付けアスベスト被覆の利用」（CSG 2）の付録Aの勧告に従って密閉・保護することや，被覆が完全に剥がれている場合は予め地方自治体と消防当局の助言を得て1957年の「断熱（工業用建物）規則」が要求する耐火性を満たす防火材で代替すること，その他予防措置として断熱材の完全除去やメンテナンス，建物で働く労働者への情報提供などを求めていた。

そして1976年に設立された「アスベスト諮問（シンプソン）委員会」は，1978年に「断熱・防音材と吹き付け被覆作業に関する勧告」を発表した。その勧告内容は，(a)排気装置で十分に粉塵抑制できないためにあらゆる含有量の吹き付けアスベストの禁止，(b)将来世代の健康リスク回避のために代替不可能な限定的用途を除くすべての断熱・防音用のアスベスト含有材の使用禁止，(c)アスベスト断熱材を取り扱う業者へのライセンス制度の導入，(d)これに関する承認実施準則の発行，(e)全種類のアスベスト断熱作業の事前通告の実施などであった。これにもとづき安全衛生委員会は「アスベスト断熱・被覆作業に関する承認実施準則とガイダンス」を公刊した。

③建設現場におけるアスベストセメント製品の加工作業の粉塵対策

1969年以降の建設現場におけるアスベストセメント製品の加工作業の粉塵対策としては，代替化，プレカット，移動式局所排気装置を備えた専用作業ブースの設置，作業場の隔離，集塵装置付き電動工具の使用，湿式化のうえ手動工具による加工，呼吸保護具・防護服の着用，湿式または真空除塵機による作業場の清掃，密閉容器への廃棄物の保管・運搬，警告ラベルの表示などの総合的対策となっていた。

雇用省は「アスベスト粉塵対策」（TDN 35）のなかで，アスベスト製品の切断作業について，(a)機械工具の場合は局所排気装置を設置し，(b)ポータブル電

動工具の場合はアスベスト粉塵に適した高容量・低速度の集塵装置を使用し、実行不可能な場合は認可保護マスクを含む個人防護措置をとり、(c)手工具の場合はフードやブースのある固定位置で作業がなされない限り局所排気装置での対策はできず、個人防護が唯一の手段であるとしている[37]。そしてARCは1970年に「建築・造船産業および電気絶縁・断熱用のアスベスト含有物質」(CSG 5)を刊行し、アスベスト製品の現場作業の際の推奨手順について勧告している。それによると、アスベストセメント板・パイプ・セルロース板の屋外での断続的電動切断(留め継ぎなど)の場合は予防措置は必要ないが、長時間連続的作業の際は集塵装置が必要であり、アスベスト断熱材・天井パネルの加工作業の場合は(a)頭上での電動穴あけの際は集塵装置が必要であるが、ねじ付きのプレドリルパネルや固定クリップ付きの天井パネルは集塵装置なしで使用可能であり、(b)電動研磨の際は集塵装置が必要であり、(c)手動のこぎり切断の際は断続工程下では予防措置は必要ないが、粉塵は定期的に清掃する必要があり、(d)電動切断の際は集塵装置が必要であり、可能な場合は納入前にプレカットすべきであるとしている[38]。また環境省は1971年に建設労働者向けのリーフレットを発行し、そのなかで(a)大量のアスベスト資材を取り扱う場合はメーカーによるプレカット供給にすること、(b)連続切削の場合は隔離された排気装置付きのブースのなかで作業すること、(c)少量切削の場合は事前給湿のうえ集塵装置付き電動工具を使用することなどを推奨していた[39]。さらに雇用省は事業主に対して(a)新築の際にアスベスト代替品の使用の検討、(b)代替品が不可能な場合はアスベスト規則第7条に適合した粉塵対策の実施、(c)実行不可能な場合はTDN24の基準の認可呼吸保護具の使用などを課していた[40]。

なお、アスベスト建材のプレカット加工サービスについては1978年時点でアスベストセメント建材の生産量の約10％を占めている。プレカット加工サービスを提供する専門業者が約31社存在し、小規模だが増加しており、こうした作業所の粉塵濃度は171サンプルの分析の結果、93％が2本以下であり、7％が5本以下であった[41]。また集塵装置付き電動工具については1960年代に多量の粉塵を発生する電動工具の使用が規制された一方で、1960年代後半には集塵装置付き電動工具を容易に入手することが可能になったとされる[42]。1974年当時のトレンド社の集塵装置付き電動工具およびDCE社の建設現場用の移動式集塵機

図 7-2　集塵装置付き電動工具と建設現場用の移動式集塵機（1974年）

（出所）　HSE [Rev. 1974].

を図 7-2 に，1975年頃のケープ・ユニバーサル社による ARC の認可集塵装置付き電動工具とその使用例を図 7-3 に，集塵装置付き電動工具・移動式集塵機の性能（有効性）を表 7-7 に示す。

(3)　1969年「アスベスト規則」の実効性の確保

イギリスにおけるアスベスト粉塵対策の特徴は総合的粉塵対策であったと同時に，その実現の手段もまた法的規制にとどまらない極めて多様なものであり，その実効性の確保に努めてきたことである。その手段としては①工場監督官による査察，②現場の労働実態を踏まえた粉塵対策，③産業界との緊密な連携，④情報提供・面談と勧告などがあげられる。

①工場監督官による査察

監督官はいつでも必要なときに施設に立ち入る権限を有し，定期的な査察を行うとともに，作業環境の粉塵測定や各種調査を実施し，常に規制の効果を検証し，その実効性の確保に大きな役割を果たしてきた。例えば1949年工場監督

第7章　イギリスにおける建設アスベストの粉塵対策と代替化の展開

図7-3　集塵装置付き電動工具と使用例

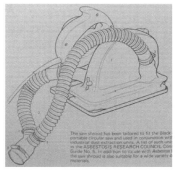
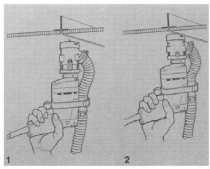

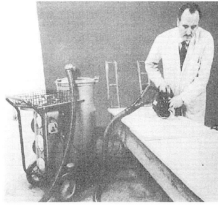

（出所）　Cape Universal [1975a；1975b]，ARC [Rev. 1975b] pp. 8-11, Dalton [1979] pp. 133-134.

213

第Ⅱ部　建設アスベスト問題における課題と論点

表7-7　集塵装置付き電動工具・移動式集塵機の性能

集塵機メーカー・型式	作　業	アスベスト繊維濃度（本/cm^3）	
		呼吸ゾーン	集塵機の排出口
Trend MH65・縦びき鋸	アスベストラックスの切断（10分間）	1.1	―
Bivac ACL	高繊維アスベストセメント4ポンドの吸引（3分間以上）	0.84	0.02未満
BVC EV21	アスベスト板の穴あけ	0.16	―
	（集塵機なしの場合）	40超	
Nilfisk	繊維屑900g・アスベストセメント2kgの床面からの吸引（20分間以上）	―	0.02

（出所）　Dalton［1979］p.135 より筆者作成。

年報において，「1931年アスベスト産業規則に規定された予防措置の実施を確保するには絶え間のない監視が必要である」としつつ，直接には規制対象外であった「造船や建設業などにおけるアスベスト粉塵の防止にも監視の目が向けられており」，1971年工場監督年報では，「1969年アスベスト規則の遵守のため，300以上の工場と50ヶ所の造船，建設，解体現場を臨検した」とあり，分析サンプル数は1597件にも及び，「工場の危険性はそれほど大きなものではなかった」と報告されており，1972年工場監督年報では，「アスベスト規則の遵守において建設業（解体業を含む）がますます注目を集めている」としている。そして1973年工場監督年報においても，「継続的な規制強化の一環として監督官は1973年にすべてのアスベストの工場（約1200件）とアスベストが使用されている建設現場を臨検して」おり，「さらに広範で長期にわたるアスベスト労働者の医学調査および作業環境調査の継続」がなされている。1970～80年代における監督官による建設現場への査察頻度はそれぞれの現場ごとに3～4回程度であったとされる。なお，アスベスト規則にもとづく起訴・罰金（有罪）件数は**表7-8**の通りである。

②現場における使用実態を踏まえた粉塵対策

監督官は理想的な使用状況のみを想定するのではなく，建設現場での労働・使用実態を踏まえた実効性のある粉塵対策を提案することでその規制の遵守に努めてきた。例えば1966年工場監督年報において，「呼吸保護具の使用には

表7-8 1969年アスベスト規則にもとづく起訴・罰金（有罪）件数

年	起訴	罰金
1971	1	1
1972	40	25
1973	15	12
1974	39	31
1975	22	19（平均罰金額79£）
1976	23	45£
1977	84	182£

（注）1976・1977年は平均罰金額（ポンド）のみ記載。
（出所）Dalton［1979］pp.68-71より筆者作成。

個々の労働者への教育が不可欠」であり，労働者に「不便さを受け入れさせる必要」があり，雇用者には労働者の「管理を行う継続的な義務がある」と指摘している。そして1967年工場監督年報では，最近開発された呼吸保護具（エアクッションで密閉したハーフマスク）は顔面の漏れ率を平均で1％程度に抑えられるようになったが，「正確に装着できる人のみを想定するのではなく，何らかの理由で効果的に装着を行えない場合の配慮が必要である」として，「産業用途での覆面部の漏れは一層深刻である」という使用実態およびアスベストなどのより低い曝露限界の基準が提案されていることから，監督官は陽圧エアラインマスクの規格の設定・試作を行い，密着度に左右されずかつ呼吸抵抗を加えることもなく，多くの産業で利用可能なマスクとして新たな提案を行った。また雇用省はTDN 35のなかで，監督官の2年にわたる工学的粉塵対策調査の結果，現場でのよくあり得る排気装置の失敗例について数多く指摘して注意を促し，改善策を提案している。

③産業界との緊密な連携

雇用省やHSEは粉塵濃度測定，粉塵抑制手段の開発，承認実施準則の作成，情報提供・普及，労働者の教育・訓練などの幅広い分野において，産業界との緊密な連携によりその実効性を担保してきた。ARCはアスベスト粉塵測定用のメンブランフィルター法を開発し，後に工場監督官と共同で建設現場の発塵調査を実施した。そしてARCは測定法，保護具，吹き付けアスベスト，断熱

材の取り付けと除去，アスベスト建材，アスベストの保管・輸送・荷下ろし，局所排気装置，建屋の清掃，廃棄物の除去・埋立処理などの広範な分野において，アスベスト規則を具体化した推奨実施準則や安全対策ガイドを作成・配布しており[52]，これは公的な承認実施準則や技術データ注釈との間で相互に参照，補完，詳説するものとなっていた。また1967年に設立された「アスベスト情報委員会」も1976年に『アスベスト粉塵——安全と対策』と題する解説書を発行するなど，いわゆる「管理使用」のためのデータの普及に努めてきた[53]。さらにアスベスト建材の主要メーカーは自社製品が現場で使用されている場合にはアスベスト粉塵の濃度測定・分析サービスについても提供していた[54]。その他，監督官は全国建設事業者連盟および棟梁連盟と連携して，アスベスト建材加工用の粉塵抑制工具の開発をメーカーに促す働きかけや，建設事業者連盟，屋根工事業連盟，建設産業訓練委員会，解体業連盟，換気業者協会などの業界団体と協力して，会員企業に対する情報提供や作業員の安全教育・訓練に取り組んできた[55]。

④情報提供・面談と勧告

雇用省やHSEは雇用者や労働者に対する情報提供の他，事業者との面談で直接推奨することにより，また審議会・小委員会を設立して規制の到達点について検証し，勧告や提言を行うことで，より規制の実効性を高めてきた。例えば1970年に労働者向けに『アスベストとあなた』，1971年には建設労働者向けに『建設業における健康リスク』が公刊・配布された[56]。そして1972年3月に「建設業の安全衛生に関する専門合同委員会アスベスト小委員会」が設立され[57]，1974年には「建設業におけるアスベストの使用に関する予防措置」と題する報告書が作成され，アスベスト規則の到達点を検証し，建設業の粉塵対策に関する実務的な提言が行われた。既に規則の遵守を確認するアスベスト粉塵濃度の定期的モニタリングが実施されており，勧告として(a)雇用者，労働組合，訓練機関に対してアスベスト粉塵曝露の危険性と予防に関する情報の一層の普及，(b)事業主に対して新築の際にアスベスト代替品の使用の検討，(c)工事請負業者に対して断熱材の除去前にアスベストの識別とリスクに応じた作業員の保護，(d)大規模建物の所有者に対して解体作業前に専門請負業者による断熱材の除去の手配，(e)携帯型電動工具メーカーに対して建設現場の困難な環境下で便利な

粉塵抑制工具の開発・提供などの提言がなされた。一方，1973年工場監督年報では，これら勧告・提言をもとに「監督官は企業数社と面談し，専門業者による被覆材の除去がいかに役立つかを強く訴えた」と報告されている。さらにアスベスト諮問委員会は1977年に暫定的声明を記載した『アスベスト──健康リスクと予防』を発行し，1979年には世界的にも大きな影響を与えた『シンプソン委員会最終報告書』（全2巻）を作成・公表した。そのなかでクロシドライトの禁止，吹き付け断熱材の禁止，許容濃度の引き下げ，アスベスト除去作業へのライセンス制度の導入，製品への警告表示の法的義務化などの全41項目にわたる勧告・提言がなされ，これらは後に実現されていくことになる。

5　建設アスベストの代替化の展開

　イギリスにおける建設アスベストの代替化は法的使用禁止の前に産業界において実質的に進展し，1980年代にはアスベストの使用実態がほぼなくなっていたところに特徴がある。こうしたアスベスト製品の代替化の要因としては，①1969年以降のアスベスト粉塵濃度規制の導入・強化，②1969年以降の公的部門によるアスベスト建材の自主的禁止，③1970年以降のメーカーによる建設アスベストの自主的禁止，④1970年代のイギリス労働組合会議によるアスベスト代替化の要求，⑤1960年代以降のHSEによるアスベスト代替化の推奨，⑥1970年代中頃以降の建築物からの非職業性曝露の危険性の問題化などがあげられる。

（1）　建設アスベストの代替化の展開
　イギリスにおける建設アスベストの使用量は1973年の10万7300トンをピークに，1981年には3万6350トンにまで減少しており，1970年代後半に代替化が進展したと考えられる。建設アスベストの代替化の過程としては，吹き付けアスベストが1974年以降に代替化され，クロシドライト断熱材が1960年代中頃以降に，クロシドライトセメント製品が1969年以降に代替化され，アモサイト断熱材が1970年代中頃以降に，アモサイトセメント製品が1976年以降に代替化された。またアスベスト断熱板は1970年代中頃から代替化が進展し，1980年には完全に代替化され，アスベスト断熱天井タイルは1970年代に，アスベストセメン

ト波板は1983年末から代替化が進展した。代替品メーカーのファイバーグラス社によると、「代替品は60年ほど前から存在し、開発が続けられてきたが、アスベスト市場全体に顕著な影響を及ぼすのは約20年前からである」[63]とされ、1960年代後半以降に代替品市場が拡大していったことがわかる。そして1970年代末には「アスベストのほとんどの利用において、多くの場合ガラス繊維やセラミック繊維の代替品を見つけることが可能」[64]となっていた。

アスベストの代替繊維は主にガラス繊維、セラミック繊維、ロックウール、合成化学繊維（ポリビニル・アルコール、ポリアクリロニトリル、アラミド、ポリイミド）、セルロースなどがあり、1974年にイギリス建築研究所によりガラス繊維強化セメント（GRC）が開発され、1981年にエタニット（Dansk）社によりポリプロピレン繊維板が開発された[65]。なお、代替品の安全性については、1973年に実施されたアスベスト板とガラス繊維板の粉塵発生量の比較研究によれば、アスベスト板が200本/cm^3（約半分は吸入性粉塵）、代替品が0.1本（大部分は非吸入性粉塵）であった[66]。1977～78年には繊維の種類にかかわらず直径1.5μm（特に0.25μm）未満、長さ8μm以上の細長い形状でかつ耐久性のある繊維の腫瘍発生率が高いことが証明され[67]、粉塵発生量、物理的形状（直径・繊維長・アスペクト比）、吸入性粉塵の割合、生体内溶解性の分析により危険性の予測が概ね可能となった。さらに英国王立チャータード・サーベイヤーズ協会の調査によると、1976年時点のアスベスト製品の代替によるコストへの影響は**表7-9**の通りであり、全体としてこの頃には経済的にも十分に代替可能であったことが示されている。

（2） 建設アスベストの代替化の要因

①1969年以降のアスベスト粉塵濃度規制の導入・強化

イギリスにおける建設アスベストの代替化は建設作業を対象とした粉塵濃度規制を伴う粉塵対策の徹底・強化およびその実効性の確保による必然的帰結である。1969年アスベスト規則により建設現場においても粉塵濃度規制が導入されたことで、許容濃度に対応するために多額の費用が必要になったこと、かつ建設現場のような工場外の請負工事では粉塵濃度規制への対応が極めて困難であったことなどから代替品に転換せざるを得なくなったと考えられる。例えば

第7章　イギリスにおける建設アスベストの粉塵対策と代替化の展開

表7-9　アスベスト製品の代替によるコストへの影響（1976年第3四半期価格）

製　品	代替品	コスト比率
屋根材	樹脂被覆鋼板	0.9
ルーフデッキ	亜鉛めっき鋼 アルミニウム 木　工	0.4 0.5 0.8
外壁被覆材	樹脂被覆鋼板	0.9
樋	鋳　鉄	1.5
軒　樋	アルミニウム PVC	1.0 1.25
箱　樋	アルミニウム 亜鉛めっき鋼	2.0 2.0
煙　管	軽量鉄骨 鋳　鉄 エナメル鋼	0.65 1.65 3.0
排水管（150mm）	PVC 粘　土 鋳　鉄 鉛添加鋳鉄	1.05 1.05 2.5 4.7
排水管（300mm）	コンクリート	1.2
雨　樋（100mm）	PVC アルミニウム 鋳　鉄	0.8 1.3 1.6
送水管（主管）	鋳　鉄	2.0
貯水槽（50ガロン）	プラスチック 亜鉛めっき鋼 ガラス繊維強化樹脂	1.05 1.2 1.55
パイプ用成形断熱材	ガラス繊維	0.95
隔壁・天井用 断熱・防火ボード	アスベストフリー スキム被覆石膏板 エキスパンド鋼・3回塗付石膏 ガラス繊維強化樹脂板	1.15 0.8 1.65 0.7
吸音材	レンガ or コンクリート裏地吸音プラスター 石膏板・吸音プラスター エキスパンド鋼・吸音プラスター 亜麻ボード	1.7 2.15 2.7 0.6
ダクト	合　板	1.25
床タイル	ビニル コルク ゴ　ム リノリウム カーペット	1.2 1.7 2.5 1.4 1.25〜

（出所）　HSE［1977］pp. 96-103 より筆者作成。

アスベスト規則案に対するロバーツ社のアセスメントによると,「規則を完全に遵守することは基本的に実行不可能」であるため,新規則の導入により吹き付けアスベストの使用量が急減すると予測されており,法定基準を満たすには莫大な費用が必要であるとして,許容濃度の達成は工場では実行可能であるが,工場外の請負工事では極めて困難であり,送気マスクが唯一の解決策であるが,高価なだけでなく,自社に雇用されていない管理外の請負作業者に着用させることはほとんど不可能であるため,同基準が適用されないノンアスベスト断熱材に転換するとしている[69]。

②1969年以降の公的部門によるアスベスト建材の自主的禁止

建設アスベストの代替化は公的部門や国営企業において率先して進められた。既に海軍は1960年代にアスベスト断熱材を代替化しており,中央電力庁は1969年に建物内の全アスベストを禁止しており,ついで環境省は1971年に吹き付けアスベストを禁止し,1973年には建物内の飛散性アスベストを禁止しており,郵政公社は1975年に建物内の全アスベストを禁止した。その他,鉄道やガスなどの国営企業でもアスベスト製品の自主的禁止の動きが広がっていった[70]。

③1970年以降のメーカーによる建設アスベストの自主的禁止

メーカーによる建設アスベストの自主的禁止措置としては,まず1970年に原料クロシドライトの輸入を禁止し,1960年代後半または1970年代前半以降にクロシドライト製品を禁止した。ついで1974年に吹き付けアスベストを禁止し,1976年にアスベスト建材に警告ラベルを貼付するようになり,1980年には原料アモサイトの輸入を禁止した[71]。

④1970年代のイギリス労働組合会議によるアスベスト代替化の要求

労働組合運動もアスベスト粉塵対策の強化や使用禁止・代替化に対して少なからぬ影響を与えてきた。イギリス労働組合会議（TUC）は1977年にアスベスト諮問委員会に対してすべてのアスベスト製品の強制的代替のための計画表を提案し,代替不可能な場合は全種類のアスベスト許容濃度を0.2本に引き下げることなどを要求した[72]。また1975年にはロンドンで建設労働者がアスベストの使用中止を求めてストライキに突入し,1977年にもイーストロンドンで建設労働者がアスベストの代替化を求めてストライキを実施した[73]。

⑤1960年代以降の HSE によるアスベスト代替化の推奨

　雇用省は1960年代から危険性の高い吹き付けアスベストや断熱材，クロシドライト製品を中心にアスベストの代替化を推奨してきた。そして HSE はシンプソン委員会の勧告を受けて1986年に『アスベスト製品の代替化』と題する包括的な調査報告書を出版した。これは製品・用途ごとに解説がなされ，巻末には当時の代替品供給メーカーの一覧（全662社）が掲載されており，実務的に利用できるようになっていた。なお，イギリスでも1960年代には「建築規則」のなかで建築物の性能要件としてアスベスト建材の指定があったとされるが，遅くとも1985年の「建築規則」においてはすべてのアスベスト建材の使用を要求していない。

⑥1970年代中頃以降の建築物からの非職業性（環境）曝露の危険性の問題化

　HSE は1976年に建物の所有者に向けて TDN 52を公刊し，リスクに応じた適切な処置を取ることを勧告しており，遅くともこの頃には作業員だけでなく，建物の使用者にも危険が及ぶことが明らかになっていた。また1975年には『タイムズ』紙のなかで非職業性曝露による中皮腫の研究に言及しながら，アスベストの環境汚染の危険性について指摘されていた。その他，学校，教育施設，公営住宅，劇場，TV スタジオなどの公共施設におけるアスベスト粉塵濃度の測定（10mg/cm^{3}以下）や，様々な建築物からのアスベスト繊維濃度の測定（概算で0.4本／リットル）などの調査報告もあり，建物からの環境汚染についても監視の目が向けられていたことがわかる。

注

(1) Department of the Environment (DOE) [1982], Berufsgenossenschaft der Bauwirtschaft [2011] S. 7.
(2) Enterline [1991], Proctor [1999] p. 111.
(3) 本節の内容については各種法律の原文，Glynn [2011], Health and Safety Executive (HSE) 資料などを参照した。
(4) Factories [1939] p. 81.
(5) 車谷 [2012], Bartrip [2006] pp. 1, 66, 69-70.
(6) Ministry of Labour (MOL) [1967b].
(7) Tweedale [2000] p. 36.
(8) Factories [1951] pp. 15, 144-146.

⑼　Evans and Addington［1950］．
⑽　Castleman［2005］pp. 348-349．
⑾　Factories［1958］p. 141．
⑿　MOL［1967b］p. 11．
⒀　McVittie［1965］．
⒁　Department of Employment and Productivity（DEP）［1968］p. 34．
⒂　MOL［1967b］p. 8, DOE［1982］．
⒃　Castleman［2005］．
⒄　Fletcher［1971］pp. 837-838．
⒅　規則を補完する承認実施準則やガイダンスに直接の強制力はないが，災害が発生した場合にはそれらと同等以上の対策を講じていたと事業者が証明しない限りその責任を問われることになるため，事実上の法的拘束力を持つ（労働安全衛生法第17条，中央労働災害防止協会［2015］）。
⒆　Merewether and Price［1930］pp. 26-28．
⒇　Factories［1932］pp. 37-38, 91．
(21)　Asbestosis Research Council（ARC）［1966］．
(22)　MOL［1967a］p. 21．
(23)　DEP［1968］p. 34．
(24)　ARC［1967］．
(25)　MOL［1967a］p. 85．
(26)　DEP［1969］．
(27)　HSE［Rev. 1983］．
(28)　ARC［Rev. 1975a］．
(29)　DEP［1970］pp. 14-18．
(30)　DE［1973b］．
(31)　DE［1972］p. 32．
(32)　DOE［1971a］．
(33)　DE［1974b］．
(34)　HSE［1976］。なお，建物（住宅以外）所有者のアスベスト調査・管理・登録義務は2002年「作業場のアスベスト管理規則」の第4条（2004年施行）で導入された。
(35)　Advisory Committee on Asbestos（ACA）［1978］．
(36)　Health and Safety Commission［Rev. 1983］．
(37)　DE［n.d.b］．
(38)　ARC［Rev. 1975b］。ここで言う「集塵装置」とは原文ではすべて「局所排気装置（local exhaust ventilation）」となっているが，ここでは文字通り「粉塵の発生源において捕捉・吸引する排気装置」という意味で使用され，文脈から集塵装置付き電動工具を指していることが明らかなことから，混乱を避けるため「集塵装置」と訳出した。

㊴　DOE [1971b].
㊵　DE [1974b].
㊶　ACA [1979] p. 21.
㊷　アスベスト除去請負業者協会（ARCA）および元工場監督官である Eddy Tarn 氏へのインタビュー調査（2013年10月18日および15日実施）。
㊸　Factories [1951] pp. 15, 144-146.
㊹　DE [1972] pp. 31, 94.
㊺　DE [1973a] p. 69.
㊻　DE [1974a] pp. 64-65.
㊼　Eddy Tarn 氏へのインタビュー調査。
㊽　罰則については「正式起訴の場合は2年以下の拘禁刑もしくは罰金刑（上限なし）またはその両方の併科」（労働安全衛生法第33条）となっている。
㊾　MOL [1967a] p. 86.
㊿　DEP [1968] pp. 35-37.
(51)　DE [n.d.b].
(52)　ARC [Rev. 1973].
(53)　Asbestos Information Committee [1976].
(54)　DE [1974b] p. 7.
(55)　DE [1974b] pp. 5-6.
(56)　DOE [1971b].
(57)　DE [1973a] p. 45.
(58)　DE [1974b] p. 6.
(59)　DE [1974a] p. 65.
(60)　ACA [1977].
(61)　ACA [1979].
(62)　DOE [1982].
(63)　DOE [Rev. 1986] pp. 12-15. 人工鉱物繊維断熱材は1950年代初めに導入され，1960年代中頃には中範囲の断熱材市場の大部分を占めるようになった。
(64)　HSE [1977] p. 79.
(65)　Pye [1979].
(66)　DOE [Rev. 1986] pp. 12-15, HSE [1986] pp. 44-48.
(67)　Hill [1977].
(68)　Stanton, et al. [1977], Pott [1978].
(69)　Bartrip [2001] pp. 256-258.
(70)　Eddy Tarn 氏へのインタビュー調査，Kinnersley [1975]．なお，カリフォルニア州保険局は1978年に建設業におけるアスベスト建材の使用を禁止した。この決定にはジョンズ・マンビル社の屋根材グループへの1000万ドルを求める8つの訴訟が影響したとさ

第Ⅱ部　建設アスベスト問題における課題と論点

　　　れる（Building Design［1977］）。
　(71)　Derricott［1979］pp. 313-320.
　(72)　HSE［1977］pp. 111-119.
　(73)　ホルダー［1998］12頁。
　(74)　HSE［1986］pp. 51-74.
　(75)　ARCA でのインタビュー調査，DOE［Rev. 1986］p. 7.
　(76)　Times Staff Reporter［1975］.
　(77)　Le Guen and Burdett［1981］, DOE［Rev. 1986］p. 9.

第8章
ドイツにおける建設アスベストの粉塵対策と
代替化の展開

杉本通百則

1 建設アスベストを対象とした法的規制

　ドイツにおけるアスベスト関連法制は，労災保険組合による災害防止規定，連邦政府による労働保護法（危険物質規則），環境汚染防止法，廃棄物法，州政府による建築法（アスベスト指令）から構成されている。建設アスベストを対象とした法的規制は，労災保険組合による災害防止規定として戦前は1940年から，戦後は1966年から粉塵対策の規制がなされ，1971年からは濃度規制を伴う粉塵対策が導入され，1976年と1979年に強化された[1]。そして1981年からアスベスト使用禁止政策に転換し，代替期間には集塵装置付き電動工具をはじめとした粉塵抑制工具の使用規制がなされ，その後1986年，1990年と使用禁止範囲が拡大され，最終的には1993年にアスベストの全面禁止がなされた。

(1) 戦後のアスベスト粉塵規制の展開

　戦後は1950年代から労災保険組合による一般的保護規制や，業種や職種ごとあるいは地域や分野（特定の作業・設備等）ごとに個々の規制が存在しており，アスベスト粉塵を対象とした連邦レベルの本格的な規制としては，「災害防止規定：一般的規則」（VBG 1）の第35条第2項の実施規定にもとづき，1966年に「アスベスト加工企業における粉塵の危険に対する防護措置」が制定された。以下にその概要を示す[2]。

「アスベスト加工企業における粉塵の危険に対する防護措置」

　1.0　一般的措置
　1.1　粉塵の発生するすべての作業工程において粉塵は効果的に吸引除去される。経

営(操業)的・地域(場所)的状況からそれが不可能な場合は危険に曝される作業員に呼吸保護具を使用する。

1.2 吸引された排気は除塵機により粉塵が除去される。排気を労働環境に戻す場合(換気)は粉塵濃度を監視して事実上の無塵(粉塵評価値Fを10未満)にする[3]。屋外への排気は誰かに迷惑をかけたり健康に害を与えたりしないよう清浄にする。

1.3 除塵機の前後の主配管には圧力差検査用の測定器を設置する。配管は容易に清掃可能なように調節される。

1.4 新鮮外気と排気からの給気は上下の空気流による粉塵の舞い上げを発生させないよう作業環境に導入される。両給気量は作業環境にわずかな負圧が発生するよう量定される。

1.5 粉塵が堆積し得る作業場は可能な限り短間隔で就業時間外に適切な集塵機により湿式で清掃される。

1.6 固着していない開綿・分離されたアスベストは可能な限り人手ではなく機械的・空気的コンベヤ装置により搬送される。

1.7 すぐに加工しない飛散性原料アスベストと開綿・混合済みの材料は特別な隔離部屋で貯蔵される。

1.8 粉砕機、フレット、開綿機、混綿機、開繊機には被覆のうえ吸引機を設置する。原料供給・投入部分は独立に除塵機と接続する。

1.91 技術的措置により粉塵の発生を防止し得ない場合は作業員に防護等級Ⅱaの呼吸保護具を使用する。

1.92 使用後は呼吸保護具を防塵可能な特別室または密閉容器に保管する。

1.93 被用者は呼吸保護具の取り扱いと手入れの知識を供与される。

2.0 アスベスト紡績の加工の際の追加的措置(省略)

3.0 アスベスト含有製品(アスベストセメント、厚紙、ブレーキライニングなど)の加工の際の追加的措置

3.1 乾式での仕上げや加工(鋸切断、研削、回転ねじり、穿孔、やすり研磨など)は十分な粉塵吸引の下でのみ行われる。

4.0 除塵装置の有効性の検査

4.1 作業環境の粉塵濃度測定および除塵装置の信頼性確認は可能な限り短間隔で定期的に行う。

4.2 技術的措置の有効性を確認するため,使用者はすべての重要な設備変更や新設時に労災保険組合と事前連絡する。
5.0 被用者の雇入時および定期健康診断
5.1 使用者は労災保険組合の指示に従い被用者に雇入時・定期健康診断を実施する義務を負う。
6.0 年少者の雇用
6.1 18歳未満の年少者が健康に害のある粉塵に曝される作業に従事することはVBG 1の第18条第1項の趣旨から判断して不適当である。

ついでアスベスト粉塵からの労働者の保護および労働環境の改善を目的として,1971年に「健康に危害を及ぼす鉱物性粉塵からの保護に関する災害防止規定」(VBG 119) が制定され,1973年4月に施行された。本規定は全19条から構成され,アスベストの技術標準濃度 (TRK) の導入と粉塵濃度の測定・評価・改善 (第4条),技術的粉塵防護措置として局所排気装置の設置 (第5条),呼吸保護具 (第6条),除塵 (第7条),就業前・定期健康診断の実施・報告とカルテの保管 (第10~14,第17条) などの総合的粉塵対策が義務づけられた。またVBG 119の第4条の実施規定として1977年4月の「健康に危害を及ぼす鉱物性粉塵の測定および評価に関する規則」,第6条第1項の実施規定として1966年5月の「呼吸装置の区分:呼吸保護具」および1981年の「呼吸保護具説明書」,第7条の実施規定として1973年6月の「健康に危害を及ぼす粉塵の分離のための設備 (小型除塵機・工業用粉塵吸引機・移動吸引機):有効性の要求」,第8条第1項の注釈として1966年5月 (1973年改訂) の「作業場における粉塵の撲滅 (基準)」などにおいてそれぞれ細則が規定された。

建設現場におけるアスベスト粉塵対策として集塵装置付き電動工具などの粉塵抑制工具については,1980年10月の「アスベストセメント製品の加工用工具のための安全規則」(VBG 119の第5条第2項第3号の実施規定5文の安全規則) により,労災保険組合労働安全研究所による検査証明書付きの工具の使用が義務づけられた。ついで1981年10月のVBG 119の第二次改正により,Trennschleifer (Flex:切断用大型アングルグラインダー) などの多量の細塵を発生する工具の使用が禁止された (第5条第2項第2号の実施規定3文)。

アスベスト含有建築物の解体・除去作業に関わる粉塵対策としては，1980年に建設労災保険組合の「撤去・解体作業時のアスベストによる健康の危険に対する防護措置」により，1982年には労災保険組合の災害防止規定により規制が行われ，ついで1988年に連邦政府の「危険物質に関する技術規則」のなかに規定が取り込まれ，1990年には解体規制部分を独立させた規則として「アスベストの解体・改修・メンテナンス作業に関する技術規則」（TRGS 519）が制定され，1995年，2007年の改正を経て今日の解体規制にいたっている。[8]

（2） 戦後の災害防止規定の法的拘束力

戦後の災害防止規定の法的拘束力については，第1に，「多くの法規においてこの規則（災害防止規定：引用者注）を明確に違法性判断基準として採用するものが現れ，またこれらの法規がBGB（ドイツ民法典）823条2項の保護法規に該当する場合も多々あることからも，その保護範囲は遍く第三者へも拡大して」いる。第2に，「災害予防規則という規約が，公法上の社団としての法的性格を有する労使自治による自主管理的組織，災害保険組合によって法を定める範囲において，また国家労働保護機関の認可を受けて制定，公示される，という限りにおいて，国家労働保護法規に極めて類似した性格を与えられ」ており，1976年連邦労働裁判所判決は，「災害予防規則と国家労働保護法規を同列に位置づけたのみでなく，この両者が労働契約法たるBGB 618条の定めを介して労働契約を律すると解した」。第3に，「営業監督機関にとって災害予防規則が営業法120条(a)に基づきそれが事業主に課す要件基準としての機能を果たす」。第4に，その違反に対しては，戦後は「20000ドイツマルクまでの過料をもって罰せられ」，「秩序罰の脅威を背景にその履行を確保される」。第5に，「技術監督官は，ライヒ保険法712条1項2文・714条1項5文にもとづき，災害予防法実施・災害危険防止などのための指図権限を与えられており，これは秩序罰の裏付けを伴う行政行為と位置づけられている」。また第708条第1項第4号でその制定範囲に新たに「事業主が，事業所医，安全技術者およびその他労働安全専門職員に関する法律（労働安全法）上生じる義務の履行のためになすべき措置」が加えられ，さらにその監督は「ライヒ保険法の定めに基づき1968年に連邦労働社会相より制定された一般的行政規則により営業監督官と連

携して行われる」ため、技術監督官は「改善命令」だけでなく、事実上「禁止命令」も出せるのである。以上のことから、災害防止規定は一般法規性を有し、国家労働保護法と同列に位置づけられ、事業主に課す要件基準として機能し、さらには労働契約の内容も律することで、秩序罰の裏付けを伴う履行確保の強制力を有している。

（3） 1980年代のアスベスト使用禁止政策の展開

アスベストの生産・流通・使用禁止に関する公的規制の進展は図8-1の通りである。労災保険組合のVBG 119の第一次改正により、1979年10月からアスベストの吹き付け作業が禁止され（第3条aの使用制限）、ついで第二次改正により、1982年1月からアスベストセメント軽量建築用板材（重量1.0g/cm³未満）、吹き付け材、防火・防音・保温・保冷・耐湿用の絶縁材・断熱材、濾過材・濾過助剤（飲料・医薬品用精密・消毒フィルターと電気分解用隔膜を除く）、塗料、充填材・接着剤、モルタル・パテ、床・路面被覆材の使用が禁止された（第3条aの第2項1～10文）。そしてVBG 119の第三次改正および連邦政府の「危険物質規則」の制定により、1986年10月からクロシドライトの生産・流通・使用が原則禁止され、ブレーキ・クラッチ摩擦材など9種類のアスベスト含有製品の生産が禁止され、アスベスト含有玩具、喫煙用パイプ・ホルダー、液化ガス暖房用触媒フィルター、小売販売用粉末製品の生産・流通・使用が禁止され、繊維強化熱可塑性樹脂の生産・使用が禁止され、アスベスト含有製品への警告ラベルの表示が義務づけられた。また危険物質規則の第一次改正により、1988年10月から耐熱防護服（1000℃以上の高温溶融物取扱用を除く）などの生産・使用が禁止され、第二次改正により、1990年5月から9種類のアスベスト含有製品の流通が禁止され、猶予されていたアスベストセメント管、耐酸・耐熱性填隙材（パッキン・ガスケット類）、トルク変換器の生産・流通・使用が禁止された。さらに危険物質規則の第三次改正により、1991年1月から地上建築用大型成形板・波板、レール走行車両用ディスクブレーキ摩擦材、電気絶縁用ケーブル被覆材の生産が禁止され、1992年1月から使用が禁止された。最終的に危険物質規則の第四次改正ならびに「化学品禁止規則」の制定により、1993年10月から全6種類のアスベストおよび含有率0.1%超のアスベスト含有

第Ⅱ部　建設アスベスト問題における課題と論点

図8-1　アスベストの生産・流通・使用禁止に関する公的規制の進展

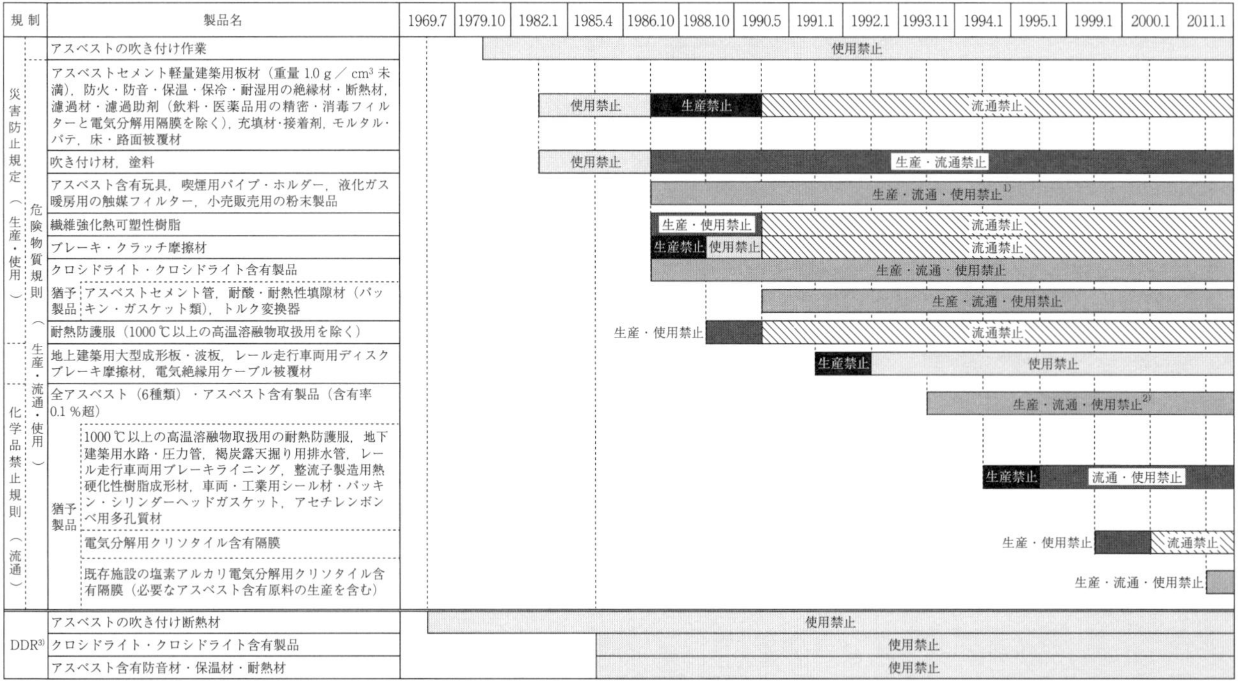

(注) 1) 危険物質規則の猶予措置として1986年10月以降から適用。ただし1993年10月以前の既生産品は1989年7月から流通禁止。1986年10月以前の既生産品は1994年4月から流通禁止。
　　 2) 流通禁止は1993年10月から適用。ただし1993年10月以前の既生産品は1994年4月から流通禁止。
　　 3) DDR：ドイツ民主共和国（東ドイツ）。
(出所) HVBG [2007] S.60-72 より筆者作成。

製品の流通が禁止され，11月から生産・使用が全面的に禁止された。なお，猶予製品については1994年1月から地下建築用水路・圧力管，褐炭露天掘り用排水管，レール走行車両用ブレーキライニング，整流子製造用熱硬化性樹脂成形材，車両・工業用シール材・パッキン・シリンダーヘッドガスケット，アセチレンボンベ用多孔質材などの生産が禁止され，1995年1月から流通・使用が禁止された。

2　建設アスベストの危険性の認識

（1）　建設作業員に対する危険性の認識

　ドイツではアスベスト建材を取り扱う建設作業員の粉塵曝露の危険性については，戦前から認識されていたとされるが，建設作業員を対象とした一連の本格的調査がなされるのは1970年代後半からであり，主にギーセン大学のヴォイトヴィッツ（Woitowitz, H. J.）を中心とした研究グループにより継続的調査が実施され，それが1980年の連邦環境庁報告書の作成につながっていくのである。

　1958～67年の職業性アスベスト関連疾患の認定・補償件数（石綿肺が279件，アスベスト肺がんが17件）のうち，石綿肺の23件，アスベスト肺がんの3件がアスベストセメント関連の労働者であった。アスベストセメント産業とそれ以外のアスベスト産業の発症割合は石綿肺で1対11，アスベスト肺がんで1対5となっており，建設アスベストによる肺がんの発症率の高さが指摘されていた。

　そして建設作業員の危険性が予測されたことから建設現場の発塵調査も実施されるようになった。建設現場におけるアスベストセメント波板（屋根材）の切断作業によるアスベスト繊維・細塵濃度は**表8-1**の通りである。固定サンプラーによるアスベスト繊維・細塵濃度は中央値でTRK（2本/cm^{3}または0.1mg/m^3）の約半分である一方で，切断作業員の個人サンプラー濃度はTRKの0.5～6倍（中央値で1.4倍）であった。建築現場でのアスベストセメント細塵のピーク濃度は個人サンプラーでは固定サンプラーの約3倍の高濃度であり，ピーク濃度は全作業時間の3～13％（中央値で6％）であるにもかかわらず，TRKを超え得る可能性がある。また建設現場におけるアスベストセメント波板の切断作業中のアスベスト細塵濃度は**表8-2**の通りである。当時ドイツでは

表 8-1 アスベストセメント波板（屋根材）の切断作業によるアスベスト繊維・細塵濃度

測定方法（測定器）		測定数	中央値	測定範囲
繊維濃度（本/cm^3）	固定サンプラー（REM）	10	0.94	0.15～1.51
	個人サンプラー（Phaco）	7	0.95	0.03～1.78
細塵濃度（mg/m^3）	固定サンプラー（VC 25）	11	0.37	0.1～0.78
	個人サンプラー（Casella）	11	1.39	0.5～5.8

（注）　1：個人サンプラー濃度は繊維濃度は切断作業をしていない近隣作業員，細塵濃度は切断作業員の測定値。
　　　　2：細塵濃度に占めるクリソタイルの割合は約10％（赤外分光法）。
（出所）　Woitowitz, Rödelsperger and Krieger [1980] p.352 より筆者作成。

表 8-2 建設現場におけるアスベストセメント波板の切断作業中のアスベスト細塵濃度

建設現場のタイプ	測定法	測定数	平均濃度（mg/m^3）
屋外の固定場所での切断（タイプ1）	固定サンプラー	19	0.51
	個人サンプラー	14	2.2
屋根上での直接切断（タイプ2）	固定サンプラー	3	0.5
	個人サンプラー	8	1.82

（注）　細塵濃度に占めるクリソタイルの割合は約10％（赤外分光法）。
（出所）　Rödelsperger, Woitowitz and Krieger [1980] p.848 より筆者作成。

表 8-3 作業環境におけるアスベストセメント加工の一般的な粉塵濃度

アスベストセメントの加工	繊維濃度（本/cm^3）
Flex によるアスベストセメント加工	～30
Flex によるアスベストセメント加工（10～50m 地点）	0.1以上
アスベストセメントのボーリング作業	～0.6
アスベストセメントの洗浄（乾式）	1.5
アスベストセメントの洗浄（湿式）	0.5

（出所）　Albracht and Schwerdtfeger [1991] S.63-65 より筆者作成。

毎年10～12万トンの原料アスベストがアスベストセメント製品に使用されており，約5万人の屋根工が約6000社の屋根工事会社に雇用されていたとされる。40ヶ所の建築現場を測定した結果，研削工具の近辺での最大濃度は約80mg/m^3（クリソタイル濃度で約8mg）または繊維濃度で100本/cm^{3}以上の高濃度であった。研削工具によるアスベストセメント板の切断時の個人サンプラ

ーの平均濃度は屋外の固定場所での切断（タイプ1）で2.2mg，屋根上での直接切断（タイプ2）で1.8mgであった。タイプ1では切断作業をしていない屋根上の作業員は低濃度曝露であるのに対して，タイプ2では直接切断作業をしていない作業員も同程度の間接曝露をしていたことがわかる[14]。なお，作業環境におけるアスベストセメント加工の一般的な粉塵濃度（推定値）を**表8-3**に示す。

（2） アスベスト建材による環境汚染問題

1980年7月に連邦環境庁は「アスベスト細塵等による環境汚染と大気環境基準」と題する報告書を公表した[15]。本報告書はアスベストによる環境汚染を包括的に明らかにし，とりわけ建設現場における電動工具の発塵の危険性を指摘し，アスベストの使用禁止への契機となったものである。

アスベストによる環境汚染について生産過程（固定施設）やアスベスト含有製品からの排出量を排出源ごとに明らかにしており，アスベストセメント製品の加工作業や風化作用によるアスベスト細塵濃度を推定している。アスベストセメント製品の様々な加工作業によるアスベスト排出量は**表8-4**の通りであり，Trennschleiferによるアスベストセメント標準板の切断では集塵機がある場合でもTRKの約100倍という高濃度であった。建設現場でのTrennschleiferを用いたアスベスト波板の切断によるアスベスト細塵の排出量は毎分60～600mg/m^3または1000～1万本/cm^3であり，その結果，Trennschleiferによるアスベストセメントの切断加工だけで周辺環境へのアスベスト細塵の総排出量は年間約23トンにもなるため，Trennschleiferの禁止・代替により年間約0.5トン（約50分の1）に減少させることが可能である。ついで作業環境，大気，水中，食品中のアスベスト粉塵濃度を測定・評価しており，建設現場におけるアスベストセメント加工時のアスベスト繊維濃度は**表8-5**の通りである。またアスベストセメント産業の作業環境のアスベスト粉塵濃度はかつて10～50本（最小値は4本，最大値は150本）であったが，1977年時点で0.5～2本（最小値は0.1本，最大値は5本）へと減少した。さらにアスベスト粉塵による発がん性のリスクについて疫学の方法上の問題，公式統計，中皮腫の研究，短期間曝露時の腫瘍の潜伏期間，腫瘍発生率，タバコの喫煙と気管支がん，量・頻度関係などの観点から疫学的に評価している。

表8-4 アスベストセメント製品の様々な加工作業によるアスベスト排出量（1978年）

加工方法		排出量（本／大気リットル）	測定時間（秒）
アスベスト標準板（アスベスト含有率9〜12％）			
穿孔盤	集塵機なし	800	120
電動回し引き鋸	集塵機なし	2400	45
	集塵機あり	900	90
研削盤	集塵機なし	1700	60
	集塵機あり	1260	120
Trennschleifer	集塵機なし	多量で測定不能	20
	集塵機あり	10万以上	30
アスベスト軽量建築板（アスベスト含有率15〜30％）			
Trennschleifer	集塵機なし	多量で測定不能	15
	集塵機あり	多量で測定不能	30
研削盤	集塵機なし	7100	30
	集塵機あり	4500	30
アスベストセメント管			
Trennschleifer	集塵機なし	多量で測定不能	15
	集塵機あり	多量で測定不能	30

（出所） UBA [1980] S.128 より筆者作成。

表8-5 建設現場におけるアスベストセメント加工時のアスベスト粉塵濃度（1979年）

[本／cm³]	測定法	測定数	測定範囲	平均値	中央値
資材置場での屋根材の切断	REM	9	0.09〜29	3.8	0.7
	位相差顕微鏡	8	0.09〜3.1	1.6	1.5
	個人サンプラー	12	0.059〜2.3	0.6	0.32
屋根上での屋根材の切断	REM	8	0.55〜2.3	1.3	1.2
	位相差顕微鏡	5	0.1〜1.1	0.66	0.8
	個人サンプラー	3	0.03〜1.8	0.63	—
アスベストセメントの切断場所	全繊維数	16	0.52〜46	11	4.4
	長さ5μm以上	16	0.09〜29	2.8	1.1
建設現場近辺（2〜19m地点）	全繊維数	7	0.51〜7.3	2.9	2.2
	長さ5μm以上		0.03〜1.3	0.37	0.14
建設現場周辺（20〜45m地点）	全繊維数	7	0.02〜5	1.9	1.4
	長さ5μm以上		0.02〜0.4	0.12	0.05

（出所） UBA [1980] S.179-181 より筆者作成。

3 建設アスベストの粉塵対策・規制の実態

ドイツでは1940年の「アスベスト加工企業における粉塵の危険の撲滅のためのガイドライン」により、アスベストセメント工場だけでなく、建設作業員も対象とした総合的な粉塵対策の規制がなされた。そして建設現場におけるアスベスト粉塵濃度規制は1971年から導入・強化され、1980年には集塵装置付き電動工具をはじめとした粉塵抑制工具の使用が義務づけられた。また公的規制のみならず、アスベストセメント工業会が粉塵抑制工具の導入促進や支援を行ったり、建材卸業者がアスベスト波板のプレカット・サービスを提供したりするなど、産業界と連携してその実効性の確保に努めてきたところも特徴的である。本節ではドイツの労働安全衛生対策の一般的特質を考察した上で、主として1970年代以降の建設現場におけるアスベスト粉塵対策・規制の実態について明らかにする。

(1) ドイツの労働安全衛生対策

ドイツにおける労働安全衛生対策は、EU指令の下、「労働保護法」にもとづく連邦政府・州政府と「社会法典第7編　法定事故保険」にもとづく労災保険組合による二重の規制構造（デュアルシステム）となっている（図8-2）。両規制はそれぞれ独立しており、法的な上下関係はなく、規制内容も多くの分野で重複している。労働保護法にもとづく規制はそれ自体二元的であり、連邦・州の双方に立法権があり、連邦法が優位であるが、その関係は並立的である。労働保護法の下で連邦・州の管轄省庁により各種政令・省令が制定され、その下に労働社会省の委員会により技術規則・基準・ガイドラインが定められ、これらの運用権限を有する各州の営業監督局により各事業所への勧告・監視が行われる。一方、社会法典に法的根拠を持つ労災保険組合は産業別・地域別に構成された労使の自治組織である。中央連合・各労災保険組合により災害防止規定が制定され、その下に業種・職種別の専門委員会により補助規則・安全基準・ガイドラインが定められ、各支部の技術監督部により各事業所への助言・査察や安全教育・研修が行われる。その他、各種法令・規則が準拠規準とする

図 8-2 ドイツの労働安全衛生対策（デュアルシステム）

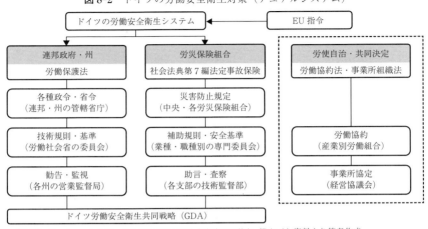

（出所） Bundesanstalt für Arbeitsschutz und Arbeitsmedizin（BAuA）資料より筆者作成。

DIN（ドイツ工業規格）や業界団体の基準などの労働安全関係の民間基準が存在する。なお，2004年から連邦，州，労災保険組合の相互連携体制を改善するため，「ドイツ労働安全衛生共同戦略」を立ち上げ，EUの共通化政策の下で重複分野の解消や役割の明確化など，三者による戦略的協働を推進している。

さらに「労働協約法」にもとづく産業別の労使自治と「事業所組織法」にもとづく企業別の共同決定による労働安全衛生関連の規制が存在する。法令基準より低い条件を定めることはできないが，産業別労働組合と使用者団体により労働協約が締結され，経営協議会（事業所委員会）と使用者により事業所協定が締結され，各労働組合と経営協議会により公的規制の遵守に加えて個別協約・協定の履行の監視がなされる。

このようにドイツの労働安全衛生対策の特質は，第1に，二重の公的規制・監督構造であり，そのうち自治組織が主導的役割を担っていることである。労災保険組合の災害防止規定は法令の制定・改正の契機となっており，技術監督官による査察・改善指導の頻度も州の営業監督官より多く，実務上で果たす役割が大きい。第2に，規制の制定主体，監督主体，制定過程における「自治，多元性，協働性」である。規制の制定・監督主体の双方とも多元的・複層的に構成されており，合意形成過程においても政治家，学識者，市民，労働組合，

使用者団体,業界団体と協議するなど,様々なレベルで社会の多様な意思を反映させる仕組みとなっている。これらの特質が労働実態を踏まえた規制内容,規制遵守の実効性の確保,労働災害・職業病の社会問題化などを可能にしていると考えられる。[19]

(2) 1970年代以降のアスベスト粉塵濃度規制の強化

ドイツでは1971年に制定された労災保険組合のVBG 119により,建設現場においてもアスベスト粉塵濃度の測定・改善等が義務づけられた。労働環境におけるアスベスト技術標準濃度(許容濃度)の変遷を**表8-6**に示す。1961年に粉塵研究所の暫定標準濃度(年間平均値)として60F(アスベスト評価)値≒1.5mg/m^3(コニメーター法)が導入され,1970年には20F値に設定された。そして1973年からクリソタイルのTRKとして0.15mg(アスベスト細塵濃度)≒3本/cm^3(メンブランフィルター法)が導入され,1976年にクリソタイル・アモサイトが2本(繊維濃度)に,1979年には全6種類のアスベストが1本に強化された。[20]さらに1985年からアスベストのTRK(就業時間平均値)が1本に,クロシドライトが0.5本に,1990年にクリソタイルが0.25本に引き下げられ,クロシドライト・アモサイトのTRKが廃止された。なお,アスベストの全面禁止に伴い1995年にはクリソタイルのTRKも廃止され,現在では発がん性物質の規制として0.1本(40年間曝露で1000分の4の発がんリスク),アスベストの解体・改修・保守作業時の基準濃度として0.015本などが設定されている。

次に1950～90年のアスベストセメント製品の加工による粉塵濃度の推移を**表8-7**に示す。アスベストセメント製造業については1950～54年の200本から,1970～74年に11本,1980年に1.1本,1988年には0.3本へと減少しており,作業別粉塵濃度についても同様に減少している。また建設現場における手作業の板張りや石綿板による断熱の際の穴あけ,鋸切断,穿孔,切断等の内装作業については1950～54年の15本から,1975～79年に8.6本,1982年に2.3本,1984年に0.8本,1988年には0.2本へと減少している。[21]各年代の減少率としては1950～60年代に0～83%,1970年代に43～90%,1980年代に73～98%であり,工場は1960～70年代に,建設現場では1970～80年代に大幅に減少しており,1970年代以降の粉塵濃度規制が有効に機能してきたことを示している。

第Ⅱ部　建設アスベスト問題における課題と論点

表8-6　ドイツにおけるアスベスト技術標準濃度の変遷

暫定標準濃度			技術標準濃度						
評価法	年間平均値		評価法	年間平均値				就業時間平均値	
	1961	1970		1973	1976	1979	1979-1982	1985	1990
						新規設備	既存設備		
F　値	60	20	クリソタイル　AFS / F / FS	0.15 / / 4.0	0.1 / 2.0 / 4.0	0.05 / 1.0 / 2.0	0.1 / 2.0 / 4.0	0.05 / 1.0 / 2.0	0.25
G　S		1.0 (a＞50%) 1.5 (10≦a≦50%) 2.0 (a＜10%)	アモサイト　AFS / F / FS		0.1 / 2.0 / 4.0	0.05 / 1.0 / 2.0	0.1 / 2.0 / 4.0	0.05 / 1.0 / 2.0	
			クロシドライト　AFS / F / FS			0.05 / 1.0 / 2.0	0.1 / 2.0 / 4.0	0.025 / 0.5 / 2.0	

（注）　1：F（アスベスト評価）値＝全粒子濃度（個/cm³）×アスベスト繊維濃度（本/cm³）÷100，GS＝アスベスト含有総粉塵濃度（mg/m³），a＝アスベスト含有率，AFS＝アスベスト細塵濃度（mg/m³），F＝繊維濃度（本/cm³），FS＝アスベスト含有細塵濃度（mg/m³）：アスベスト含有率3.75％未満の粉塵に適用。
　　　　2：1973・1976年にクロシドライトのTRKの設定なし（中皮腫リスクが極めて高く閾値が不明なため）。
（出所）　HVBG［2007］S.55-57より筆者作成。

表8-7　アスベストセメント製品の加工による粉塵濃度の推移（本/cm³，90パーセンタイル値）

| 時　期 | アスベストセメント工業 | 板材加工（工業） | | | 密閉空間における手作業の板張りまたは石綿板による断熱の際の穴あけ，鋸切断，穿孔，切断等の内装作業 |
		のこぎり切断	研　磨	穴あけ・切削	
1950-1954	200				15
1955-1959	200				15
1960-1964	100				15
1965-1969	35				15
1970-1974	11				15
1975-1979	5.3	16	8.5	3.5	8.6
1980	1.1	1.2	1.9	0.9	8.6
1981	1.1	1.2	1.9	0.9	8.6
1982	1.7	2.0	1.9	0.9	2.3
1983	1.7	1.2	1.9	0.9	
1984	1.3	1.2	2.0	0.7	0.8
1985	1.3	1.2	2.0	0.7	0.8
1986	0.6	0.6	2.8	0.4	
1987		0.6	2.8	0.4	
1988	0.3	0.3	2.8	0.2	
1989	0.3	0.3	2.8	0.2	
1990	0.3	0.3	2.8	0.2	

（出所）　Deutsche Gesetzliche Unfallversicherung（DGUV）［2013］S.104-106, 117-118より筆者作成。

（３） 1980年代の建設現場におけるアスベスト粉塵対策

　建設現場におけるアスベストセメント製品の加工による曝露濃度は**表 8-8** の通りである。建設作業員のアスベスト粉塵対策としては，プレカット（事前加工），移動式局所排気装置，集塵装置付き電動工具，湿式化，作業場の清掃，防塵マスクの着用などの総合的対策であり，とりわけプレカット化と集塵装置付き電動工具の使用が徹底されていたところに特徴がある。

　アスベスト建材のプレカット化については1981年から建材卸（認定）業者によりアスベスト波板の事前加工サービスの提供が開始され[22]，1982年からはアスベストセメント工業会により全製品の95％が工場内事前加工化されるようになった[23]。そして建設現場において最も効果的で簡便な集塵装置付き電動工具については，既に1931年からドイツの FESTOOL 社により製造販売が開始されており，1980年の安全規則により検査済みの認定粉塵抑制工具の使用が義務づけられ，1981年に多量の粉塵発生工具の使用が禁止されて以降，その使用が徹底されていくことになった[24]。また建設労災保険組合は1979年12月に「新工具によるアスベストセメントの加工」と題した特集号を発行しており，アスベストセメント工業会は1980年3月に「アスベストセメント地上建築用製品のための新加工工具」や，1982年1月に「アスベストセメントについての事実」などの啓蒙パンフレットを大量に発行しており，集塵装置付き電動工具の使用促進や導入支援の活動を積極的に行ってきた[25]。建設現場において使用される各種集塵装置付き電動工具と移動式集塵機の実例を**図 8-3** に示す。

　さらにこうした建設作業員のアスベスト粉塵対策は，労災保険組合の技術監督官による事前通告なしの定期的な査察（各現場ごとに必ず複数回，平均月1回）により各建設現場で徹底されていくことになる[26]。

4　建設アスベストの代替化の展開

　ドイツでは1993年におけるアスベストの全面禁止以前の1980年代に既にアスベスト消費量が急減しているが，これは連邦政府が1980年代初頭にアスベストの使用禁止政策へと転換したからである。1970年代の輸入原料アスベストの製品別使用割合を見ると，アスベストセメント製品が約70％を占めていたことが

表 8-8 建設現場におけるアスベストセメント製品の加工による曝露濃度
（90パーセンタイル値）

作　業		繊維濃度（本/cm^3）
波板加工（屋根ふき）	Flex による切断（1956年～）	60
	屋根上での穴あけを伴う板張り作業（切断なし）	1～1.2
手引き鋸によるアスベストセメント加工		0.5
人工スレート張り，小型成形（板張り，スレート用ハンマー・敷物を用いた加工）		0.8
外壁張り，小型成形（板張り，研磨加工）		0.4
外壁構築，平板（取り付け，鋸・切断工具による加工）		6.4
アスベストセメント波板・平板・小型タイルの解体		2
研磨または高圧洗浄によるアスベストセメント平面の洗浄		5
換気装置	内外装がない場合の Flex による切断，組み立て	6
	密閉空間において換気が不十分な場合	12
地下工事における配管加工	密閉されていない配管路での加工	1.5
	屋内配線作業	2
屋外でのアスベストセメント配管・導管の加工（鋸切断，穿孔，分離，はめ込み）		6
アスベストセメント製品の積み込み，積み下ろし，輸送（手作業）		1
アスベスト含有軽量建築用板材	石綿含有防火用板材の取り付け，鋸による加工	6.6
	可燃性下張り床上の防火用板材の加工，取り付け	4
アスベスト含有吹き付け断熱材	充填作業	40
	吹き付け作業	400
建設現場での断熱作業	石綿マットの縫合，取り付け（準備作業）	3
	断熱被覆の縫い付け	1.5
	石綿ひもによる配管の巻き付け，表面塗装	4
	吹き付けアスベストの除去（手作業，乾燥状態）	300
石綿含有床材の切断	柔軟床敷材	0.06
	クッションビニール	0.6
石綿含有建築資材（接着剤，モルタル，継目パテ，調節パテ，パテナイフ等）	（かき）混ぜる	～2
	研磨（乾燥状態）	～10

（出所）　DGUV［2013］S. 107-110, 117-119, 122, 130-131 より筆者作成。

第**8**章　ドイツにおける建設アスベストの粉塵対策と代替化の展開

図 8-3　各種集塵装置付き電動工具と移動式集塵機

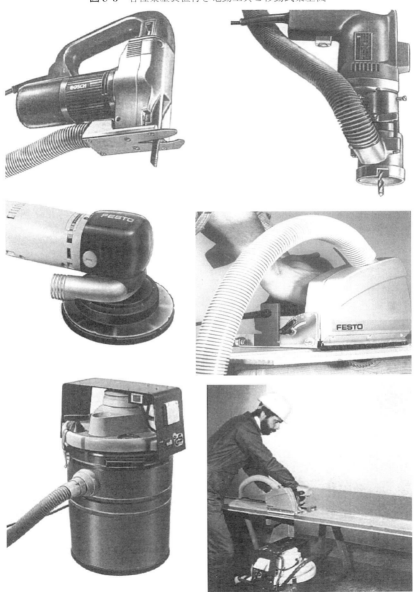

（出所）　Wirtschaftsverband Asbestzement [1980] S. 14-23；[1982], Württembergische Bau-BG [1982] S. 17.

わかる。それゆえ1980年代のアスベストの使用禁止過程は同時に，アスベストセメント製品の代替化過程でもあった。そこで本節では1980年代のアスベストセメント製品の代替化の過程に着目し，これを可能にした要因について考察する。

（1） アスベストセメント製品の代替化の展開

1982～92年のアスベストセメント製品の代替化の変遷を**図8-4**に示す。労災保険組合によるアスベスト使用禁止政策とアスベストセメント工業会による自主規制が開始された1982年から代替化が始まり，連邦政府によるアスベスト使用禁止政策と代替化促進政策がなされた1986年前後に多くの製品の代替化が進行し，連邦政府による生産・流通・使用禁止政策が進展し，自主規制の合意期日である1991年までにはほとんどの製品の代替化が完了していたことがわかる。このことは基本的に労災保険組合と連邦政府のアスベスト使用禁止・代替化促進政策およびアスベストセメント工業会の自主規制が有効に機能したことを示している。

一方で，その代替期間については，平板・エタプラーンN，通気管・ユーロニットでは5～6年も掛かっており，またインタニット（アスベスト製品）とインタニット100（代替品）は6年間にわたり併売されるなど，代替期間が長かった製品も見られる。エタニット社は1982年にはドラニット繊維（ポリアクリロニトリル系）による代替品の開発に成功しており，この時点で代替化の技術的基礎が既に確立していた。アスベストセメント産業は技術的にはより早期に代替可能であったにもかかわらず，経済的理由により代替化の過程を引き延ばした可能性があり，この点は自主規制の限界であったと言えよう。

（2） アスベストセメント製品の代替化の要因

1980年代のアスベストセメント製品の代替化の要因としては，第1に，1971年以降に建設現場におけるアスベスト粉塵濃度規制が段階的に強化されたこと，第2に，1980年の連邦環境庁報告書の公表によりアスベストの環境曝露の危険性が社会問題化したこと，第3に，1981年にドイツ労働総同盟および化学産業労組を中心としたアスベスト代替化を要求する労働運動が推進されたこと，第

第**8**章　ドイツにおける建設アスベストの粉塵対策と代替化の展開

図 **8-4**　アスベストセメント製品の代替化の変遷

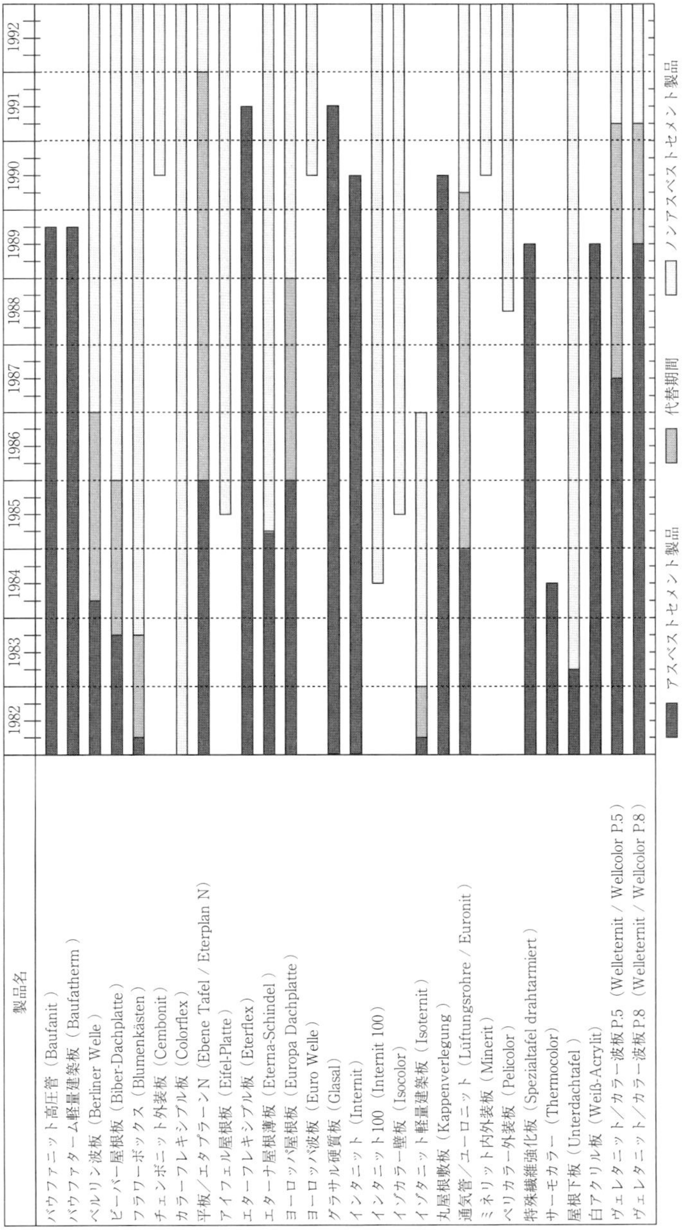

(注)　各年の目盛りは四半期ごとの区分。
(出所)　Verband der Faserzement-Industrie [n.d.] より筆者作成。

4 に，1981年以降に労災保険組合と連邦政府によりアスベスト使用禁止政策が展開されたこと，第 5 に，1982年以降にアスベストセメント工業会により自主規制が実施されたこと，第 6 に，1982年以降に連邦政府によりアスベスト代替化促進政策がなされ，アスベスト代替品カタログの発行と参照義務化が各経営協議会における代替化要求の闘争を可能にしたことなどがあげられる。以上の要因によりアスベストセメント製品の代替化が進展した結果，1980年代にアスベスト消費量を急減させることができたと考えられる。

①出発点としての1980年「連邦環境庁報告書」

ドイツでは1980年代初頭にアスベストの使用禁止政策へと転換するが，その直接的な契機となったのは第 2 節第 2 項で述べた1980年の連邦環境庁による報告書の公表である。この背景としては1977年11月の EEC の「アスベストの健康有害性に関する報告書」や1979年のイギリスのシンプソン委員会最終報告書の公表により，アスベストの曝露限界値が存在しないことや中皮腫の発症率がクロシドライト，アモサイト，クリソタイルの順に高いことなどが報告され，この時期には環境曝露の危険性も明白なものとなりつつあった。そして本報告書にもとづき，1981年 1 月に連邦内務大臣による記者会見が開催され，アスベストの使用制限・禁止に向けての強い意志表明がなされた。これを契機としてアスベストの危険性や使用禁止をめぐって，連邦政府，産業界，労働組合，医学界，メディアなどを巻き込んだ激しい科学的論争が展開された。こうしたなか産業界寄りの連邦保健庁は，「アスベストの環境リスクは 1 年間にタバコ10本分と同じである」と主張して早急な使用禁止を妨害しようとした。これに対して連邦環境庁は報告書の科学的・臨床的正確さを武器に，1981年にアスベストの段階的禁止の計画表を公表するなどして対抗した。また産業界は失業の脅迫により状況を打開しようとしたが，最終的には代替化に合意せざるを得なくなったのである。なお，エタニット社が連邦保健庁の科学者たちを買収していた事実が1989年になって判明することになる。

②1981年の労働組合運動によるアスベスト代替化の要求

アスベスト問題に対してドイツの労働組合は当初は雇用確保を重視していたが，次第にその危険性が明らかになるにつれ，アスベストの禁止・代替化を要求する方向へ転換していった。国際金属労働組合連盟のオスロ会議でのセリコ

フ（Selikoff, I. J.）の論文発表を契機として，1976年に金属産業労働組合（IGM）はアスベストの危険性に関する詳細な報告書を出版した。ついで2万5000人以上のアスベスト関連労働者を擁する化学産業労働組合は1977年に新設した環境保護部局においてアスベスト問題を主要な課題として取り組み，人的ネットワークの形成やフォーラムの開催などで運動を中心的に組織した。そして1980年以降の科学的論争のなかで，エタニット社，アスベストセメント工業会，ドイツ経営者連盟（BDA），連邦保健庁，国際アスベスト協会を中心とした激しいロビー活動に対して，化学産業労働組合，IGM，建設産業労働組合，公務・運輸・交通労働組合，ドイツ労働総同盟（DGB）は欧州労働組合連合，国際労働組合組織，州政府，連邦環境庁，ドイツ研究振興協会と共同してこれらに対抗した。[32]

1981年2月に化学産業労働組合およびDGBはアスベストの代替に関する要求書を発表した。DGBによる「労働環境におけるアスベストがんに対する17項目の行動計画」では，100万人の労働者がアスベスト粉塵の危険に曝されているとして，①アスベストの段階的禁止，②危険のないまたはより安全な物質へのアスベストの強制的代替，③技術的措置によるあらゆる粉塵の除去，④危険物質規則の「極めて強い発がん性物質」グループへのアスベストの格付けの引き上げ，⑤現行規則の約10分の1へのアスベストの閾値の引き下げ，⑥危険に曝されたすべての労働者の把握・登録など17項目について要求した。[33]さらに1981年7月には「アスベストの代替に関するミュンヘン会議」（DGB，化学産業労組，建設産業労組，アスベストセメント工業会，エタニット社，BDA，バイエルン州労災保険組合の参加）を開催し，労働組合側はアスベストセメント工業会の消極的姿勢に対して厳しく糾弾した。[34]これらの労働運動が連邦政府（内務大臣）へのアスベスト禁止の圧力となったのである。

③1981年以降のアスベスト使用禁止政策

1980年代のアスベスト使用禁止政策の展開は第1節第3項で詳述した通りである。その特質としては，第1に，労災保険組合の災害防止規定と連邦政府の危険物質規則・化学品禁止規則による二重の規制構造であり，基本的に災害防止規定により先行して規制がなされ，後に危険物質規則に引き継がれる形となっている。第2に，アスベストセメント工業会の自主規制を補完する形で公的

規制がなされており，自主規制の対象外の部分を規制でまかなうとともに，合意期日後にはその対象製品も規制に組み込まれるという二重の意味での補完であり，これにより自主規制は事実上の強制力を有する。第3に，危険性の高いまたは技術的に代替可能な製品から先行して規制がなされ，大枠で原則禁止措置がとられ，代替困難な製品には猶予期間が設定された上で，技術開発状況に応じてそれが段階的に縮小されるという手法がとられている。第4に，製品の危険性や種類（生産財・消費財・耐久消費財），使用状況に応じて生産・流通・使用禁止の順序や時期を柔軟に組み合わせて，可能な範囲から段階的に規制がなされていることである。こうした特質は規制の実効性の確保や強制力，代替期間の短縮化などの面で有効に機能したと考えられる。

　④1982年以降のアスベストセメント工業会の自主規制

　こうした事態を受けて1981年秋にアスベストセメント工業会は，自主性を基本としたアスベスト問題の統一的解決を目的に内務大臣との会談を要請し，自主規制を対抗手段としてアスベストの使用禁止の延期という妥協案を見出すべく，代替化の移行期間の確保，製品の技術的特性の維持，突然の雇用剥奪の回避などを主張した。そして1982年2月にアスベストセメント工業会は自主的責務を宣言した。その内容としては，第1に，アスベストセメント製品のアスベスト含有量を1982年以降3～5年以内に30～50％削減し，代替化の進捗状況を連邦政府へ年次報告する。第2に，建築現場での粉塵飛散作業を避けるため，1982年7月1日から全製品の95％を工場内事前加工（プレカット）する。第3に，現場加工時の粉塵抑制工具の導入への促進・支援を行う。第4に，適正な取り扱いと一般消費者の保護のため，地上建築用製品の市場取引を専門商に一元化する。第5に，後の繊維露出を防ぐため，地上建築用製品の80～85％および地下建築用製品（パイプ類）の95％を被覆加工するとした。また1984年3月に自主規制を補充して，1990年末までにすべての地上建築用製品をノンアスベスト化するとし，1988年には自主規制をさらに補充して，1993年末までにすべての地下建築用製品をノンアスベスト化するとした。これらの合意はいずれも達成された。こうしてアスベストセメント工業会は代替化に必要な移行時間を確保することに成功した。この点についてヒューパー（Höper, W. E.）は，「ドイツアスベストセメント産業は原料アスベスト産業の『管理使用』とヨーロッ

パの『全面禁止』の間の『第三の道』を歩んだ」と評している。このようにドイツでは産業界が自主的に代替品を開発して合意目標に到達したことは事実であるが，同時にアスベストセメント工業会の自主規制は決して自発的ではなく，連邦政府をはじめとした使用禁止の強力な社会的圧力の下でなされたことに注意しなければならない。

⑤1982年以降のアスベスト代替化促進政策

連邦政府はアスベスト使用禁止政策を展開する一方で，1980年前後から代替品の調査や開発支援などの代替化促進政策を推進してきた。1979年に連邦研究技術省とエタニット社によりアスベストの代替可能性に関する共同研究が行われ，1980年3月には労災保険組合中央連合会により「アスベスト――健康リスク，防護措置，使用制限，代替品」を主題とした大規模な会議がボンで開催された。そして1982年に連邦労働安全衛生研究所により『アスベスト代替品カタログ』が作成・公表され，代替品情報の周知徹底がなされ，1985年には最新版に改訂された。本カタログは全10巻から構成され，各巻には代替品名，製造メーカー，製品性能・特性，技術データ，使用領域などの情報が掲載されていた。また1986年に連邦労働社会省の危険物質委員会により本カタログが「危険物質に関する技術規則」のなかに位置づけられ，すべての使用者に本カタログの参照が義務づけられた。これにより各企業の経営協議会において，代替品カタログを参照して使用者側と具体的に交渉・提案することが可能となり，事業所ごとでの代替化も進展していくことになった。さらに1988年には危険物質委員会により技術的に代替困難なアスベスト製品の段階的な代替化計画表が提示された。このようにドイツでは連邦政府が確固とした代替化の方向性を提示し，その使用を推奨することでアスベスト代替品市場が創出・拡大された結果，各メーカーにより代替品の特許を求めた目的意識的な技術開発競争が行われたのである。

5　建設アスベスト問題の解決に向けて

第7章・第8章では，イギリス・ドイツにおいてアスベストの使用禁止時期が早かった要因について，建設アスベストを対象とした法的規制，危険性の認

識，粉塵対策・規制の実態，代替化の展開という観点からそれぞれ詳細に明らかにしてきた。その概要は**表8-9**の通りである。最後にイギリス・ドイツの対策の共通性について整理し，建設アスベスト問題の解決に向けての教訓としたい。

イギリス・ドイツにおける建設アスベストの代替化の要因としては，第1に，建設作業を危険性の高いものとして認識し，アスベスト粉塵対策の規制対象にして，かつ建設作業員に粉塵濃度規制を導入したことである。イギリスでは1969年のアスベスト規則により，ドイツでは1971年の災害防止規定により建設現場にも粉塵濃度規制が導入され，また建設現場における粉塵対策としてプレカット，移動式局所排気装置，集塵装置付き電動工具，作業場の隔離，湿式化，防塵マスクなどの総合的対策が実施された。第2に，多様な手段により粉塵対策・規制の実効性の確保に努めてきたことである。イギリスでは工場監督官，ドイツでは技術監督官による現場への定期的査察，現場の労働実態を踏まえた勧告，建設作業員への情報提供，産業界との連携，デュアルシステムなどによりその実効性の確保が図られた。第3に，国家が主導的にアスベストの使用禁止や代替化を促進したことである。イギリスでは1969年以降に公的機関により建設アスベストの禁止や代替化が推進され，ドイツでは1980年以降に労災保険組合と連邦政府によりアスベストの使用禁止・代替化促進政策が展開された。第4に，アスベスト建材メーカーが自主的規制・対策を実施したことである。イギリスでは石綿症調査委員会により安全対策ガイドの作成・配布，メンブランフィルター法の開発，粉塵濃度測定・分析サービスの提供，建設アスベストの自主的禁止がなされ，ドイツではアスベストセメント工業会の自主規制によりアスベスト含有量の削減，プレカット化，粉塵抑制工具の導入支援，被覆加工化，代替化がなされた。第5に，危険性を予測して調査を実施し，対策により被害を未然に防止するという労働者保護行政の基本的姿勢を有していたことである。規制当時に建設作業員の被害が深刻化していたわけではないが，アスベストセメント製品の乾式加工や建設現場での断熱作業や間接曝露，低濃度曝露（発がん性）の危険性が指摘されており，建設現場においてアスベストが大量使用され，かつ電動工具が普及していたことから，そこで発塵調査を実施することにより危険性を認識することができた。

第**8**章　ドイツにおける建設アスベストの粉塵対策と代替化の展開

表 8-9　イギリス・ドイツにおける建設アスベストの粉塵対策と代替化（概要）

		イギリス	ドイツ
	アスベスト消費量のピーク	1973年（1975000トン）	1980年（36万6000トン）
	建設アスベストの割合	60％以上	70％以上
法的規制	根拠法	［工場法］［労働安全衛生法］	［ライヒ保険法］［社会法典第7編］［労働保護法］
	規制主体	雇用主、安全衛生官	技術監督官、営業監督官、労災保険組合、経営評議会
	罰則規定	現場での労働、使用実態を負わせた	刑事罰、行政罰
	実効性の確保	工場監督官による定期的査察、現場主義の変更勧告	工場監督官による定期的査察、改善指導
	アスベストセメント産業の粉塵規制	1931年［アスベスト産業規則］	1940年［アスベスト加工企業における粉塵の危険に対する保護指針（テューリンゲン州）］
	建設業の粉塵規制	1948年［工場法（建物内の建設作業の一般的保護義務規則）］	1966年［アスベスト加工企業における粉塵の危険に対する保護指針］
	個人事業主（一人親方）の保護	1969年［建築（衛生・安全・福祉）規則］	1971年［健康に危害を及ぼす鉱物性粉塵からの保護に関する第7編］
	粉塵抑制物質の表示・標示義務	1974年［労働安全衛生法］	1963年［ライヒ保険法、1997年社会法典第7編］
	アスベスト含有製品の解体・防止規制	1985年［アスベスト製品安全規則］	1986年［危険物質からの保護に関する省令］
	建築物の解体・防止規制	1969年［アスベスト（ライセンス）規則］	1980年［アスベスト作業時の解体・改修・メンテナンスに関する災害防止規則］
		1983年［アスベスト建材の警告表示］	1990年［アスベスト作業に関する技術規則］
危険性の認識		〜1950年代前半	〜1970年代後半
粉塵対策の実態	吹き付け作業	〜1965年	〜1970年代半ば
	断熱作業	〜1967年	〜1980年
	アスベストからの環境曝露	〜1976年	
	建設現場の粉塵対策	1960年代半ば〜	1970年代後半〜
		プレカット化、移動式局所排気装置、作業場の粉塵、作業場ごとのゾーニング化［閉鎖曝露作業エリア］、集塵装置付き電動工具、湿式化、防護マスク・防護服、作業員への安全教育、訓練、情報提供、若年者・未成年の雇用制限、	
		滑車、作業着、廃棄物の管理（二次曝露の防止）、アスベスト製品の粉塵濃度低減	建設前（認定）業者でのアスベスト建材加工事業
		典型的な建設作業のアスベスト粉塵曝露の情報提供（1973年〜）	
		石綿職業病調査会	
		メソテリオマ・ファイル等の開発、安全対策ガイド（「安全対策のガイド」シリーズの作成）、配布、粉	アスベストセメント製品の大型化、プレカット化、粉塵抑制工具
		塵濃度測定・分析サービス、クロシドライト、吹き付けアスベスト、マキナイトの禁止、アスベスト建材の警告標示	の配備への支援、地下建設現場での披覆加工化、ノンアスベスト化及び代替化に関する省令
使用禁止政策	吹き付け作業禁止		1979年［健康に危害を及ぼす鉱物性粉塵からの保護に関する災害防止規定］
	断熱材の使用禁止		1982年［健康に危害を及ぼす鉱物性粉塵からの保護に関する災害防止規定］
	クロシドライトの使用禁止	1985年［アスベスト（禁止）規則］	1986年［健康に危害を及ぼす粉塵からの保護に関する省令］
	アスベスト含有製品の一部使用禁止	1992年［アスベスト（禁止）規則］	アスベストセメント軽量建築用板材、吹き付け材、防火付け材、防音・保温・耐熱材、断熱材、屋根葺用フェルトなど
		塗料、低密度断熱、防水材、壁面の下張り、モルタル、保護被覆材、光触媒、シーリング材、接着剤、装飾用品、屋根葺用フェルトなど	
	アスベストの全面禁止	1999年［アスベスト（禁止）規則］	1993年［危険物質からの保護に関する省令］（化学物質を含む省令）
代替化の展開	代替化の要因	①1969年以前のアスベスト粉塵規制の強化	①1971年以前の連邦環境規制の段階的強化
		②1969年以降のメーカーによるアスベスト建材の自主的禁止	②1980年のドイツ労働省報告書の公表（環境曝露の危険性の社会問題化）
		③1970年以降のイギリス労働組合会議によるアスベスト使用禁止の要求	③1981年以降のドイツ労災保険組合会議によるアスベスト代替化の要求
		④1970年代以降のイギリス労働組合会議による連帯闘争の展開	④1981年以降の労災保険組合会議による連帯闘争の展開
		⑤1960年以降の安全衛生法の制定によるアスベスト代替化の推進	⑤1982年以降のアスベストセメント工業界による自主規制
		⑥1970年代中国以降の環境衛生からの非職業性曝露の危険化の問題化	⑥1982年以降のカタログの発行による各社代替協議会におけるメーカー間の競争

（出所）第7章、第8章をもとに筆者作成。

第Ⅱ部　建設アスベスト問題における課題と論点

　したがってイギリス・ドイツにおける建設アスベストの代替化は，建設作業を対象とした粉塵濃度規制を伴う粉塵対策の徹底・強化およびその実効性の確保による必然的帰結である。アスベスト建材メーカーによる自主規制もこうした社会的圧力の下でなされたのである。そしてイギリスでは管理使用が困難になり，粉塵対策のコスト負担の増大からメーカーが自主的禁止の方向へ転換し，ドイツでは環境曝露の危険性からも国家が主導的に使用禁止政策へと転換したのである。

　ひるがえって日本の建設アスベストの対策を見てみると，建設作業に対して何一つ実効性のある規制をしてこなかったし，生産・使用実態がなくなるまで法的規制や使用禁止を先延ばしにしたのであり，国家の規制権限の不行使は明らかである。日本はアスベストの工業化の時期もドイツとそれほど変わらず，医学的知見や粉塵対策の技術的基盤もイギリス・ドイツと比べて大きな隔たりはなく，アスベスト建材メーカーの産業構造もイギリス・ドイツと同様に寡占状態で大きな違いはなかった。これら日本の対策の相違を生み出した要因は，労働者の生命・健康よりも産業・経済成長を優先したという労働者保護行政の基本的姿勢の放棄およびその実効性の欠如に求められる。二度と同じ過ちを繰り返さないためにも，さらなる被害の拡大を防止するためにも，国・企業は一刻も早く責任を認めてこの問題を解決し，今後の教訓とすべきである。

注
(1) 本書では1949〜90年までのドイツはドイツ連邦共和国（西ドイツ）を指すものとする。
(2) Hauptverband der gewerblichen Berufsgenossenschaften（HVBG）[1966].
(3) 10F 値≒0.25mg/m^3≒5本/cm^3 に相当する。
(4) HVBG [1973a].
(5) 分離・集塵性能の要求として使用フィルターの通過度（最大作業環境濃度が0.1mg/m^3 超の場合は1.0%未満，0.1mg/m^3 以下の場合は0.5%未満）の制限（検査方法は「DIN 24184：有害物質フィルターの型式検査」），また小型除塵機の要求として流量（空間容量×換気回数の10%）とフィルター面積負荷比（0.033m^3/m^{2}秒以下）の制限，工業用粉塵吸引機の要求として内部フィルター使用時の事前分離器の設置，移動吸引機の要求として圧力差（50N/m^2 未満）の制限などの操業技術的・構造的要件が規定された（HVBG [1973b]）。
(6) HVBG [1977；1981], Deutsches Institut für Normung [1966], Verein Deutscher

第**8**章　ドイツにおける建設アスベストの粉塵対策と代替化の展開

　　　Ingenieure［Rev. 1973］.
(7)　粉塵抑制工具の性能要件として所定の検査方法（検査台，測定装置，工具，吸引装置，試験物質，試験回数・時間，測定評価）にて，濃度値が検査区間で4本/cm^{3}以下および測定導管で0.5mg/m^{3}以下の場合にTRKを超えないと見なされる（HVBG［1980a］）。
(8)　HVBG［1980c］, Berufsgenossenschaft der Bauwirtschaft（BG BAU）［2011］S. 67-70.
(9)　三柴［2000］145，151，214，215，217-219，221頁。
(10)　災害防止規定は生産・使用部分を規制対象とし，危険物質規則は生産・流通・使用全体を規制対象としていたが，化学品禁止規則の制定に伴い，流通部分の規制が移管された。
(11)　ノルトライン・ヴェストファーレン州の建設労災保険組合の元技術監督官（1973～2008年）であるJohannes Schneider氏へのインタビュー調査（2013年9月11日実施）。
(12)　Bohlig［1970］S. 205-206.
(13)　Woitowitz, Rödelsperger and Krieger［1980］pp. 352-353.
(14)　Rödelsperger, Woitowitz and Krieger［1980］pp. 846-848.
(15)　Umweltbundesamt（UBA）［1980］S. 127-178.
(16)　本項ではBAuA（ドイツ連邦労働安全衛生研究所）資料の他，日本損害保険協会安全防災部［2001］を参考にした。ドイツの労災保険制度の被保険者は産業・公共部門の労働者だけでなく，自営業者や児童・生徒・学生，ボランティアなども含まれる。
(17)　DINはJIS（日本工業規格）に相当するが，日本と異なり民間団体による規格である。
(18)　監督官数は日本の労働基準監督官が2941人（実際には管理職を除く2000人以下）に対して，ドイツでは州の営業監督官が3340人，労災保険組合の技術監督官が2996人の計6336人であり，雇用者1万人あたりでは日本の0.53人に対して，ドイツは実に1.89人となっている（全労働省労働組合［2011］）。
(19)　近年，グローバル化による競争激化やEU指令との調和，労働市場の規制緩和などを背景として，各種規制・制度の統合化・共通化や自治の弱体化など，これらドイツ的特質も変容しつつある。
(20)　ただし既存設備については3年の猶予期間が設けられた。
(21)　ただし90パーセンタイル値であり，測定データの平均ではなくほぼ最大値であることに注意されたい。
(22)　Johannes Schneider氏へのインタビュー調査。
(23)　Asbestschieferfabrik, Eternit, Frenzelit, Fulgurit, Toschi, Wanitの6社で構成される。
(24)　安全規則（ZH 1/616）にもとづく検査済み工具として1982年7月時点で16種類が認定されていた（Württembergische Bau-Berufsgenossenschaft（Bau-BG）［1982］S. 46）。
(25)　Höper　　［2008］　　S. 197-198，　Die　　Tiefbau-Berufsgenossenschaft　　［1979］，

Wirtschaftsverband Asbestzement ［1980；1982］.
(26) Johannes Schneider 氏へのインタビュー調査。
(27) その他，床被覆材 8 ％，建築用製品（瀝青・屋根・填隙用シート，接合材，グラウト用充填剤，塗料，耐火材，下張床保護材等）6 ％，ブレーキ・クラッチ摩擦材 5 ％，紡織品3.5％など（BG BAU ［2011］S. 7）。
(28) Höper ［2008］S. 225.
(29) Evans ［1977］.
(30) Kriener ［2009］.
(31) Albracht ［2013］pp. 79-80.
(32) Albracht ［2013］pp. 78-81.
(33) Deutscher Gewerkschaftsbund ［1981］.
(34) Albracht ［2013］p. 82.
(35) Höper ［2008］S. 197-200.
(36) HVBG ［1980b］.
(37) ①繊維・充填材，②労働保護，③防火材，④断熱・防音材，⑤電気絶縁材，⑥填隙材，⑦濾過材，⑧摩擦材，⑨建築用製品（アスベストセメント），⑩化学製品・他（UBA ［1985］）。
(38) Packroff ［2001］p. 5.
(39) 代替化による経済的悪影響はほとんどなかったとされる（BAuA でのインタビュー調査，2011年 3 月 3 日実施）。

終　章
アスベスト公害の理論問題

杉本通百則

1　アスベスト公害の教訓とはなにか

　本章では，これまでの実証的分析を踏まえ，アスベスト公害の被害の発生・拡大のメカニズムについて理論的に考察する。序章において公害・環境問題の一般理論を展開したが，現実の公害・環境問題の概念は，環境破壊問題の一般的規定を実体として，公害・環境問題の資本主義的形態規定（国家形態や政治的・イデオロギー的構造，各国の特殊性を含む）を加えて把握される。アスベスト問題は労働災害であり，公害問題であり，かつ環境問題でもあるという複合的性格を有している。以下では，主に泉南アスベスト問題と建築アスベスト問題を対象として，これまでの公害・環境論の発展のなかで両概念を規定する諸モメントのうち，どのような共通性と特殊性を有しているのかについて理論的に分析するとともに，その教訓の普遍化を試みたい。

2　泉南アスベスト公害の理論

　泉南アスベスト問題は，生産過程から発生した廃棄物による環境破壊という意味で主に公害問題としての性格を有している。以下では，泉南地域のアスベスト紡織工場を中心にして分析を進めるが，建設アスベストに分類されるクボタのアスベスト水道管製造（尼崎）工場やニチアスのアスベスト含有製品製造（王寺）工場なども便宜上，ここでの分析対象に含めることとする。これらアスベスト含有製品製造工場から排出されたアスベストによる労働者・家族・地域住民への被害の発生・拡大のメカニズムは，これまでの日本の公害問題のすべての諸規定を有しているとともに，公害論における新たな論点も提示している。

（1） 加害者と被害者の関係

　アスベスト関連疾患に特徴的な潜伏期間の長さ（10〜40年）そのものは人間と自然との関係であるが，アスベスト問題をこうした化学物質の特殊性に解消することは明白な誤りである。アスベストの有害性は決して昨今明らかになったことではない。遅くとも1930年代初頭にはアスベストの危険性は国際的にも広く認識されており，それゆえ日本においても1937年から旧内務省保険院による泉南地域の医学的調査がなされ，被害の実態が把握されていたのである。戦後も国立療養所大阪厚生園の瀬良良澄医師や地元の開業医の梶本政治医師らがその危険性を繰り返し警告していたのであるから，原因も結果もはっきりしていながら，なおかつ有害物質が環境に排出され，それにより住民が日ごとに殺傷されているという公害の規定がそのままあてはまる。そして加害者は主としてクボタ，ニチアスなどの独占的大企業であり，被害者は主として労働者や周辺住民などの社会的・経済的弱者である。[1]また泉南地域においては三好石綿や栄屋石綿を除けば，おおむね小規模零細工場であり，事業主やその家族も被害者であるというケースが多い。この場合の加害者とは主としてこれら小規模零細業者を収奪していたアスベスト紡織製品の需要部門に当たる独占的大企業であると言えよう。

（2） 被害が社会的・経済的弱者に集中

　被害が社会的・経済的弱者に集中するという公害の構図はアスベスト公害においても一層顕著に再現されている。泉南地域の紡織業には在日コリアン，被差別部落の人たち，地方出身者（出稼ぎ），女性（女工）が多く，被害が低所得者層に集中していたとされる。[2]このことが社会的差別による無関心・放置につながり，適切な医療・診断を受けることを困難にし，少額補償による労働災害の処理を可能にした1つの要因であると考えられる。これら労働者たちはアスベストの危険性を知らされず，安全教育も受けず，多くは中学校卒業後から劣悪な労働環境のなかで長時間労働に従事し，かつ工場に隣接した社宅・寮などの劣悪な居住環境のなかで生活や子育てをし，たとえ危険性を知り得ても貧困ゆえ生活のために働き続けざるを得ないという状況が高濃度・長時間・広範囲曝露につながった。こうした社会的状態が「泉南地域のアスベスト労働者の平

均寿命は男で14歳，女で19歳短い」という事実に象徴されるような恐るべき被害を生み出したのである。

(3) 人体被害は地域社会の破壊の頂点

　泉南や尼崎における被害も地域ぐるみの人間と環境の収奪の結果であるが，アスベストのような生物濃縮を伴わずに人体被害が発生する場合は，一般に労働災害（職業性曝露による被害）が先に発生するのであるから，少なくとも公害（環境曝露による被害）は事前に防止できる性格のものである。ところが「クボタショック」に象徴されるように現実には公害の発生により初めて労働災害の実態が明らかにされるのであり，労働災害それ自体が社会問題化されないという日本の状況は異常と言わざるを得ない。労働災害が発生した時点で社会的対策を行うことによって公害の発生を事前に防止することも可能になるのである。アスベスト公害については深刻な労働災害がつぎつぎと発生していたのであるから，これを放置した国や大企業の直接・間接の加害の責任は，環境の収奪（生物濃縮）を媒介とした公害よりはるかに重いと言えよう。国はアスベスト公害の原因を「予防原則」の欠如に解消しているが，このような主張は見当違いもはなはだしいであろう。一方で，労働災害の病状に固執して公害被害の多様性を見ないのは他の公害問題と同様である。しかしなぜ70年以上もの長期間被害が放置され続け，地域ぐるみ破壊されてしまったのかについては未だ実証的・理論的に十分に解明されたわけではない。

(4) 不変資本充用上の節約

　アスベスト公害の直接の原因は発生源に着目してみると，欧米では戦前から設置されていた局所排気装置が日本では1971年以降に義務づけられるまで，また泉南地域においては一部を除いて最後まで設置されなかったことである。アスベストの場合は労働安全衛生設備が同時に公害防止設備でもある。労働災害と公害問題は不変資本充用上の節約という同じ経済法則にもとづく現象として捉えることができ，本来労働災害は資本蓄積にとってもマイナスであるが，アスベストの場合は労働能力がすぐに失われないために公害問題と同様，その節約がそのまま資本蓄積の手段となり得る。そのため生産設備として当然備えら

れるべき局所排気装置などの粉塵対策技術が節約されたのである。もちろん技術的にできなかったわけでは決してない。そもそも技術上の困難とは最初からそれが可能な場合にのみ問題となる性質のものである。最高の技術水準をもってしてもなお対策が困難であれば，そうした技術を実用化してはならないのであり，労働者や地域住民の生命・健康を犠牲にしてまで利潤追求することが許されないのは言うまでもない。粉塵対策技術とは，局所排気装置（集塵装置，フード，ダクト，ファン，モーター），密閉・機械化，作業場の隔離，湿式化，代替化・含有率の低減，防塵マスク，粉塵測定器などの粉塵の発生・飛散・曝露の防止手段の体系であり，遅くとも1930年代には国際的にその技術が確立されていた。日本においても戦前（大正時代）から煙害反対運動により，戦後も主に原材料回収の手段として集塵技術が発展しており，どんなに遅くとも1957年には局所排気装置を義務づけるための「技術的基盤」が確立されていたのである。それにもかかわらず設置されなかった主要因は，クボタ，ニチアスなどの独占的大企業による安全性を無視した利潤追求の貫徹にあり，また法的規制後も泉南地域では取引先の独占的大企業（商社や製造問屋を含む）との収奪構造の下で，みずからの資本力では設置が困難であり，たとえ設置が可能であったとしてもそのランニングコストを価格に上乗せすることが事実上不可能であったことによる。

（5）　独占資本による経済的・政治的・イデオロギー的な支配力

　クボタでは実に従業員195名，周辺住民279名もの被害を発生させたのであるが，クボタやニチアスなどの独占的大企業がアスベストの危険性を熟知しながら，これほど多数の労働者や周辺住民を殺傷しながら操業を続けることができたのは，その圧倒的な経済的・政治的・イデオロギー的な地域支配により，労働者，家族，地域住民，医師，行政官などの声を封じ込めることが可能だったからである。また労働災害の被害の隠蔽には協調的な企業別労働組合の責任も大きい。さらにクボタの救済金の本質は水俣病におけるチッソの見舞金契約と同じであり，ついに責任追及の声を封じ込めることに成功したのである。

　そして独占的大企業の支配力の大きさは中小零細企業との間の収奪関係に及び，これが中小零細企業の労働強化と危険有害作業の下請への転嫁に結びつく。

アスベスト産業においても最も粉塵が発生する危険な生産工程を最も零細な企業群が担っており，すなわちアスベスト産業の第一次加工（原料から石綿糸・布を作る）分野である紡織業を泉南地域の多数の小規模零細企業・家内工業が担っていた。これら小規模零細業者は集積することで不変資本を限界まで節約することにより，独占的大企業からの収奪に耐えることを強いられたのであり，泉南においては200以上の工場・作業所，社宅・寮などが密集し，地域全体が1つの「石綿工場」と言えるほどに集積していた。こうした日本の産業構造の特殊性が地域ぐるみ，家族ぐるみの被害の激化につながったのであり，泉南では徹底的な収奪によって地域ぐるみスクラップ化されたのであり，まさに日本資本主義の経済成長にとっての「捨て石」とされたのである。

(6) 行政の加害者性

国はみずからの調査により戦前からアスベストの危険性を認識していたにもかかわらず，何ら有効な対策を行わず，ようやく1971年に「特定化学物質等障害予防規則」を制定し，局所排気装置の設置を義務づけたが，著しく高い抑制濃度に設定し，粉塵濃度測定結果の報告や改善措置を義務づけず，かつ小規模零細業者への措置も講じなかったために，ほとんど実効性のないものであった。また1976年の労働省通達により，家族への二次曝露を防止すべく専用作業着の着用・保管の指導がなされたが，強制力がなく事業者に義務づけるものではなかった。

一方で，国は一貫して直接的・間接的にアスベスト産業を保護・育成・利用してきた。戦前の軍備拡張政策の下で，日清戦争後に戦艦の国産化を目的として海軍の要請により，保温材やパッキン類を製造すべく1896年に日本アスベスト（ニチアス）が設立された。摩擦材については陸軍の勧めもあり，1929年に曙石綿工業所（曙ブレーキ）が設立され，石綿セメント管については鉄鋼使用制限に伴う鋳鉄管の代用として企画院の要請により，1939年に秩父セメントが生産に着手した。戦後は傾斜生産方式の下で，食糧増産に必要な化学肥料（硫安）製造のための電解隔膜用石綿布の増産を目的としてアスベスト指定工場に原料等を優先配分する保護育成策を導入した。そして高度経済成長政策の下で，アスベスト製品の需要部門である各種産業（自動車，機械，鉄鋼・金属，化学，

造船・鉄道，電力・原子力，石油，建設，軍事など）に対する産業振興政策により，間接的にアスベスト産業を振興した。アスベスト製品は高度経済成長を牽引した基幹産業の基礎資材として，1960年代に進展した重化学工業化や生産設備・輸送機関の大型化，高温・高圧化，高速化を下支えする低廉な資材として広範な用途に大量に利用されることになった。また地方自治体の上水道整備に伴う公的需要により，廉価な石綿セメント管が大量に製造された。こうした国の産業政策そのものにより，アスベスト製品の需要が急増し，被害の発生・拡大につながったのである。

(7) 住民運動による社会的規制

アスベスト公害の歴史は，労働災害と公害の連続性をあらためて示し，労働安全衛生に関する技術発達も被害者運動による強制なしには決して実現されないことを示していると同時に，労働災害それ自体が社会問題化されない日本の特殊性をあらためて際立たせたと言えよう。それゆえ日本の企業別労働組合の運動の弱さは，そのまま労働安全衛生の軽視につながっている。例えば労働安全衛生の法規制（1971年の「特化則」）そのものも，工場外における公害対策基本法の制定（公害反対運動の激化）に促されて導入されたものである。ところが本来労働者の生命・健康を守るべき国は，こうした労働者保護行政の欠陥を一貫して技術の未発達の問題に帰着させており，十分な性能を持った技術があまねく普及するまで法的規制はできないというのである。たとえ技術的に困難であったとしても，こうした利潤を生まない粉塵対策技術が規制なしに発展しないのは経済法則上自明のことであり，ましてや日本では衛生設備は課税の対象とされ，かつ減価償却も認められなかったのであるからなおのことであろう。

3　建築アスベスト災害の理論

建築アスベスト問題は，建築資材および建築物の生産過程における労働災害・公害問題であると同時に，建築資材商品の生産・流通・消費・廃棄過程における環境問題でもあるという双方の性格を有している。以下では，アスベスト含有建築資材商品の生産的消費過程（建築生産過程）における被害，および

終　章　アスベスト公害の理論問題

耐久消費財であるアスベスト含有建築物の消費（使用）・廃棄過程における被害に対象を限定して分析する。

（1）　加害と被害の関係

　建築アスベスト問題においては，製品（アスベスト含有建材）そのものに欠陥（有害性）があり，かつそれらが市場を媒介として危害を加えることから，加害者は主としてニチアスやアスク・浅野スレート（A&A マテリアル）などの大手建材メーカーであり，また建築生産現場では，それらに加えて統括安全衛生責任を有する大手ゼネコン（総合建設業者）である。こうした市場媒介型の収奪の場合は，有害な製品を製造して流通させる行為そのものが加害行為であるために，加害者は極めて明確である一方で，それゆえ誰もが被害をこうむる可能性があり，被害者は必ずしも限定されるわけではない。しかし現実には，安全性を無視した商品は相対的に安価であることから，被害者は相対的に低所得者層に多いと言える。ところが建材商品の場合は基本的に消費者が直接購入するものではなく，かつ建築物という特性上，賃貸住宅や職場，学校・病院などの公共施設，商業施設といった消費者の選択の及ばない領域が大部分を占めるため，日常的に国民が被害をこうむる状態に置かれており，その意味で「社会的殺人」である。また建築現場（解体現場を含む）では，被害者は主として零細・個人事業主や一人親方，下請作業員，臨時・日雇い労働者などの社会的・経済的弱者に集中していると言えよう。[12]

（2）　不変資本充用上の節約

　建築現場において被害が発生・拡大した基本的要因は，集塵装置付き電動工具などの粉塵対策技術の欠如にある。建築作業は多様で周辺状況も変化するために総合的粉塵対策が必要となる。粉塵の発生・飛散・曝露の防止対策としては，①代替化・含有率の低減，プレカット（発生防止），②移動式局所排気装置・専用作業ブースの設置，集塵装置付き電動工具の使用，湿式化（飛散防止），③作業場の隔離（間接曝露防止），作業場の清掃，作業着・廃棄物の管理（二次曝露防止），④防塵マスクの着用（曝露防止），⑤特別教育，警告表示（建材・作業場），⑥粉塵濃度規制（定期的な個人曝露濃度測定）などがある。1960年

代以降のアスベスト建材の大量使用および電動工具の普及によるアスベスト粉塵の発生量・飛散速度の飛躍的増大により，建築作業員の危険性が極めて高くなったにもかかわらず，これら粉塵対策は最後までほとんどなされなかった。もちろん粉塵対策の技術的基盤がなかったわけでは決してない。建築現場において最も効果的で簡便な集塵装置付き電動工具について見れば，既に1931年からドイツのFESTOOL社により製造販売が開始されており，日本では遅くとも1957年までにその技術的基盤が確立されており，1972年には国内メーカーにより製造販売もされていた。[13]それにもかかわらず集塵装置付き電動工具が使用されなかった原因は，大手ゼネコンによる建築生産過程における不変資本充用上の節約に求められる。そもそもアスベスト建材が選択された理由も明らかにその高い経済性にあり，それはゼネコンによる資材費（不変資本）の節約そのものである。このことは工具が自前持ちであろうと建材の調達が下請業者に委ねられようと基本的に影響されない。日本の建設業の特殊性である重層的労務下請の従属的収奪構造（低単価・工賃，短工期など）の下では下請業者に選択の余地などないからである。

(3) グローバル企業（多国籍企業）の蓄積法則による環境の収奪

建築アスベストによる深刻な被害の発生・拡大の最大の責任はニチアスやアスク・浅野スレート（A&Aマテリアル）などの大手建材メーカーにある。製造業者はみずからの製品の安全性について確認する責務を有しており，仮に危険性がはっきりしないのであればみずから調査すべき責任がある。ユーザーは製品の用途に応じた機能を購入するのであり，ましてや建材という一般消費者が日常生活のなかで長期的に使用する耐久消費財であればなおさら慎重を期すべきである。そして危険性を完全に排除できないまま社会で使用する場合には，メーカーはどのような物質や行為が危険であるかをユーザーに対して最大限にアピールしなければならない。仮にアスベストの「管理使用」が可能であるならば，それが適切に行われるためには製造業者からの情報提供や具体的指示が不可欠なのである。ゼネコンは元請として安全性確保の責任がありながら，十分な調査や教育もなしにアスベスト建材を使用し，作業員を危険な状態にさらした犯罪的行為は決して許されるものではないが，同時にゼネコンもアスベ

ト建材について製造業者以上の情報を持ち得なかったことも事実であろう。アスベストの低濃度曝露の危険性は既に1960年代に指摘されており，実際にイギリス・ドイツのアスベスト建材メーカーでは，粉塵測定法の開発から粉塵濃度測定・分析サービス，粉塵対策ガイドブックの作成・配布，危険性の高い建材の自主的禁止，含有量の削減，プレカット化，集塵装置付き電動工具の配備への支援，建材への警告表示など，管理使用のための情報提供や具体的指示・支援を行っていたのである。

　ところが日本ではアスベストの危険性は世間的常識として熟知されておらず，たとえ知らされていてもどこにアスベストが含まれているかわからない。石綿スレート協会は1978年から「多量の粉塵吸入は健康を損なう恐れがある」という抽象的内容の文書を譲渡先に1回交付するだけであり，また日本石綿協会は1989年から「ａ」マークの表示（5％超の石綿含有建材裏面に2cm四方で1ヶ所のみ刻印）を開始したが，「一般向けにａマークの意味や取扱上の注意を周知徹底することはしない」と，意図的に危険性を知らせなかったのである。[14] そればかりか建材メーカーは住宅という最も不適当な分野で新用途・販路の拡大を図ったのであり，かつそれらは石綿スレートの専用工具の共同開発や共同販売，相互融通など，各メーカーによる共同・協調的行為の結果でもある。一方で，1971年にゾノトライト系ケイ酸カルシウム建材が開発（後に日本インシュレーションにより欧米企業へ技術輸出）され，1972年にニチアスによりロックウール系無機繊維耐火断熱材がイギリスへ輸出許可申請（売り込み）され，1976年にはアスクによりガラス繊維系船舶用耐火隔壁材の本格生産が開始されるなど，[15] 日本の大手建材メーカーは輸出向けには代替品を使用していたのである。[16] 中小資本ゆえに免罪されるわけではもちろんないが，業界団体のなかで中心的役割を果たし，危険性を最も知り得る立場にあり，かつ代替技術の開発能力も十分にあったこれら大手建材メーカーの責任がひときわ大きいことは言をまたないであろう。このように日本のアスベスト建材メーカーは何一つ社会的責任を果たしてこなかったのであり，こうした企業の行動様式が安全性を無視した資本蓄積の追求から生じたことは明白であり，その責任が問われるのも当然のことである。

（4）　商品の消費・廃棄過程を媒介とした環境破壊

　アスベストは資源採取・生産・流通・消費・廃棄・リサイクルといった社会的生産の全過程において発生する廃棄物および製品そのものにより被害を引き起こす公害・環境問題である。すなわちアスベスト鉱石の採掘から港湾での荷役，輸入原料アスベストの運搬，アスベスト含有建築資材の工場生産，アスベスト含有建築物の現場での生産，建築物の使用・改修・解体，地震による建築物の破壊，アスベスト運搬用麻袋のリサイクルなどにおいて多様な形態で被害をもたらすのである。かつそれぞれの過程において職業性曝露から家族曝露，近隣曝露，環境曝露，製品や廃棄物による二次・三次曝露へと被害も広範囲にわたるのである。さらに建築物商品は長寿命の耐久消費財であり，またアスベストは天然の繊維状鉱物で分解されないために蓄積性があり，被害が長期間に及ぶのである。[17]

（5）　大量生産・大量消費・大量廃棄システム

　日本では可住地面積あたりでイギリス・ドイツの3倍以上という膨大なアスベストが消費・蓄積されたが，建材に関する限りアスベストでなければならない機能的必然性は1つもなかったのであり，事実として建材市場においては同性能の競合品（モルタル，コンクリート，ALC，石膏，鋼板など）が多数存在していた。それにもかかわらずこれほど大量のアスベスト建材が使用された要因としては，第1に，日本の建築需要が極めて大きいことである。建築寿命そのものが短く，かつ新築比率が非常に高い。さらに「スクラップ＆ビルド」型の都市開発により，実際には耐用年数の最後まで使用されることもまれである。日本の住宅の滅失期間は約30年とされており，アメリカ・イギリスの70〜80年と比べて著しく短く，これらは日本の耐久消費財の共通の特徴でもある。[18] 第2に，粉塵対策がなされなかったために，アスベスト建材を相対的に低コストで利用できたことである。それゆえアスベストの物理的・化学的特性（高張力・柔軟・軽量性，断熱・耐火性能など）に比して，施工性の向上も含めてコストの優位性があったからである。第3に，以下で展開するような国家によるアスベスト建材の使用推進政策である。

（6）　行政の加害者性

　建築アスベストの粉塵対策としては，国は建築作業を屋外作業として事実上「特化則」の規制対象から除外し，建築作業員に対する粉塵濃度規制は最後までなされなかった。実質的な規制としては1995年に防塵マスクの着用を義務づ[19]けたのみであり，それもほとんど実効性のないものであった。また1970年代初頭にアスベストの発がん性と環境曝露の危険性が明白になると，建設省は1973年に官庁営繕工事の技術基準である「庁舎仕上げ標準」の内部仕上表から石綿吹き付けをいち早く削除し，1987年には所管官庁施設においてアスベスト建材を原則使用禁止にした。一方で民間建築物については放置し，2005年に鉄骨への吹き付けを禁止し，アスベスト建材を使用禁止にしたのはようやく2006年のことであった。日本の使用禁止は遅きに失したし，アスベストの生産・使用実態がなくなるまで法的規制を先延ばしにしたのであり，国家の規制権限の不行使は明らかである。

　しかしながら日本の特殊性は単に規制の遅れや不備にとどまらない。アスベスト建材の使用推進政策により，むしろ積極的に被害を拡大させた行政の加害者としての性格にある。日本の約1000万トンにも及ぶアスベスト輸入量のうち7割以上は建材に使用されており，代表的製品である石綿スレートの出荷量のピークは実に1990年であった。欧米諸国が使用禁止（代替化）政策を推し進めた1980年代に逆に使用量を増加させた先進国は日本のみであり，その背景には次のような国家による産業政策が存在した。

　戦後の経済政策としての「持ち家政策」および1960年からの「所得倍増計画」の下，建設省は1966年から「住宅建設5か年計画（第一期）」（1971年に第二期，1976年に第三期）を策定・実施し，住宅供給政策を推し進めるなかで多様な形態でアスベスト建材の使用を促進してきた。第1に，「建築基準法」によるアスベスト建材の指定・認定（1950～2004年）である。1950年に不燃材料，1959年に防火構造，1964年には耐火構造，1970年に遮音構造としてアスベスト建材を指定するとともに，1959年に内装制限（不燃材料等による仕上げ）の導入とその強化（1970年），および1964年の建築物の高さ制限の撤廃による鉄骨構造化[20]，さらには住宅のプレハブ化の促進などである。[21]第2に，日本工業規格（JIS）の制定によるアスベスト建材の品質保証・公認（1950～2005年）である。

これらは「建築基準法」の引用により強制基準に転化し，公共事業の購買基準としても機能する。第3に，住宅公団の標準設計システムである「工事・特別共通仕様書」におけるアスベスト建材（建材メーカー・商品名を含む）の指定（1955～1990年）や，住宅金融公庫の設計基準（融資条件）である「工事仕様書」におけるアスベスト建材（JIS適合品を要求）の有用性や工事方法の記載などである。これらにより国はアスベスト建材にお墨付きを与え，その大量使用を推奨してきた。

　そして1980年代における日本のアスベスト消費量の増加の基本的要因は，公共投資の拡大を通じた景気対策による建築需要の増大にあるが，より根本的には通産省が中小企業近代化政策によりアスベスト建材の生産を支援してきたことに求められる。石綿スレート業界は大手6社の寡占産業であり，1978年と1982年の2度にわたり不況カルテルを結成するなど，深刻な構造不況に陥っていたところ，通産省は1979年に石綿スレート製造業を「中小企業近代化促進法」の指定業種として，1981年に「石綿スレート製造業の中小企業近代化計画」を策定した。その後1983年には特定業種として，1987年には「石綿スレート製造業の中小企業構造改善計画（第一次）」（1992年に第二次計画，1999年に第三次計画）を承認・実施した。その計画の概要は，①販売店の石綿スレート離れを防ぐための地区ごとの共同販売体制の確立，②ガイドブックの作成によるPRなどの普及活動の推進，③交換出荷や生産委託などの商品の相互融通制度の推進，④製造設備の近代化・合理化などからなっていた。また1984年にアスク社長は，今後の方針として「すでに成熟し今後の伸びが期待薄のスレート部門では，限界利益の大きい旧来製品で収益確保を図りながら，新製品の開発に全力をあげる」と述べており，さらに1989年に通産省の窯業建材課長は，アスベスト建材について「安全使用の建てまえが守られておればよい」と率直にその本音を述べている。すなわち通産省の指導の下，各メーカーが共同・協調して危険性の明らかな石綿スレートを市場に大量に流通させることで旧製品を最大限に利用して資本蓄積を行い，新規事業分野に転換していくという戦略的意図が見てとれる。したがって通産省は「管理使用」という建て前の下，建築作業員の犠牲と収奪の上で，みずからの産業政策を遂行したのであり，国・建材メーカーの加害行為の一体性・共同性は明らかであると言わなければならない。

(7) 製品の環境対策技術に関する生産力の発展

　建築アスベスト問題は，社会的規制による強制なしには建築現場の粉塵対策技術もアスベスト建材の代替技術も発展しないことを示しているが，工場や生産現場における公害防止技術と異なり，製品の環境対策技術については輸出国側の製品環境規制により一定程度発展する側面がある。企業は一般に狭い国内市場の枠を乗り越え，世界市場を求めて常に国際的に展開しようとする傾向（資本の国際性）を本性として持つ。それゆえ輸出市場においてアスベスト使用禁止政策が導入されると，企業は輸出市場を維持するために，また代替品市場を他社に先がけて獲得・独占するためにアスベスト代替技術を発展させる側面がある。しかし代替技術が開発されることとそれが国内市場で普及することは全くの別問題であり，実際に日本のアスベスト建材メーカーは国内向けと輸出向けでダブル・スタンダードであった。さらに大手建材メーカーを除けば住宅（建材）はドメスティックな市場が中心であるため，自動車などと比べてそのインセンティブは弱かったと言える。他方で，産出国であるカナダ・ケベック州のクリソタイル研究所を中心としたアスベスト禁止に反対する世界的なロビー活動が展開されたように，資本の国際性は代替技術の発展にとって大きなマイナスにも作用するのである。そして遅くとも1986年のILOアスベスト条約の採択の翌年には先進国での使用実態がほとんどなくなったにもかかわらず，日本では2004年までアスベストの大量消費を続けたために代替技術は存在していても国内市場で普及することはなかった。国は使用禁止がおよそ20年も遅れた理由をまたしても代替技術の未発達の問題に帰着させるのであるが，規制をすれば困難とされた代替技術の開発も急速に促進されることはドイツの事例からも明らかであろう。

　これまで日本のアスベスト問題を中心に分析してきたが，資本の論理そのものはイギリス・ドイツ・アメリカの企業も変わるところはなく，アスベストの使用禁止には一貫して反対していた。しかし例えばイギリスでは工場監督官制度により粉塵対策の強化と実効性の確保が図られ，粉塵対策のコスト負担の増大からメーカーなどが自主的禁止の方向へ転換し，ドイツでは産業別労働組合や労災保険組合による粉塵対策の徹底を背景として国家が主導的に使用禁止政

策へと転換し，アメリカでは労災保険市場および膨大な民事（製造物責任）訴訟を通じて使用実態がなくなったのである。ところが日本ではこうしたチェック機能が働くことはなく，収奪が頂点にいたるまで完遂されたのであり，今後さらなる被害の拡大が懸念されている。とりわけ日本の産業構造の特殊性（独占資本の支配力と中小資本との間の収奪関係の大きさ）に鑑みれば，法的禁止以外に被害の拡大を防止し得る手段がなかったのであり，アスベスト問題における国家の責任は極めて重大であると言わざるを得ない。

注
(1) 尼崎などの住工混合地域では他の大気汚染などの公害も日常化しているため，非特異性疾患の場合は特に被害が顕在化しにくい。
(2) 大阪じん肺アスベスト弁護団・泉南地域の石綿被害と市民の会編［2009］76-77頁。
(3) 大阪じん肺アスベスト弁護団・泉南地域の石綿被害と市民の会編［2009］78-79頁。
(4) この点は1973年の日本化学工業による六価クロム事件（公害）と全く同じ構図である。
(5) 宮本［2014］519頁。
(6) 加藤［1977］226頁。
(7) なお，新潟水俣病で「農薬説」を発表した北川徹三と泉南アスベスト訴訟で国側の証人として局所排気装置の技術的基盤の確立を否定した沼野雄志がともに，チッソや昭和電工などのカーバイド工業の支援を目的とした通産省の保護育成策により1956年に設立された横浜国立大学工学部カーバイド化学研究所において安全工学を研究していた事実は，産学共同の本質を考える上で極めて興味深い（加藤［1972］13頁）。
(8) 2015年9月末時点（株式会社クボタ「石綿問題への対応状況について」）。
(9) もちろん泉南の産業集積は堺港に近く，綿紡織の機械や熟練工を確保でき，ため池や用水路も整備され水車動力を利用できるなどの地理的・歴史的条件を基礎としている（大阪じん肺アスベスト弁護団・泉南地域の石綿被害と市民の会編［2009］44頁）。
(10) 中皮腫・じん肺・アスベストセンター編［2009］36-37，44-48，75-76頁。
(11) こうした生産手段の大型化，高温・高圧化，高速化そのものが不変資本充用上の節約である。
(12) なお，ドイツでは移民労働者などに被害が多いとされる。
(13) 日立工機株式会社［1973］208，211頁。
(14) 全京都建築労働組合［1989］3頁。なお，イタイイタイ病非カドミウム説の学者である慶應義塾大学医学部教授の櫻井治彦は，日本石綿協会の顧問（1985～97年）を13年にわたって務め，かつ環境省の「アスベストの健康影響に関する検討会」の座長（2005年）にも就任していた（飯島・渡辺・藤川［2007］245-246頁）。
(15) 本庄［2000］67-69頁，The National Archives (United Kingdom): BT 239/528

(1969-1975),株式会社アスク［1995］162頁。
⒃　なお，アスベスト紡織工場の公害輸出については，ニチアスが韓国に進出して現地で被害を引き起こしている。
⒄　宮本憲一は「複合型ストック公害」と規定している（宮本［2014］708頁）。
⒅　国土交通省の推計（「平成26年度住宅経済関連データ」）。
⒆　日本特有の規制手法である作業環境管理方式の概念は，技術の実行可能性や作業の効率性，行政の管理コストの低減（個人曝露濃度は測定に手間が掛かる）という現状肯定的な発想と，多能工化かつ時間外労働の多さという労働実態から形成されたと考えられる。
⒇　超高層ビルでは耐震構造（柔構造）のために軽くて強い構造材料が必要となる（水野・藤田［1990］130頁）。
㉑　通産省は住宅の部品化・ユニット化・システム化・高設備化などの住宅生産の工業化を推し進め，オペレーションブレークスルー（技術開発の提案競技）方式によりその技術開発を主導した（水野・藤田［1990］181-193頁）。
㉒　村山［2011］64-69頁。
㉓　日本経済新聞社［1982］9頁；［1987］15頁。
㉔　株式会社アスク［1995］188頁，全京都建築労働組合［1989］3頁。
㉕　なお，自動車メーカーもEU輸出仕様車には代替品を使用していた。一方で，ゼネコンによる収奪構造の下では相対的に高コストの代替品が選択される余地はなかったという側面もある。
㉖　ただし，アスベスト建材そのものが後発の代替品であり，国のいう代替化とはあくまでも既存のアスベストセメント産業にとっての繊維代替化を意味するに過ぎない。

参 考 文 献

浅沼萬里［1997］『日本の企業組織——革新的適応のメカニズム』東洋経済新報社。
朝日石綿紡織編［1937］『石綿製品』朝日紡織石綿株式会社。
有尾善繁［1984］「自然と人間——労働のもつ人間的意義」（鯵坂真・他『人間とはなにか』青木書店，所収）。
アレン，F.L.（藤久ミネ訳）［1986］『オンリー・イエスタデイ——1920年代・アメリカ』筑摩書房。
飯島伸子・渡辺伸一・藤川賢［2007］『公害被害放置の社会学——イタイイタイ病・カドミウム問題の歴史と現在』東信堂。
井伊谷鋼一［1976］『集塵装置［新版］』日刊工業新聞社。
池ヶ谷博［1976］「高性能バッグ・フィルターの現状と動向」『ケミカルエンジニヤリング』第10巻第8号。
石館文雄・田中長治・宝来善次・山内玄夫・松藤元・玉置恵助・大塚協・助川浩［1938］「アスベスト工場従業員の衛生学的考察（第1報）」『労働科学研究』第15巻第3号。
市原あかね［2008］「再生可能エネルギー政策の階級・階層性——共進化とエコロジー的近代化の現在」『唯物論研究ジャーナル』第1号。
稲葉良太郎・小泉親彦［1916］『実用工業衛生学』南江堂書店。
ウイリアムズ，T.I.（中岡哲郎訳）［1981］『技術の歴史』第14巻，筑摩書房。
上野継義［2006］「環境経営史によるアスベスト問題再考——作られた環境の中での労働災害」（秋元英一・小塩和人編『豊かさと環境』ミネルヴァ書房，所収）。
臼井一男［1969］『集塵操作入門』工業調査会。
内田祥哉［1993］『建築の生産とシステム』住まいの図書館出版局。
内山尚三・木内誉治［1983］『建設産業論』都市文化社。
エンゲルス，F.（岡茂男訳）［1960］「イギリスにおける労働者階級の状態」『マルクス＝エンゲルス全集』第2巻，大月書店。
エンゲルス，F.（菅原仰訳）［1968］「猿が人間化するにあたっての労働の役割」『マルクス＝エンゲルス全集』第20巻，大月書店。
大蔵省［1975］『日本貿易月表』12月分。
大阪じん肺アスベスト弁護団・泉南地域の石綿被害と市民の会編［2009］『アスベスト惨禍を国に問う』かもがわ出版。

大阪の労働衛生史研究会［1983］『大阪の労働衛生史』大阪の労働衛生史研究会。
大阪府立商工経済研究所［1967］『大阪地場産業の実態——その10　石綿製品製造業』大阪府立商工経済研究所。
大阪労働基準局［1964］「労働基準講座6　労働衛生」『労働基準』1964年9月号。
大島秀利［2011］『アスベスト』岩波新書。
大西清治［1931］「石綿塵と結核」『内外治療』第6巻第1号。
大西清治［1937］『作業環境の衛生（産業衛生講座：第3巻）』保健衛生協会。
大森真紀［2001］『イギリス女性工場監督職の史的研究』慶應義塾大学出版会。
小田康徳［2008］『公害・環境問題史を学ぶ人のために』世界思想社。
小野寺秀郎［1973］『熱を断つ——日本アスベスト80年の歩み』日本工業新聞社。
楫西光速編［1964］『繊維（上）（現代日本産業発達史11）』交詢社出版局。
鹿島建設社史編纂委員会編［1971］『鹿島建設社百三十年史』鹿島研究所出版会。
加藤邦興・山崎俊雄［1966］「電気集塵装置の発達とその日本への導入」『科学史集刊』第4号。
加藤邦興［1972］「日本の化学工業と水俣病」『法律時報』第44巻第5号。
加藤邦興［1975a］「戦前の公害問題」（日本科学者会議編『公害と人間社会』大月書店，所収）。
加藤邦興［1975b］「公害企業の論理と倫理——クロム問題をめぐって」『赤旗』 8月25日。
加藤邦興［1977］『日本公害論——技術論の視点から』青木書店。
加藤邦興［1978］『化学機械と装置の歴史』産業技術センター。
加藤邦興［1992］「公害・環境問題——攻防の軌跡と地球環境問題」『経済』第338号。
加藤邦興・慈道裕治・山崎正勝編［1991］『新版　自然科学概論』青木書店。
株式会社アスク［1995］『新世紀を拓く——アスク70年史』。
環境庁大気保全局大気規制課［1988］『アスベスト排出抑制マニュアル』ぎょうせい。
機械電子検査検定協会［1984］『アスベスト製品等流通経路調査』機械電子検査検定協会。
気候ネットワーク編［2002］『よくわかる地球温暖化問題　改訂版』中央法規。
気候ネットワーク［2015］『日本の温室効果ガス排出の実態——温室効果ガス排出量算定・報告・公表制度による2012年度データ分析』。
岸和田労働基準監督署［n.d.］『石綿取扱業における長期監督計画』。
北浦重之［1917］「工場の塵埃に就て」『機械学会誌』第20巻第48号。
木村菊二［1976］『環境中に浮遊するアスベスト粉塵の測定法に関する委託研究報告書』。
木村保茂［1969］「建設業における構造変化と現段階における建設職人の性格」『教育社会学研究』第24巻。
木本忠昭［2006］「現代の科学・技術と安全問題」『経済』第131号。
木本忠昭［2014］「科学・技術の社会的存在形態と科学者の二重性」『経済』第225号。

参 考 文 献

車谷典男［2012］「アスベストの発がん性に関する国際的な知見集積と認識の形成――UICC Working Group による Report and Recommendations（1964年）まで」『日本衛生学雑誌』第67巻第1号。
建設作業労働災害防止協会［1992］『石綿含有建築材料の施工における作業マニュアル――石綿粉じんばく露防止のために』。
建設省計画局監修［1981］『建築統計年報　昭和56年版』建設物価調査会。
鯉沼茆吾［1934］『職業病』鐵塔書院。
上瀧真生［1991］「老年期と社会(1)――老年期・人間の本質・共同体」『高知論叢』第40号。
工業教育会［1918］『工場除塵装置の実例（職工問題資料 F25)』工業教育会。
工業教育会［1924］『工場に於ける採光，換気，除塵，其他の設備の実際（職工問題資料C133)』工場教育会。
厚生労働省［2009］『石綿ばく露作業による労災認定等事業場一覧表　平成20年以前認定分』。
厚生労働省［2013］『石綿ばく露作業による労災認定等事業場一覧表　平成24年以前認定分』。
国土交通省［2013］『建設投資見通し』。
国民金融公庫調査部編［1977］『小零細企業の経営指標』中小企業リサーチセンター。
国民金融公庫調査部編［1981］『小零細企業の経営指標』中小企業リサーチセンター。
古瀬安俊［1930］『工場衛生』金原商店。
佐伯康治編［1979］『化学プロセスのクローズドシステム』工業調査会。
澤田鉄平［2011］「日本におけるアスベスト問題の構造」大阪市立大学経営学会『経営研究』第62巻第1号。
澤田鉄平［2013］『アスベスト産業を中軸とした企業間取引構造と階層性の研究――アスベスト被害発生の基礎要因の解明を目指して』（大阪市立大学博士学位論文）。
澤田鉄平［2014］「アスベストを巡る取引関係の特徴」大阪市立大学経営学会『経営研究』第64巻第4号。
澤田鉄平［2015］「アスベスト材料・部品の代替化の遅速に関する研究――材料・部品メーカーと完成品メーカーの関係に着目して」大阪市立大学経営学会『経営研究』第66巻第3号。
産業環境工学研究会大気汚染対策委員会［1966］『集塵と除塵』産業環境工学研究会。
新東工業株式会社社史編集委員会［1964］『新東工業三十年の歩み』。
杉本通百則［2005］「日本の自動車リサイクルの構造的限界――自動車リサイクル部品市場の未発達の要因を中心に」大阪市立大学経営学会『経営研究』第56巻第3号。
杉本通百則［2006］「リサイクル成立の経済的条件――資本による耐久消費財のリサイク

ルの特質」『大阪市大論集』第115号。
杉本通百則［2008］「1930年代後半のアメリカ・ドイツにおけるアスベスト粉塵対策に関する一考察」『立命館産業社会論集』第44巻第2号。
杉本通百則［2011］「アスベスト問題と国家の責任」（兵藤友博編『科学・技術と社会を考える』ムイスリ出版，所収）。
杉本通百則［2012］「ドイツにおけるアスベスト問題の現状と歴史的展開――1980年代のアスベストセメント製品の代替化の条件」『政策科学（別冊）アスベスト問題特集号』2011年度版。
杉本稔［1999］『イギリス労働党史研究』北樹出版。
杉山旭［1934］『石綿』工政會出版部。
助川浩［1934］『労働衛生講話』政経書院。
助川浩［1938］「工場結核と最近の情勢」『社会事業研究』第26巻第5号。
助川浩・大塚協・山内玄夫・玉置恵助・田中長治・乾清一［1940a］「アスベスト工場に於ける石綿肺の發生狀況に關する調査研究」『保険医事衛生』第3巻第5号。
助川浩・大塚協・山内玄夫・玉置恵助・田中長治・乾清一［1940b］「アスベスト工場に於ける石綿肺の發生狀況に關する調査研究」『保険医事衛生』第3巻第6号。
鈴木茂［1980］「商品・貨幣・資本の種差」『鈴木茂論文集』第2巻，文理閣。
鈴木茂［1983］「マルクスにおける人間と歴史」『鈴木茂論文集』第1巻，文理閣。
石綿による健康障害に関する専門家会議［1978］「石綿による健康障害に関する専門家会議報告書」。
全京都建築労働組合［1989］『建築ニュース』第504号。
全建設労働組合総連合［1995］『家づくり職人の世界』全建設労働組合総連合企画調査室。
全建設労働組合総連合［2010］『建設産業における今日的「一人親方」労働に関する調査・研究報告書』。
全労働省労働組合［2011］『労働行政の現状』。
総務省『国勢調査』各年版。
大霞会［1980a］『内務省史（第1巻）』原書房。
大霞会［1980b］『内務省史（第3巻）』原書房。
高野瀬宗吉・山崎元英編［1929］『工場危害予防及衛生規則実務図解』大阪府工場安全研会。
田口直樹［2007］「アスベスト問題と集塵装置――泉南地域における集塵対策の実態を踏まえて」大阪市立大学経営学会『経営研究』第58巻第4号。
田口直樹［2013a］「アスベスト問題からみた予防原則」（日本環境学会・日本科学者会議編『予防原則・リスク論に関する研究』本の泉社，所収）。
田口直樹［2013b］「建設アスベスト問題における粉塵対策の基本原則と粉塵対策技術」

『立命館経営学』第52巻第2・3号。
中央労働災害防止協会［2006］『石綿（アスベスト）の基礎知識』。
中央労働災害防止協会［2015］『英国における労働安全衛生関係法令の概要』。
中小企業庁編［1976］『中小企業の経営指標』中小企業診断協会。
中小企業庁編［1981］『中小企業の経営指標』中小企業診断協会。
中皮腫・じん肺・アスベストセンター編［2009］『アスベスト禍はなぜ広がったのか──日本の石綿産業の歴史と国の関与』日本評論社。
寺西俊一［1992］『地球環境問題の政治経済学』東洋経済新報社。
暉峻義等編［1949］『労働科学辞典』河出書房。
利根川治夫［1971］「資本蓄積と公害」『経済学年誌（法政大学）』第8号。
富田雅行［1990］「アスベスト板の切断加工時の粉塵評価」『FINEX』第2巻第3号。
豊福裕二編［2015］『資本主義の現在──資本蓄積の変容とその社会的影響』文理閣。
内務省社会局労働部編［1924］『工場監督年報（第十回）』。
内務省社会局労働部編［1925］『工場監督年報（第十一回）』。
内務省社会局労働部編［1929］『工場監督年報（第十四回）』。
内務省社会局労働部編［1931］『工場監督年報（第十六回）』。
内務省保険院社会保険局［1940］『アスベスト工場に於ける石綿肺の発生状況に関する調査研究』。
仲上哲［2012］『超世紀不況と日本の流通──小売商業の新たな戦略と役割』文理閣。
中川義次［1936］「工場衛生問題（四）」『産業福利』第11巻第9号。
中川義次［1943］『工場の保健衛生』金原書店。
永野洋介［1997］「洗濯機，掃除機の100年の推移──快適で健康な暮らしを求めて」『日本機械学会誌』第100号。
中村真悟［2007］『英国1931年アスベスト産業規制の成立』［OCU-GBS Working paper No.2007204］。
中村真悟［2008］「イギリスにおける1931年アスベスト産業規制の成立」『人間と環境』第34巻第1号。
中村真悟［2012］「戦前日本における粉塵対策技術──粉塵対策技術に関する規制監督局の認識とアスベスト産業規制の可能性」『人間と環境』第38巻第3号。
新潟地方裁判所［1971］「新潟水俣病損害賠償請求事件第一審判決」『判例時報』第642号。
日本化学工業協会［1998］『日本の化学工業50年のあゆみ』日本化学工業協会。
日本経済新聞社［1982］「石綿スレート協，近代化事業計画決定」『日経産業新聞』8月10日。
日本経済新聞社［1987］「石綿スレート協同組合連，構改計画まとめる」『日経産業新聞』6月18日。

日本工学会［1969］『明治工業史／機械・地学編』学術文献普及会。
日本産業衛生協会［1953］『珪肺』日本産業衛生協会。
日本石綿協会［1971］『石綿』第301号。
日本石綿協会［1999］『せきめん』12月号。
日本石綿協会［2003］『石綿含有建築材料廃棄物量の予測量調査結果報告書』。
日本損害保険協会安全防災部［2001］『海外の安全防災に係わる法令・規則に関する調査・研究報告書：ドイツ編』日本損害保険協会。
日本粉体工学協会［1977］『バグフィルターハンドブック』産業技術センター。
日本労働者安全センター編［1973］『労働安全衛生法・施行令・規則　その問題点と闘いの方向』日本労働者安全センター。
沼野雄志［1986］『やさしい局所設計教室』中央労働災害防止協会。
沼野雄志［2012］『新・やさしい局排設計教室』中央労働災害防止協会。
農商務省［1918］『工場監督年報（第一回）』。
ハーフェレジャパン［n.d］『FESTOOL──世代を超えてマイスターが認めたツール』（FESTOOL社パンフレット）。
原田正純［1972］『水俣病』岩波書店。
久野秀二［1996］「環境問題と史的唯物論」（鰺坂真・中田進編『現代に挑む唯物論』学習の友社，所収）。
日立工機株式会社［1973］『日立工機25年史』。
日立工機株式会社［1974］『日立電動工具』。
檜山和成［2002］『実例にみる集塵技術』工業調査会。
平野直樹［2010］「地域型木造住宅生産・供給システムに関する研究──機械プレカットの生産性（木造建築の技能，建築社会システム）」『日本建築学会：2010年度大会学術講演梗概集』。
フォスター，J. B.（渡辺景子訳）［2001］『破壊されゆく地球──エコロジーの経済史』こぶし書房。
藤田正［1941］『石綿工業論』平凡社。
筆宝康之［1992］『日本建設労働論　歴史・現実と外国人労働者』御茶の水書房。
古川章［1964］「最近の除塵装置とその問題点」『ケミカルエンジニヤリング』第9巻第6号。
古川景一［2007］「労働者概念を巡る日本法の沿革と立法課題」『季刊労働法』第219号。
古谷杉郎［2007］「アスベスト（石綿）問題の過去と現在」（大原社会問題研究所『日本労働年鑑第77集』旬報社，所収）。
宝来善次・他［1981］「石綿肺に関する研究Ⅰ　石綿工場に於ける石綿肺検診成績　昭和27年度成績」兵庫医科大学『日本の石綿肺研究の動向』（兵庫医科大学内科学第三講

座,所収)。
保健院社会保険局健康保険相談所［1940］『アスベスト工場に於ける石綿綿の発生状況に関する調査研究』健康保険相談所資料,第4葺。
堀口良一［2015］『安全第一の誕生——安全運動の社会史（増補改訂版)』不二出版。
ホルダー,M.（石綿対策全国連絡会議訳）［1998］「アスベスト禁止に向かうイギリス・ヨーロッパ」『安全情報センター』第12号。
本庄孝子［2000］「人にやさしい建材開発」『工業材料』第41巻第9号。
ポンティング,C.（石弘之・京都大学環境史研究会訳）［1994］『緑の世界史（上)』朝日新聞社。
桝田喜一郎［1927］『能率増進——工場設備の計画』桝田工業研究所。
松村秀一［1998］『「住宅ができる世界」の仕組み』彰国社。
松村秀一編［2004］『建築生産』市谷出版社。
マルクス,K.（岡崎次郎訳）［1964］「経済学批判への序説」『マルクス＝エンゲルス全集』第13巻,大月書店。
マルクス,K.（岡崎次郎訳）［1965］『資本論』第1巻（『マルクス＝エンゲルス全集』第23a巻),大月書店。
マルクス,K.（岡崎次郎訳）［1966］『資本論』第3巻（『マルクス＝エンゲルス全集』第25a巻),大月書店。
丸山茂徳・磯崎行雄［1998］『生命と地球の歴史』岩波書店。
三浦豊彦［1970］『変貌する労働環境：有害環境変遷史（労働科学叢書28)』労働科学研究所。
三浦豊彦・他［1979］「日本産業衛生学会の今昔を語る——鯉沼茆吾,梶原三郎,斉藤一先生に聞く」『産業医学』第21号（特別号)。
水田喜一朗［1970］『システム産業シリーズ　住宅産業』日本経済新聞社。
水野洋［2010］「アスベストによる〈健康被害〉問題の本質はなにか」『労働と科学』第217号。
水野弘之・藤田忍［1990］「戦後日本における都市建設技術の革新」（山崎俊雄編『技術の社会史——技術革新と現代社会』第6巻,有斐閣,所収)。
見田石介［1959］「『資本論』における実体と形態」『見田石介著作集』第3巻,大月書店。
三柴丈典［2000］『労働安全衛生法論序説』信山社。
水俣病被害者・弁護団全国連絡会議編［1999］『水俣病裁判全史』第2巻,日本評論社。
南慎二郎［2015］「泉南地域のアスベスト産業と健康被害の特徴——資料や労災認定状況からの考察」『日本の科学者』第50巻第4号。
南俊治［1960］『明治以降日本労働衛生史』日本産業衛生協会。
宮本憲一［1967］『社会資本論』有斐閣。

宮本憲一［1989］『環境経済学』岩波書店。
宮本憲一［2014］『戦後日本公害史論』岩波書店。
村山武彦［2011］「アスベスト建材の使用拡大と国の関与」『環境と公害』第41巻第1号。
村山武彦・他［2002］「わが国における悪性胸膜中皮腫死亡数の将来予測（第2報）」『第75回日本産業衛生学会講演集』。
森裕之［2008］「アスベスト災害と公共政策——戦前から高度成長期にかけて」『政策科学』第16巻第1号。
森裕之［2015］「泉南地域の特徴とアスベスト災害」『日本の科学者』第50巻第4号。
山口源義［1937］「工場塵埃」『産業福利』第12巻第10号。
山本茂雄編［1973］『愛しかる生命いだきて——水俣の証言』新日本出版社。
吉田文和［1980］『環境と技術の経済学——人間と自然の物質代謝の理論』青木書店。
労働省安全衛生部労働衛生課［1983］『局所排気装置フード—設計資料修正—応用編』中央労働災害防止協会。
労働省安全衛生部労働衛生課［1984］『局所排気装置フード—設計資料修正—粉じん（石綿）編』中央労働災害防止協会。
労働省労働基準局労働衛生課監修［1957］『労働環境の改善とその技術——局所排気装置による』日本保安用品協会。
労働省労働基準局安全衛生部編［1971］『特定化学物質等障害予防規則の解説』中央労働災害防止協会。
労働省労働基準局編［1986］『解釈通覧：労働基準法』総合労働研究所。
労働省労働基準局編［1992］『石綿含有建築材料の施行作業における石綿粉じん曝露防止対策の推進について』。
労働基準法研究会［1985］『労働基準法研究会報告［労働基準法の『労働者』の判断基準について］』。
若林駿吉［1966］「砿物繊維——特に岩綿の最近の状況」『高分子』第15巻第3号。
和田武［2009］『環境と平和——憲法9条を護り，地球温暖化を防止するために』あけび書房。
和田武・小堀洋美［2011］『現代地球環境論——持続可能な社会をめざして』創元社。
Advisory Committee on Asbestos (ACA), [1977], *Asbestos: health hazards and precautions*, London: HMSO.
ACA, [1978], *Asbestos: Work on thermal and acoustic insulation and sprayed coatings*, London: HMSO.
ACA, [1979], *Asbestos. Vol. 1: Final report of the Advisory Committee*, London: HMSO.
Albracht, G., [2013], "Trade unions and the Federal Environment Agency — instigators of an asbestos ban in Germany," *CLR Studies 7: The long and winding road to an*

asbestos free workplace, Brussels: CLR/International Books.

Albracht, G. and O. A. Schwerdtfeger, [1991], *Herausforderung Asbest*, Wiesbaden: Universum Verlagsanstalt.

Allen, D. Brandt, [1947], *Industrial Health Engineering*, New York, J. Wiley.

American Conference of Governmental Industrial Hygienists. Committee on Industrial Ventilation, [1954 ; 1962], *Industrial ventilation, a manual of recommended practice*, Lansing, Mich.: ACGIH

Anonymous, [1951], Asbestos spraying by J. W. Roberts Limited., in railway carriages at the Metropolitan Cammel Carriage & Wagon Co., Ltd., Birmingham. The National Archives (TNA) (ADM 1/25870).

Asbestos Information Committee, [1976], *Asbestos dust — Safety and control*, London: AIC.

Asbestosis Research Council (ARC), [1966], *Recommended Code of Practice: For Handling Asbestos Products Used in Thermal Insulation*, London: ARC.

ARC, [1967], *Recommended Code of Practice: For Handling, Working and Fixing of Asbestos and Asbestos Cement Products in the Building and Construction Industries*, London: ARC.

ARC, [Rev. 1973], *Recommended Code of Practice: For the Handling and Disposal of Asbestos Waste Materials*, London: ARC.

ARC, [Rev. 1975a], *Protective Equipment in the Asbestos Industry (Respiratory Equipment and Protective Clothing)*, Control and Safety Guide (CSG) No. 1 (1970). London: ARC.

ARC, [Rev. 1975b], *Asbestos-based Materials for the Building and Shipbuilding Industries and Electrical and Engineering Insulation*, CSG No. 5 (1970). London: ARC.

Asbestex, [1936], "Asbestos in the Textile Industry," *Textile Recorder*, April 15

Ayer, H. E., J. R. Lynch and J. H. Fanney, [1965], "A comparison of impinger and membrane filter techniques for evaluating air samples in asbestos plants," *Annals New York Academy of Sciences*, 132.

Bamblin, W. P., [1959], "Dust Control in the asbestos textile industry," *Annals of Occupational. Hygiene*, Vol. 2.

Bartrip, P. W. J., [2001], *The way from dusty death: Turner & Newall and the regulation of occupational health in the British asbestos industry, 1890s-1970*, London: The Athlone Press.

Bartrip, P. W. J., [2006], *Beyond the Factory Gates: Asbestos and Health in Twentieth Century America*, London: Continuum.

Berufsgenossenschaft der Bauwirtschaft (BG BAU), [2011], *Asbest: Informationen über Abbruch, Sanierungs- und Instandhaltungsarbeiten.*

Bloomfield, J. J. and J. M. Dallavalle, [1935], *The determination and control of industrial dust*, Public Health Bulletin No. 217. Washington: Government Printing Office.

British Geological Survey, [1978 ; 1980 ; 1984 ; 1989 ; 1994 ; 1999 ; 2004], *World Mineral Statistics 1970-2002: Production, Exports, Imports.*

Bohlig, H., [1970], "Gesundheitsgefährdung durch Asbestzement," *Zentralblatt für Arbeitsmedizin und Arbeitsschutz*, 20(7).

Böhme, A., [1942], "Untersuchungenan der Arbeitern einer Asbestfabrik," *Archiv für Gewerbepathologie und Gewerbehygiene*, 11.

Building Design, [1977], "Asbestos ban in California," *Building Design*, 4 February 1977.

Cape Universal, [1975a], Dust extraction shroud kit for the HD 1215 portable saw, TNA (MH 166/509).

Cape Universal, [1975b], Portable drill nozzle kit, TNA (MH 166/509).

Castleman, B. I., [2005], *Asbestos: medical and legal aspects*, 5th ed, New York: Aspen Publishers.

Cooke, W. E., [1924], "Fibrosis of the Lung due to the Inhalation of Asbestos Dust," *The British Medical Journal*, No. 26.

Cremers, J., [2013], "The long and winding legislative road," *CLR Studies 7: The long and winding road to an asbestos free workplace*, Brussels: CLR/International Books.

Cryor, R. E., [1945], *The asbestos textile industry in Germany*, FIAT Final Report No. 460. Field Information Agency, Technical.

Dalton, A. J. P., [1979], *Asbestos killer dust — a worker/community guide: how to fight the hazards of asbestos and its substitutes*, London: BSSRS Publications.

DallaValle, J. M. [1945], *Exhaust Hoods; how to design for efficient removal of dust, fumes, vapors, and gases, with data, formulas and practical examples showing exact procedure*, New York, Heating and Ventilating.

Department of Employment and Productivity and the Central Office of Information, [1970], *HEALTH AND SAFETY AT WORK*, London HER MAJESTY'S STATIONERY OFFICE.

Department of Employment (DE), [n. d. a], *Asbestos Regulations 1969: Respiratory Protective Equipment*, Technical Data Note (TDN) 24. London: HMSO.

DE, [n.d.b], *Control of asbestos dust*, TDN 35. London: HMSO.

DE, [1972], *HM Chief Inspector of Factories: Annual Report 1971*, London: HMSO.

DE, [1973a], *Annual Report 1972: HM Chief Inspector of Factories*, London: HMSO.

DE, [1973b], *Probable asbestos dust concentrations at construction processes*, TDN 42. London: HMSO.

DE, [1974a], *Annual Report 1973: HM Chief Inspector of Factories*, London: HMSO.

DE, [1974b], *Precautions in the use of Asbestos in the Construction Industry: A report by the sub-committee of the Joint Advisory Committee on Safety and Health in the Construction Industries*, London: HMSO.

Department of Employment and Productivity (DEP), [1968], *Annual Report of HM Chief Inspector of Factories 1967*, London: HMSO.

DEP, [1969], *Standards for Asbestos dust concentration for use with the Asbestos Regulations 1969*, TDN 13. London: HMSO.

DEP, [1970], *Asbestos: Health Precautions in Industry*, Health and Safety at Work Booklet 44. London: HMSO.

Department of the Environment (DOE), [1971a], *Sprayed Asbestos Insulation: Associated Health Hazards*, Technical Instruction B No. 46. TNA (WORK 45/546).

DOE, [1971b], *Health Risks in Construction*, Advisory Leaflet No. 80. London: HMSO.

DOE, [1982], *Asbestos in the environment*, TNA (AT 54/191).

DOE, [Rev. 1986], *Asbestos materials in buildings*, 1983. London: HMSO.

Derricott, R., [1979], "The use of asbestos and asbestos-free substitutes in buildings," *Asbestos: Properties, Applications, and Hazards*, Vol. 1.

Deutsche Gesetzliche Unfallversicherung (DGUV), [2013], *BK-Report 1/2013 Faserjahre*, Rheinbreitbach: Medienhaus Plump.

Deutscher Gewerkschaftsbund, [1981], "17-Punkte-Programm gegen Asbestkrebs in der Arbeitswelt," *DGB-Nachrichtendienst*, 12-02-1981.

Deutsches Institut für Normung, [1966], *Einteilung der Atemgeräte: Atemschutzgeräte*, DIN 3179-1. Berlin: Beuth Verlag.

Die Tiefbau-Berufsgenossenschaft, [1979], *Das Bearbeiten von Asbestzement mit neuen Geräten*.

Dreessen, W. C., et al., [1938], *A study of asbestosis in the asbestos textile industry*, Public Health Bulletin No. 241. Washington: Government Printing Office.

Enterline, P. E., [1991], "Changing attitudes and opinions regarding asbestos and cancer 1934-1965," *American Journal of Industrial Medicine*, 20.

Evans, J., [1977], *Report on health hazards of Asbestos*, Rapporteur Committee on the Environment, Public Health and Consumer Protection, European Parliament, Document 344/77.

Evans, J. S. and W. G. Addington, [1950], Asbestos Spraying Tests carried out on H.M.S.

Relentless at the Portsmouth Dockyard on 27th September, 1950. TNA (ADM 1/25870).

Factories, [1932], *Annual Report of the Chief Inspector of Factories for the Year 1931*, London: HMSO.

Factories, [1939], *Annual Report of the Chief Inspector of Factories for the Year 1938*, London: HMSO.

Factories, [1951], *Annual Report of the Chief Inspector of Factories for the Year 1949*, London: HMSO.

Factories, [1958], *Annual Report of the Chief Inspector of Factories for the Year 1956*, London: HMSO.

Fletcher, D. E., [1971], "Asbestos-related Chest Diseases in Joiners," *Proceedings of Royal Society of Medicine*, 64.

Gee, D. and M. Greenberg, [2002], "*Asbestos: from 'Magic' to malevolent mineral,*" in *European Environment Policy, Late lessons from early warnings: The Precautionary Principle 1896-2000*. (http://www.eea.europa.eu/publications/environmental_issue_report_2001_22 2016年2月1日閲覧)(松崎早苗他訳『レイト・レッスンズ──14の事例から学ぶ予防原則』七つ森書館, 2005年, 所収)。

Glynn, S., et al., [2011], *Asbestos Claims: Law, Practice and Procedure*, 2nd ed, London: Chambers of Grahame Aldous QC, 9 Gough Square.

Goetz, A., [1953], "Application of molecular filter membranes to the analysis of aerosols," *American Journal of Public Health*, 43-2.

Greenberg, M. and N. Wikely, [1999], "Too little too late? The Home Office and the Asbestos Industry Regulations, 1931: A Reply," *Medical History*, Vol. 43, No. 4.

Hauptverband der gewerblichen Berufsgenossenschaften (HVBG), [1966], *Schutzmaßnahmen gegen die Staubgefhr in asbestverarbeitenden Betrieben*, ZH 1/138. Köln: Carl Heymanns Verlag.

HVBG, [1973a], *Schutz gegen gesundheitsgefährlichen mineralischen Staub*, VBG 119. Köln: Carl Heymanns Verlag.

HVBG, [1973b], *Einrichtungen zum Abscheiden gesundheitsgefährlicher Stäube mit Rückführung der Reinluft in die Arbeitsräume (Kleinentstauber — Industriestaubsauger — Kehrsaugmaschinen) — Anforderungen an die Wirksamkeit*, ZH 1/487. Köln: Carl Heymanns Verlag.

HVBG, [1977], *Regeln zur Messung und Beurteilung gesundheitsgefährlicher mineralischer Stäube*, ZH 1/561. Köln: Carl Heymanns Verlag.

HVBG, [1980a], *Sicherheitsregeln für staubemittierende handgeführte Maschinen und*

Geräte zur Bearbeitung von Asbestzement-Erzeugnissen, ZH 1/616. Köln: Carl Heymanns Verlag.

HVBG, [1980b], *Asbest:Gesundheitsgefahren, Schutzmaßnahmen, Verwendungsbeschränkungen — Ersatzstoffe.*

HVBG, [1980c], *Schutzmaßnahmen gegen Gesundheitsgefahren durch Asbest bei Abbruch- und Abwrackarbeiten.*

HVBG, [1981], *Atemschutz-Merkblatt*, ZH 1/134. Köln: Carl Heymanns Verlag.

HVBG, [2007], *BK-Report 1/2007 Faserjahre*, HVBG.

Health and Safety Commission, [Rev. 1983], *Work with asbestos insulation and asbestos coating: Approved Code of Practice and Guidance Note*, London: HMSO.

Health and Safety Executive (HSE), [Rev. 1974], *Asbestos: Health Precautions in Industry*, Health and Safety at Work Booklet 44. London: HMSO.

HSE, [1976], *Health hazards from sprayed asbestos coatings in buildings*, TDN 52. London: HMSO.

HSE, [1977], *Selected written evidence submitted to the Advisory Committee on Asbestos 1976-77*, London: HMSO.

HSE, [Rev. 1983], *Asbestos: control limits and measurement of airborne dust concentrations*, Guidance Note Environmental Hygiene (EH) 10. London: HMSO.

HSE, [1986], *Alternatives to asbestos products: A review*, London: HMSO.

HSE, [Rev. 1989], *Probable asbestos dust concentrations at construction processes*, Guidance Note EH 35. London: HMSO.

Hill, J. W., [1977], "Health aspects of man-made mineral fibres: A review," *Annals of occupational hygiene*, 20-2.

Home Office, Chief Inspector of Factories, 1898-1918, 1926, 1929.

Home Office [1931a] *Refractory Materials Regulations*, 1931, His Majesty's Stationery Office.

Home Office [1931b] *Report on Conferences between Employers and Inspectors concerning Methods for Suppressing Dust in Asbestos Textile Factories*, His Majesty's Stationery Office.

Home Office, [1932a], *Asbestos Industry Regulations 1931*, His Majesty's Stationery Office.

Home Office, [1932b], *Pottery (Silicosis) Industry Regulations 1932*, His Majesty's Stationery Office.

Höper, W. E., [2008], *Asbest in der Moderne: Industrielle Produktion, Verarbeitung, Verbot, Substitution und Entsorgung*, Münster: Waxmann.

ILO, [1930], *Silicosis : records of the International Conference held at Johannesburg 13-27 August 1930*, ILO by P. S. King & Son, Ltd.

ILO, [1984], *Safety in the use of asbestos*, ILO.

Imperial Institute, [1925 ; 1927 ; 1930 ; 1933 ; 1936 ; 1938 ; 1948], *The Mineral Industry of the British Empire and Foreign Countries: Statistical Summary 1921-1944*, London: HMSO.

Institute of Geological Sciences, [1953 ; 1959 ; 1965 ; 1971], *Statistical Summary of the Mineral Industry: World Production, Exports and Imports 1945-1969*, London: HMSO.

Jeremy, D. J., [1995], "Corporate Responses to the Emergent Recognition of a Health Hazard in the UK Asbestos Industry: The Case of Turner & Newall, 1920-1960," *Business and Economic History*, Vol. 24, No. 4.

Kinnersley, P., [1975], "What future for asbestos after Post Office ban?," *New Scientist*, 19 June 1975 (Technology Review).

Kriener, M., [2009], "Das tödliche Wunder," *Die Zeit* 6: 2009-01-29.

Lanza, A. J., W. J. McConnell and J. W. Fehnel, [1935], "Effects of the inhalation of asbestos dust on the lungs of asbestos workers," *Public Health Reports*, 50-1.

Lawrence, C. D., [1950], Report on atmospheric pollution by asbestos dust arising from Limpet asbestos spraying in a ship's compartment on 3.4.50-17.4.50. TNA (ADM 1/25870).

Le Guen, J. M. and G. Burdett, [1981], "Asbestos concentrations in public buildings: a preliminary report," *Annals of occupational hygiene*, 24-2.

McVittie, J. C., [1965], "Asbestosis in Great Britain," *Annals of the New York Academy of Sciences*, 132.

Merewether, E. R. A. and C. W. Price, [1930], *Report on effects of asbestos dust on the lungs and dust suppression in the asbestos industry*, London: HMSO.

Ministry of Labour (MOL), [1967a], *Annual Report of H. M. Chief Inspector of Factories on Industrial Health 1966*, London: HMSO.

MOL, [1967b], *Problems Arising from the Use of Asbestos: Memorandum of the Senior Medical Inspector's Advisory Panel*, London: HMSO.

Nordmann, M., [1938], "Der Berufskrebs der Asbestarbeiter," *Zeitschrift für Krebsforschung*, 47.

Nordmann, M. and A. Sorge, [1941], "Lungenkrebs durch Asbeststaub im Tierversuch," *Zeitschrift für Krebsforschung*, 51.

Packroff, R., [2001], "Asbestos: magic mineral — hazardous waste," BAuA.

Page, R. T. and J. J. Bloomfield, [1937], "A study of dust control methods in an asbestos fabricating plant," *Public Health Reports*, 52-48.

Pott, F., [1978], "Some aspects on the dosimetry of the carcinogenic potency of asbestos and other fibrous dust," *Staub-Reinhaltung der Luft*, 38.

Prockat, F., [1937], "Zur Verhütung der Asbestose in der Industrie," *Staub*, 5.

Prockat, F. and T. Windel, [1939], "Asbestose und ihre Bekämpfung," *Staub*, 10.

Proctor, R. N., [1999], *The Nazi war on cancer*, New Jersey: Princeton University Press.

Public Record Office, *File LAB14/70, titled "Scope and Content: Enquiry and Report on Effect of Asbestos Dust on the Lungs and the Suppression of the Dust under the Proposed Asbestos Regulations 1928-1932."*

Pye, A. M., [1979], "Alternatives to asbestos in industrial applications," *Asbestos: Properties, Applications, and Hazards*, Vol. 1.

Reichsarbeitsministerium, [1936], "Dritte Verordnung über Ausdehnung der Unfallversicherung auf Berufskrankheiten. Vom 16. Dezember 1936," *Reichsgesetzblatt*, 1-122.

Reichsarbeitsministerium, [1940], "Richtlinien für die Bekämpfung der Staubgefahr in Asbest verarbeitenden Betrieben," *Reichsarbeitsblatt*, 3-29.

Reichsarbeitsministerium, [1943], "Vierte Verordnung über Ausdehnung der Unfallversicherung auf Berufskrankheiten. Vom 29. Januar 1943," *Reichsgesetzblatt*, 1-14.

Rödelsperger, K., H. J. Woitowitz and H. G. Krieger, [1980], "Estimation of exposure to asbestos-cement dust on building sites," *IARC Scientific Publication*, 30.

Secretary of State for Employment, [1970], *Annual Report of HM Chief Inspector of Factories 1970*, London HER MAJESTY'S STATIONERY OFFICE.

Secretary of State for Employment, [1972], *Annual Report of HM Chief Inspector of Factories 1972*, London HER MAJESTY'S STATIONERY OFFICE.

SKIL Corporation, [1957], *SKIL portable tools*.

Sievert, J. and F. Löffer, [1986], *State of the Art in the Area of Particle Collection by Cyclones*, Wet Scrubbers and Fabric Filters. (横山豊和訳「サイクロン,湿式スクラバ,バグフィルタによる集塵技術の現状」『粉砕』No. 30,所収)

Stanton, M. F., et al., [1977], "Carcinogenicity of fibrous glass: pleural response in the rat in relation to fiber dimension," *Journal of the National Cancer Institute*, 58(3).

Times Staff Reporter, [1975], "Health: dangers of asbestos (Science Report)," *The Times*, 17 September 1975.

Tweedale, G., [2000], *Magic mineral to killer dust: Turner & Newall and the asbestos hazard*, Oxford: Oxford University Press.

Umweltbundesamt (UBA), [1980], *Berichte 7/80 Luftqualitätskriterien: Umweltbelastung durch Asbest und andere faserige Feinstäube*, Berlin: Erich Schmidt Verlag.

UBA, [1985], *Asbestersatzstoff-Katalog: Erhebung über im Handel verfügbare Substitute für Asbest und asbesthaltige Produkte*, Band 1-10. Sankt Augustin: HVBG.

Verband der Faserzement-Industrie, [n. d.], "Übersicht zur Umstellung auf den Werkstoff Faserzement." (http://www.faserzement.info/asbestzement/home_asb.html 2011-11-01).

Verein Deutscher Ingenieure, [Rev. 1973], *Staubbekämpfung am Arbeitsplatz*, VDI-Richtlinie 2262 (1966). Berlin: Beuth Verlag.

Virta, R. L., [2006], *Worldwide asbestos supply and consumption trends from 1900 through 2003*, U.S. Geological Survey Circular 1298.

Walton, W. H., [1982], "The nature hazards and assessment of occupational exposure to airborne asbestos dust: a review," *Annals of occupational hygiene*, 25-2.

Wedler, H. W., [1943], "Über den Lungenkrebs bei Asbestose," *Archiv für klinische Medizin*, 191.

Wikely, N., [1992], "The Asbestos Regulation 1931: A License to kill?," *Journal of Law and Society*, Vol. 19, No. 3.

Windel, T., [1938], "Asbestose und ihre Verhütung," *Gummi Zeitung*, 52.

Wirtschaftsverband Asbestzement, [1980], *Neue Bearbeitungsgeräte für Asbestzement Hochbauprodukte*, Berlin: WV-AZ.

Wirtschaftsverband Asbestzement, [1982], *Tatsachen über Asbestzement*, Berlin: WV-AZ.

Woitowitz, H. J., K. Rödelsperger and H. G. Krieger, [1980], "Epidemiological investigations on the fibrogenic risks after exposure to asbestos cement fine dust on building sites," *Environment and Quality of Life: Second environmental research programme 1976-80*, Luxembourg: Commission of the European Communities.

Württembergische Bau-Berufsgenossenschaft (Bau-BG), [1982], "Geeignete handgeführte Maschinen und Geräte zur Bearbeitung von Asbestzement-Erzeugnissen," *Württ. Bau-BG Mitteilungen*, 4/82.

あとがき

　2006年の秋頃であったと思うが，村松昭夫弁護士をはじめ泉南アスベスト国賠訴訟の原告弁護団の弁護士が数名，大阪市立大学の私のところに来られた。来学の目的は，アスベスト粉塵対策の基本である局所排気装置の工学的知見が日本でいつ頃確立し，いつ頃から実用可能であったかを調べて欲しいというものであった。

　2004年2月に私の大学院時代の指導教官である加藤邦興先生が逝去された。2005年の春に加藤先生の弟子が中心となり加藤先生の偲ぶ会を行った際に，名刺交換を行った1人が村松弁護士であった。私が加藤先生の後任として大阪市立大学に着任した旨を自己紹介したことを覚えていたらしく，冒頭の依頼が私の所に来たという経緯である。加藤先生の研究分野は化学，特に化学機械と装置の技術史であるが，公害論研究でも第一人者であった。熊本，新潟の水俣病，富山のイタイイタイ病，カネミ油症事件，西淀川大気汚染裁判，尼崎道路公害訴訟等々，常に原告側の立場から研究し，時には証人として裁判に出廷し，公害闘争の先頭に立ってきた研究者である。加藤先生の追悼集（『技術と社会──或る科学者の半生：追悼　加藤邦興』）を作成するに当たって熊本，福岡，富山へ赴き，加藤先生と縁の深い弁護士の先生に裁判当時の加藤先生の果たした役割や仕事ぶりを聞きに行き，加藤先生が証人に立った証人調書に一通り目を通すという作業を行っていた。ゆえに，国や加害企業に事実を認めさせ責任を認めさせることが，欺瞞に満ちあふれた被告の主張に対していかに大変であるのか，そして，原告被害者の思いを背負う責任の重さをこの過程で感じていた。

　加藤先生の後任だからできるだろうということで冒頭の依頼が来たと思われるが，最初は正直，能力の面でも責任の重さの面でも，私などには到底できる仕事ではないという思いであった。しかし，技術論という学問が歴史的に公害・環境問題において果たしてきた役割や研究者の社会的責任，ヒューマニズムに満ちた学問を志せという加藤先生の教えが心を駆け巡り，引き受けること

にした。私個人の能力を超えた課題であるため技術論研究室で受けることにした。当時，大学院生として大阪市立大学の後期博士課程に在籍していた杉本通百則氏，中村真悟氏，前期博士課程に在籍していた澤田鉄平氏の全面的な協力を得て研究をスタートさせた。それぞれ専門に研究しているテーマがあり，アスベストや局所排気装置を専門に研究しているわけではなかった。ゆえに，関連する文献のリストアップ，収集から始めるというまさに一からのスタートであった。2008年の春までは実に月に1度のペースで弁護団との研究会を積み重ね，本書，第1章，第3章，第4章の内容を中心とする意見書を提出した。2008年の秋に原告側の証人としてこの意見書をもとに尋問に対応した。この成果があってか，2009年の5月に1陣大阪地裁判決においてアスベスト被害に対する国の責任が認められた。しかし，国が控訴した2011年の1陣大阪高裁判決において，「弊害が懸念されるからといって，工業製品の製造，加工等を直ちに禁止したり，あるいは，厳格な許可制の下でなければ操業を認めないというのであれば，工業技術の発達および産業社会の発展を著しく阻害するだけでなく，労働者の職場自体を奪うことにもなりかねない」とし，「いのちや健康よりも産業発展や石綿の工業的有用性が優先する」として原告の請求をすべて退ける驚くべき不当判決を言い渡した。この不当判決を受けて，2011年の10月に即座に「局所排気装置の技術的到達点および普及に関する歴史的総括はいかにあるべきか？――泉南アスベスト問題国賠訴訟意見書」と題する意見書を提出した。本書，第2章で明らかにした戦前からの粉塵対策技術の存在をより明確にし，さらには公害防止技術の発展には規制が不可欠であったことを一層明示する形で，いかに1陣の大阪高裁判決が人権を無視した不当判決であるのかを主張した。2012年に2陣の大阪地裁判決において「経済的発展を理由に労働者の健康を蔑ろにすることは許されない」として再び国の責任を認める判決が言い渡された。国が控訴したのを受けて，3度，意見書として「局所排気装置の技術的基盤と普及の条件をどう考えるか――泉南アスベスト問題国賠訴訟意見書」を提出し，2013年の5月に，この意見書にもとづき証人として出廷し尋問に対応した。1950年代には局所排気装置の工学的知見が確立していなかったとする主張の根拠を最初に提出した意見書から事実を積み重ねることにより一つひとつ反駁し，国の主張がいかに欺瞞に満ちたものであったかを一層明らかに

できたと思っている。本書第Ⅰ部の内容は，この間の認識の発展を含め加筆修正された論考となっている。そして，2013年の2陣大阪高裁判決においても3度，国の責任を認めた。1陣大阪高裁と2陣大阪高裁の判決が分かれた状態で最高裁において審理され，この問題に対する社会的運動が広がるなかで，歴史的判決が下された。「労働大臣は，昭和33年5月26日には，旧労基法にもとづく省令制定権限を行使して，罰則をもって石綿工場に局所排気装置を設置することを義務付けるべきであったのであり，旧特化則が制定された昭和46年4月28日まで，労働大臣が旧労基法にもとづく上記省令制定権限を行使しなかったこと」は，著しく合理性を欠き，違法であるとした。

この間に，大阪，京都，首都圏で建設アスベスト問題に関する国賠訴訟が立ち上がり，泉南アスベスト国賠訴訟と同様に協力依頼され，取り組むことになった。本書，第Ⅱ部はそれぞれの国賠訴訟において意見書や証拠資料として提出したものがベースとなっている。これらの意見書をもとに，2015年に杉本氏は京都地裁で，私は東京地裁で証人として出廷した。

2006年当時大学院生であった杉本氏，中村氏についてはそれぞれ「日本の自動車リサイクルの構造的限界――耐久消費財のリサイクル成立の条件」（博士論文），「逆オイルショック以降の国際石油産業の構造変化」（博士論文）という専門研究があるにもかかわらずこの課題に積極的に取り組んで頂いた。杉本氏が明らかにしたアメリカ，ドイツ，イギリスの粉塵対策の実態，中村氏が明らかにしたイギリスにおける1931年アスベスト産業規制法の成立過程は，本裁判における決定的な証拠資料として役割を果たしたと考える。当時，修士課程の院生であった澤田氏は，まだ明確な研究テーマは確立していなかったが，この過程でアスベスト問題を本格的に研究するようになり，「アスベスト産業を中軸とした企業間取引構造と階層性の研究――アスベスト被害発生の基礎要因の解明を目指して」（博士論文）としてまとめた。この分野の第一人者として，建設アスベスト問題では献身的な役割を果たしている。

以上のような経緯で研究をスタートさせたわけであるが，早いもので約10年が経過した。泉南での歴史的な判決が出たこともあり，この10年の研究の成果を一冊の本にまとめようという話になり，本書を出版する運びとなった。アスベスト公害に特化した研究書であるが，具体的普遍として公害論一般に還元で

きる理論を抽出できるように各自意識して執筆している。本書の各章の初出は以下の通りである。

序　章　書き下ろし
第1章　田口直樹［2008］「アスベスト問題と集塵装置——泉南地域における集塵対策の実態を踏まえて」『経営研究』第58巻第4号をもとに大幅に加筆・修正。
第2章　中村真悟［2012］「戦前日本における粉塵対策技術——粉塵対策技術に関する規制監督局の認識とアスベスト産業規制の可能性」『人間と環境』第38巻第3号をもとに大幅に加筆・修正。
第3章　中村真悟［2008］「イギリスにおける1931年アスベスト産業規制の成立」『人間と環境』第34巻第1号をもとに大幅に加筆・修正。
第4章　杉本通百則［2008］「1930年代後半のアメリカ・ドイツにおけるアスベスト粉塵対策に関する一考察」『立命館産業社会論集』第44巻第2号をもとに大幅に加筆・修正。
第5章　澤田鉄平［2014］「建築労働とアスベスト粉じん——実態および規制と運用」『経営研究』第65巻第3号をもとに大幅に加筆・修正。
第6章　田口直樹［2013］「建設アスベスト問題における粉じん対策の基本原則と粉じん対策技術」『立命館経営学』第52巻第2・3号をもとに大幅に加筆・修正。
第7章　杉本通百則［2014］「イギリス・ドイツにおける建設アスベストの粉塵対策と代替化の展開（上）」『立命館産業社会論集』第50巻第2号をもとに大幅に加筆・修正。
第8章　杉本通百則［2012］「ドイツにおけるアスベスト問題の現状と歴史的展開——1980年代のアスベストセメント製品の代替化の条件」『政策科学（別冊）』（2011年度版）および杉本通百則［2014］「イギリス・ドイツにおける建設アスベストの粉塵対策と代替化の展開（下）」『立命館産業社会論集』第50巻第3号をもとに大幅に加筆・修正。
終　章　杉本通百則［2015］「建設アスベスト訴訟をめぐる国の論理と倫理」『日本の科学者』第50巻第4号をもとに大幅に加筆・修正。

あとがき

　本書を執筆するに当たっては様々な方にお世話になった。芝原明夫弁護士，村松昭夫弁護士，八木倫夫弁護士，小林邦子弁護士，鎌田幸夫弁護士をはじめ泉南アスベスト国賠訴訟の原告弁護団の先生方には，私どもにこのような機会を与えて頂き改めて感謝する次第である。特に名前をあげさせて頂いた先生方との20回を超える研究会での議論では，様々な示唆を頂いた。主張を論証するために徹底して事実を積み上げていき，確信に満ちた法廷論争を行う姿を目の当たりにし，若き研究者にとっては非常に刺激的であり，得るものが多かったと感じた。途中から関わるようになった建設アスベスト関連でも，福山和人弁護士をはじめとする関西建設アスベスト訴訟弁護団の先生方，山下登司夫弁護士，松田耕平弁護士をはじめとする首都圏建設アスベスト訴訟の弁護士の先生方にも，泉南アスベストとは違った観点からの示唆を頂き，勉強させて頂いた。また，泉南アスベストの原告被害者の決起集会等に何度か参加させて頂き，強い憤りと無念さに触れ，原告被害者の方々にも背中を押して頂いた。

　研究を進めていくに当たって中村真悟氏，杉本通百則氏はイギリス，ドイツの海外調査を行っている。これら調査では全国の建設アスベスト訴訟弁護団や立命館アスベスト研究プロジェクトにもご協力頂いた。特にイギリスの調査において，アスベスト禁止国際事務局のLaurie Kazan Allen氏には実態調査に関する助言および現地調査のコーディネート等で大変お世話になった。また，大阪市立大学図書館・立命館大学図書館のスタッフには公文書の調査等での支援を頂いた。

　研究成果の公表という意味では，日本環境学会でシンポジウムの開催や，日本科学史学会の技術史分科会でアスベスト問題の特別企画を組ませて頂き，有益なコメントや示唆を得ることができ，その後の研究の発展につながった。ここにあげた以外にもお礼を言わなければならない方々がいらっしゃるが，あわせてお礼を述べたい。

　出版に当たっては大阪市立大学大学院経営学研究科の「特色ある研究に対する助成制度」を利用することができた。教授会の先生方にお礼を申し上げたい。出版情勢の厳しい折，本書の意義を理解して頂き，出版を引き受けて頂いたミネルヴァ書房ならびに編集に当たって頂いた梶谷修さんおよび中村理聖さんにはこの場をかりてお礼を申し上げたい。

最後に，各自の専門領域があるなかでこの問題に割いた時間は決して少なくないが，研究者人生のなかで非常に貴重な経験ができた。あらためて感謝の意を述べることで本書の結びとしたい。

　2016年11月

編著者　田口直樹

人名索引

あ 行

アンダーソン（Anderson, J.）　98
石館文雄　85
ウィルソン（Wilson, D. R.）　102, 104, 106
ウォード（Ward, L.）　102, 104

か 行

ガウ（Gow, J.）　102, 104, 106
加藤邦興　285
クック（Cooke, W. E.）　2, 45, 94
ケニヨン（Kenyon, P. G.）　102
コットレル（Cottrell, F. G.）　43, 47
コリス（Collis, E. L.）　45, 94

さ 行

シェパード（Shepherd, C. B.）　65
ジョイソン・ヒックス卿（Sir. Joyson-Hicks, W.）　98
ジョーンズ（Jones, G. S.）　42
助川浩　67, 84–86
スタムフォード（Stamford, T.）　98
スパングラー（Spangler, J. M.）　183
スロボドスコイ（Slobodskoi, R. R.）　65
セイラー（Seiler, H. E.）　45
ソーン（Thorne, W.）　98

た 行

ターナー（Turner, S.）　102
ダラバレ（Dallavalle, J. M.）　57

ディーン（Deane, L.）　93

な・は 行

中川義次　70
バース（Barth, W.）　65
ブース（Booth, C. B.）　182
フーバー（Hoover, W. H.）　183
フェントン（Fenton, W. C.）　104
藤田正　47
ブライアント（Briant, F.）　98
プライス（Price, C. W.）　2, 92, 99, 102, 104
ブラント（Brandt, A. D.）　57
ブリッジ（Bridge, J.）　99, 102
古瀬安俊　69
ベルハウス（Bellhouse, G.）　95, 98, 99, 102
蓬莱善次　85

ま 行

マレー（Murray, H. M.）　2, 45
ミアウェザー（Merewether, E. R. A.）　2, 45, 92, 97–99, 102, 112
宮本憲一　6
モース（Morse, M. O.）　42

や・ら 行

山口源義　70, 71
リスマン（Lissman, M. A.）　65
ロジン（Rosin, P.）　65
ロッジ（Lodge, O. J.）　42

事項索引

あ 行

ILO 2, 35, 189, 190
朝日石綿工業株式会社 47
アスベスト規制 8, 45, 197, 205, 207, 214, 216, 220
アスベスト産業規則 9, 57, 67, 87, 196, 201, 203
アスベストセメント工業会 239, 242, 245, 246
アスベスト紡織大手 105, 112, 113
『「アスベスト紡織工場の粉塵抑制手段」に関する雇用者・監督局委員会の報告』 105
圧力損失 40
アメリカ 9
安全衛生庁 197
安全性 178
医学的知見 46, 63, 190
閾値 122
イギリス 8, 187
移動式局所排気装置 9
医療監督官 94, 95, 97, 98
インピンジャー 83
インピンジャー法 120-122
インブランフィルター法 205
英国工場監督年報 186
HSE 203, 210, 215, 216, 221
ARC 203-205, 211, 215
ACGIH（アメリカ産業衛生専門家会議） 57, 61
エタニット社 218, 242, 244, 245, 247
FESTOOL社 184
煙害 62
遠心力集塵装置 37
押出成形セメント板 5, 64, 177
オウエンス塵埃計 83, 105

大阪労働基準局 61
屋外作業 5, 9

か 行

カード 50, 51
階級対立 6
ガイドライン 9, 132, 135, 140, 235
隔離 9
家庭内環境曝露 1
可動式集塵装置 182
環境省 211, 220
環境対策技術 24, 25, 265
環境庁 233, 244, 245
環境破壊 8
環境（破壊）問題 11, 13, 14, 19-22, 26, 253, 258
環境曝露 1
環境論 8
関西建設アスベスト大阪訴訟 175
乾式集塵装置 37
機械式換気法 56
機械の密閉 100, 102
基幹産業 54
危険業種監督官 94
危険物質規則 229, 245
技術監督官 95, 131, 228, 229, 236, 239
技術体系 46, 62
規制制限の不行使 175
吸引ダクト 37, 181
吸塵マット 186
行政指導 52
行政の役割 55
強制排気 52
局所排気装置 8, 9, 35, 68, 70, 72, 74-78, 80, 97,

292

事項索引

100, 102, 106, 110, 123, 124, 126, 135, 175,
　　181, 196, 197, 202, 203, 210, 227, 255, 256
許容濃度　205, 237
金融資本　20, 21
空気清浄装置　37, 181
クボタ　2, 254, 256
クボタショック　2, 175, 255
久米鉄工所　50
グラインダー　184, 186
クラッチ　63
クリソタイル　129, 198, 201, 205, 232, 237, 265
クロシドライト　197, 199, 201, 205, 217, 220,
　　229, 237
経済成長　62
ケイ酸カルシウム板　185
形態規定　10, 27, 253
ケープ・アスベスト社　102
化粧スレート　177
健康診断　44
健康被害　178
建設産業　176
建築基準法　64, 177, 263
建築産業　147
建築産業の下請構造　154
建築生産システム　153
公害　6, 55
公害対策　62
公害被害　55
公害防止技術　8, 191
公害問題　6, 15, 17, 253, 255
公害論　8
工学的知見　9, 175, 187, 190
工業化　7
工業教育会　48
工具　186
公衆衛生局　119, 127, 128
工場監督官　104, 106, 197, 202, 212
工場監督局　95, 97, 104, 105, 108, 113
『工場監督年報』　67, 75, 79, 93

工場危害予防及衛生規則　77, 78, 82, 84
工場・作業場法第79条　108, 109
工場法　76, 82
工場レイアウトの改善　9
厚生労働省　176
工程の隔離　97
工程分離　9
呼吸保護具　44, 127, 133, 189, 204, 205, 207, 214,
　　215, 226, 227
国賠訴訟　175
コスト　53, 178
国家　45, 62
国家の責任　64
コットレル組合　48
雇用省　203, 205, 207, 210, 215, 216, 221
混綿（工程）　50, 51

さ　行

災害防止規定　140, 227-229, 235, 236, 245
サイクロン　37, 46, 47, 182
サイディング　185, 186
栄屋石綿　50, 53
作業環境測定　44
作業場の清掃　9
作業評価基準　4
作業ローテーション　35
産業安全衛生整備奨励金　53
産業安全衛生特別融資　53
『産業衛生工学』　57
産業構造　250, 257, 266
産業政策　18, 23, 25, 26, 258, 263, 264
『産業福利』　70, 85
サンダー　184, 186
暫定閾値　128
識布　50
自然換気法　56
下請構造　5, 9
湿式（化）　9, 37
湿式集塵装置　37

293

湿潤化　44, 97, 110
自動搬送装置　9
地場産業　62
資本主義　14, 15, 17, 18, 21-23, 26
資本主義的生産関係　7
社会的弱者　55
社会的分業構造　50
社会問題　62
集塵性能　61
集塵装置　36, 47, 59
集塵装置付き電動工具　9, 182, 183, 187, 205, 211, 212, 227, 239, 259, 260
重力沈降法　105
首席工場監督官　94, 109
首都圏建設アスベスト国賠訴訟　175
除塵装置　36, 59, 76, 85
女性監督官　93, 94, 98, 108
塵埃　46
新東工業　50, 57
じん肺　45, 56
じん肺性粉塵　62
じん肺法　4, 44
吸い込み仕事率　184, 187
SKIL社　184
ストック（蓄積）型災害　5
スレート　180
スレート板　185, 186
制御風速　57, 61
生産力　11-15
精紡　50
石綿板　177
石綿糸　49
石綿含有吹き付け材　64, 177
石綿含有屋根材　5, 64, 177
石綿障害予防規則　4
石綿症調査委員会　121, 202
石綿ジョイントシート　49, 63
石綿スレート　63, 261, 263, 264
石綿製品　54, 63

石綿肺　1, 45, 53, 63, 117-120, 129, 175, 201, 231
石綿配給統制規則　63
石綿ブレーキライニング　49
石綿保温材　63
ゼネコン　259, 260
繊維増殖性病変　56
1931年アスベスト産業規則（1931年規則）　92, 108, 109, 112, 113
全体換気　46
泉南アスベスト国賠訴訟　175
泉南地域　3, 49, 52, 62, 175
総合的粉塵対策　9, 37
測定士　51
測定値　51
粗紡　50

た　行

ターナー兄弟アスベスト社（ターナー社）　102
第1回国際珪肺会議　3
代替化　9, 62
代替品　218, 221, 242, 247, 261, 265
耐火構造　178
耐火性能　178
耐火性物質　178
耐火物素材産業　95
大日本石綿統制株式会社　63
ダクト　46, 57, 59
多品種少量生産　60
WHO　190
タルク　56
単品種大量生産　60
地区・管区監督官　94
中皮腫　1, 2, 6, 130, 175, 194, 199
津田産業　51
帝国製麻大阪工場　48
ディスク　186
ディスク・サンダー　183
Textile Recorder　46
電気集塵装置　37, 47

電動工具　9, 180, 190
電動鋸　184
電動丸鋸　184
ドイツ　8, 9, 184
特定化学物質等障害予防規則（特化則）　3, 4, 44, 86, 87, 117, 179, 257, 258, 263
特定化学物質等障害予防規則改正　4, 180
ドラムサンダー　187
ドリル　187

な 行

内務省保険院社会保険局　3, 36, 47
二次的対策　189
二重構造　55
ニチアス　254, 256, 257, 259–261
日本アスベスト　63
日本エタニットパイプ　63
日本石綿協会　63, 185, 261
人間と環境の収奪　6
撚糸　50
ネンド　56
野帳場　154, 157

は 行

パーライト板　5, 64, 177
肺がん　129, 176, 194, 199, 231
排気ダクト　37, 181
廃棄物　12, 17, 19, 21, 262
肺結核　56
排風量　57
バグフィルター　39, 50, 57, 182
曝露　52, 176, 189
パッキン　63
発塵部の密閉　97
搬送速度　57
日立工機　184
一人親方　5, 6, 158
びまん性胸膜肥厚　1, 175
標準化　60

ヒロセ機械　50, 57
頻繁な作業場の清掃　97
ファン　37, 59, 181
フィルター　185
フード　37, 51, 57, 59, 181
吹き付け　180, 197, 200, 201, 203, 207, 210, 220, 229, 263
吹き付けアスベスト　178
吹き付け作業　44, 176
複合型　5
副首席工場監督官　94, 95
物質代謝　11, 12, 14
不変資本充用上の節約　7, 17, 20, 255, 260
フライヤー精紡　105
フライヤー精紡機　105
ブレーキライニング　63
プレカット　204, 211, 239, 246
粉塵測定　35
粉塵対策　9, 175
粉塵対策技術　122, 141, 256, 259
粉塵対策規則　97
粉塵濃度　9, 184
粉塵濃度測定　175
粉塵抑制・飛散防止　97, 99, 100
平成4年通達　187
防火性能　178
防火・耐火材　64
防護服　189
紡織工場　176
紡織工程　46
防塵装置　48, 77
防塵マスク　9, 35, 122, 127, 131, 259, 263
防塵マット　188
防塵丸鋸　184
保温材　63
補償制度　97
補助的対策　189

ま 行

マスク　37, 47, 182
町場　157
丸江工業　52
マルチサイクロン　58
ミアウェザー＆プライス報告　84, 92, 97, 100, 102, 105
密閉　9
メンブランフィルター法　7, 120, 121, 215

や 行

屋根スレート　185, 186
有害物質　60
有害粉塵　56
有機溶剤中毒予防規則（有機則）　61
遊離珪酸　56
窯業系サイディング　5, 64, 177

ら 行

ライヒ保険法　136, 140, 228
ランニングコスト　53
リスク論　27
流量　57
良性石綿胸水　1, 175
リング（工程）　50, 51
労研式コニメーター　59
労研式塵埃計　59, 61, 83
労災保険組合　130, 225, 227, 229, 235-237, 239, 242, 247
労災補償制度　97, 112
労災補償法　98
労働安全衛生法　4
労働安全衛生法施行令　4
労働基準監督署　53
労働組合　220, 236, 244, 245, 256, 258
労働災害　6, 16, 17, 62, 175-177, 255, 256, 258
労働省労働基準局労働衛生課　56
労働生産性　178, 179
労働党　94
労務下請　157
濾過式集塵装置　37, 57
ロックウール　179

執筆者紹介

田口直樹（たぐち・なおき）序章1，第1章，第6章，あとがき
　編著者紹介参照

杉本通百則（すぎもと・つゆのり）序章2，第4章，第7章，第8章，終章
　1974年　生まれ
　現　在　立命館大学産業社会学部准教授
　主　著　『欧州グローバル化の新ステージ』（共著）文理閣，2015年
　　　　　『科学・技術と社会を考える』（共著）ムイスリ出版，2011年
　　　　　『環境展望　Vol. 4』（共著）実教出版，2005年

中村真悟（なかむら・しんご）第2章，第3章
　1978年　生まれ
　現　在　立命館大学経営学部准教授
　主　著　『科学と技術の歴史』（共著）ムイスリ出版，2015年
　　　　　「石油化学工業における多品種大量生産プロセスの成立と展開——ポリプロピレン生産プロセスを事例に」『社会システム研究』第28号，2014年
　　　　　「石油化学工業における市場ニーズ対応型生産プロセスの成立——プロセス制御技術の高度化の観点から」『立命館経営学』第52巻第6号，2014年

澤田鉄平（さわだ・てっぺい）第5章
　1977年　生まれ
　現　在　大阪市立大学特任講師
　主　著　「建築労働とアスベスト粉じん——実態および規制と運用」『経営研究』第65巻第3号，2014年
　　　　　「アスベストをめぐる取引関係の特徴——アスベスト被害拡大要因の基礎的考察」『経営研究』第64巻第4号，2014年
　　　　　『環境新時代と循環型社会』（共著）学文社，2009年

村松昭夫（むらまつ・あきお）巻頭言
　1954年　生まれ
　現　在　弁護士（大阪アスベスト弁護団団長）
　主　著　「アスベスト国賠訴訟の到達点と課題——泉南アスベスト国賠訴訟を中心にして」『環境法研究』第4号，2016年

『公害・環境訴訟と弁護士の挑戦』(共著) 法律文化社, 2010年
「公害と国の責任——西淀川判決と国道43号線最高裁判決の積極的意義」『法律時報』第67巻第11号, 1995年

《編著者紹介》

田口直樹（たぐち・なおき）
　1968年　生まれ
　現　在　大阪市立大学大学院経営学研究科教授
　主　著　『金型産業の技術形成と発展の諸様相——グローバル化と競争の中で』（共著）日本評論社，2016年
　　　　　『予防原則・リスク論に関する研究——環境・安全社会に向けて』（共著）本の泉社，2013年
　　　　　『産業技術競争力と金型産業』ミネルヴァ書房，2011年

　　　　　　　　　アスベスト公害の技術論
　　　　　　　　　——公害・環境規制のあり方を問う——

2016年11月25日　初版第1刷発行　　　　〈検印省略〉

　　　　　　　　　　　　　　　定価はカバーに
　　　　　　　　　　　　　　　表示しています

　　　　　編著者　　田　口　直　樹
　　　　　発行者　　杉　田　啓　三
　　　　　印刷者　　田　中　雅　博

　　　発行所　株式会社　ミネルヴァ書房
　　　　　607-8494　京都市山科区日ノ岡堤谷町1
　　　　　　電話代表　（075）581-5191
　　　　　　振替口座　01020-0-8076

　　©田口直樹ほか，2016　　創栄図書印刷・新生製本
　　　　　　　ISBN978-4-623-07825-7
　　　　　　　　Printed in Japan

産業技術競争力と金型産業

田口直樹 著　Ａ５判　284頁　本体3500円

日本のモノづくり競争力の来歴と持続力を分析，その比較優位性と東アジアの技術的分業構造の実態を解明する。

西淀川公害の40年

── 宮本憲一／森脇君雄／小田康徳 監修　除本理史／林 美帆 編著　Ａ５判　280頁　本体3500円

●維持可能な環境都市をめざして　公害訴訟からパートナーシップへ。住民運動に学ぶ「環境再生のまちづくり」。

環境再生のまちづくり

── 宮本憲一 監修　遠藤宏一／岡田知弘／除本理史 編著　Ａ５判　344頁　本体3500円

●四日市から考える政策提言　環境・福祉・地域経済の諸分野で何が必要か。いま「四日市」から問いかける。

地域環境政策

環境政策研究会 編　Ａ５判　228頁　本体3200円

地域におけるホットな話題を取り上げ，アカデミックな理論に絡めて地域環境政策の体系として明らかにする。

環境政策のポリシー・ミックス

諸富 徹 編著　Ａ５判　314頁　本体3800円

環境政策を進化させる，持続可能な発展の実践的内容，具体的方策とは。最新の環境ガバナンス像を提示する。

環境政策統合

森 晶寿 編著　Ａ５判　284頁　本体3800円

●日欧政策決定過程の改革と交通部門の実践　持続可能性を導く政策枠組みとは。事例からの探究。

── ミネルヴァ書房 ──

http://www.minervashobo.co.jp/